21世纪高等职业教育计算机系列规划教材

Java Web 核心编程技术

（JSP、Servlet 编程）

刘勇军 韩最蛟 主 编

罗国涛 向劲松 吴 进 副主编

電子工業出版社

Publishing House of Electronics Industry

北京 • BEIJING

内 容 简 介

本书理论与实践相结合，以项目驱动，多数章节通过列举一个综合案例来介绍该章节知识点的综合应用，同时在章尾给出相应的习题和实训操作供练习。

全书深入介绍了利用 JSP、Servlet 进行 Java Web 应用开发所需要的编程知识与技术。全书内容包括，基于 JavaEE 的 Web 应用概述、JSP 语法基础、JSP 的内置对象、JSP 的自定义标签、EL 表达式与 JSTL、Servlet 技术、Servlet 中的会话处理与过滤技术、JavaBean、JSP 和 Servlet 连接数据库、MVC 模式、学期项目设计以及网上购书系统开发案例等。本书同时提供了所有例题及项目的源代码、电子课件等教学资源。

本书可作为高职高专相关专业课程教材和教学参考书，也可供从事 Java Web 应用系统开发的读者学习参考。

图书在版编目（CIP）数据

Java Web 核心编程技术：JSP、Servlet 编程 / 刘勇军，韩最蛟主编．—北京：电子工业出版社，2014.2
（21 世纪高等职业教育计算机系列规划教材）
ISBN 978-7-121-22400-3

Ⅰ．①J…　Ⅱ．①刘…　②韩…　Ⅲ．①JAVA 语言－网页制作工具－高等职业教育－教材　Ⅳ．①TP312 ②TP393.092

中国版本图书馆 CIP 数据核字（2014）第 013771 号

策划编辑：徐建军（xujj@phei.com.cn）
责任编辑：徐建军　　特约编辑：俞凌娣
印　　刷：三河市鑫金马印装有限公司
装　　订：三河市鑫金马印装有限公司
出版发行：电子工业出版社
　　　　　北京市海淀区万寿路 173 信箱　邮编 100036
开　　本：787×1 092　1/16　印张：19.5　字数：499.2 千字
版　　次：2014 年 2 月第 1 版
印　　次：2015 年 9 月第 2 次印刷
定　　价：39.00 元

前言 Preface

Java Web 是用 Java 技术来解决相关 Web 互联网领域的技术总和，它是 JavaEE 技术中的一个重要的组成部分，也是目前最流行、使用最广泛的网站开发技术。本书以一个完整的 Java Web 项目——网上购书系统为项目驱动，对项目开发中所使用的 Java Web 技术进行循序渐进地讲解，使读者能尽快掌握开发 Web 应用程序的方法。

本书共有 13 章，从第 4 章到第 12 章的每一章节都包含两个综合项目，其中，一个是本章知识点的综合案例，另一个是本章知识点在实际项目开发中的具体应用。通过两个综合案例让读者能迅速理解并掌握如何使用 Java Web 的核心技术。

第 1 章介绍了基于 JavaEE 的 Web 应用的简介、架构以及开发方法。

第 2 章介绍了网上购书系统的需求、概要设计、详细设计、数据库设计以及系统的测试与发布，其他章节的项目案例就是以本章为基础进行相关技术的讲解。

第 3 章介绍了 Java Web 开发的环境搭建，包括 JDK、Tomcat 以及 MyEclipse 工具的安装与环境配置。

第 4 章介绍了 JSP 语法基础，内容包括 JSP 指令元素、JSP 动作元素、JSP 脚本元素、JSP 的生命周期以及该知识点的项目案例。

第 5 章讲解了 JSP 的内置对象的使用，内容包括 request、response、session、out、application 等对象的使用以及该知识点的项目案例。

第 6 章讲解了 JSP 自定义标签的使用，内容包括 JSP 扩展标签的定义、标签库的构成、定义标签的使用以及该知识点的项目案例。

第 7 章讲解了 EL 表达式与 JSTL 的使用以及该知识点的项目案例。

第 8 章讲解了 Servlet 的使用，内容包括 Servlet 介绍，Servlet 的处理流程，Servlet 的核心类和接口，Servlet 的编写、配置与调用以及该知识点的项目案例。

第 9 章讲解了 Servlet 中的会话处理与过滤技术，内容包括会话跟踪技术、HttpSession 的使用、过滤器的使用以及该知识点的项目案例。

第 10 章讲解了 JavaBean 的基本概念、JavaBean 的创建与使用以及该知识点的项目案例。

第 11 章讲解了 JSP、Servlet 连接数据库，内容包括 MySQL 数据库的安装、配置与简单应用，JDBC 的概念、JDBC 访问数据库以及该知识点的项目案例。

第 12 章讲解了 MVC 模式的概念、优缺点，MVC 模型和 MVC 模式的应用。

第 13 章介绍了学期项目的需求、设计与实现以及测试发布等相关内容的要求与说明，读者可以按照此要求采用 Java Web 技术实现项目开发，从而对 Java Web 开发技术有一个比较深入的了解。

本书由四川托普信息技术职业学院的刘勇军、四川管理职业技术学院的韩最蛟担任主编，四川托普信息技术职业学院的罗国涛、四川管理职业技术学院的向劲松和辽宁林业职业技术学院的吴进担任副主编。罗国涛、吴进参与编写了第 2 章、第 3 章、第 6 章的内容，陈锡伟参与编写了第 7 章的内容，柳国光编写了第 5 章的内容，魏娟、向劲松和武凤霞编写了第 1 章、第 11 章和第 12 章的内容，袁国贤编写了第 4 章和第 8 章的内容，陈虹君编写了第 9 章和第 10 章的内容，辽宁林业职业技术学院的白云编写了第 13 章的内容，在编写本书的过程中，得到了各方的大力支持，在此一并表示感谢。

为了方便教师教学，本书配有电子教学课件，请有此需要的教师登录华信教育资源网（www.hxedu.com.cn）免费注册后进行下载，有问题时请在网站留言板留言或与电子工业出版社联系（E-mail：hxedu@phei.com.cn），也可直接与作者联系（E-mail：slllyj@163.com）。

由于编者水平有限和时间仓促，书中难免存在疏漏之处，欢迎广大读者批评指正。

编　者

目录
Contents

第1章 基于JavaEE的Web应用 …… (1)
1.1 Web应用简介 …… (1)
1.2 Web应用架构 …… (6)
1.3 Web程序运行原理、处理过程和应用开发 …… (9)
1.3.1 Web程序运行原理 …… (9)
1.3.2 Web应用处理过程 …… (10)
1.3.3 Web浏览器与服务器 …… (11)
1.3.4 Web应用开发 …… (12)
1.4 JavaEE技术简介 …… (12)
1.5 JavaEE企业级Web应用 …… (14)
习题 …… (16)
第2章 网上购书系统 …… (18)
2.1 系统概述 …… (18)
2.2 系统的设计 …… (19)
2.2.1 网上购书系统的概要设计 …… (19)
2.2.2 网上购书系统的详细设计 …… (19)
2.3 数据库设计 …… (21)
2.3.1 创建数据库 …… (21)
2.3.2 数据库表设计 …… (21)
2.4 数据连接公共类设计 …… (22)
2.5 系统的测试与发布 …… (26)
第3章 搭建Web开发环境 …… (28)
3.1 JDK的安装与环境变量配置 …… (28)
3.1.1 JDK的安装与环境配置 …… (28)
3.1.2 环境变量的配置 …… (29)
3.2 Tomcat的安装配置 …… (30)
3.3 MyEclipse集成开发环境 …… (33)
3.3.1 MyEclipse 7.0环境配置 …… (33)
3.3.2 MyEclipse 7.0中的Tomcat配置 …… (37)
3.4 运行第一个Web应用程序 …… (38)
习题 …… (41)
实训操作 …… (41)
第4章 JSP语法基础 …… (42)
4.1 JSP应用的基本原理 …… (42)
4.2 JSP的指令元素 …… (44)
4.2.1 page指令 …… (44)
4.2.2 include指令 …… (45)
4.2.3 taglib指令 …… (46)
4.2.4 JSP指令的应用案例 …… (46)
4.3 JSP的动作元素 …… (48)
4.3.1 jsp:include动作标记 …… (48)
4.3.2 jsp:forward动作标记 …… (49)
4.3.3 jsp:param动作标记 …… (50)
4.3.4 jsp:useBean动作标记 …… (50)
4.3.5 jsp:setProperty动作标记 …… (53)
4.3.6 jsp:getProperty动作标记 …… (53)
4.3.7 JSP的动作元素的应用案例 …… (54)
4.4 JSP的脚本元素 …… (55)
4.4.1 JSP声明 …… (56)
4.4.2 JSP表达式 …… (56)

4.4.3 程序片段……（57）

4.5 JSP 的生命周期……（59）

4.6 项目案例……（59）

4.6.1 本章知识点的综合项目案例……（59）

4.6.2 本章知识点在网上购书系统中的应用……（60）

习题……（67）

实训操作……（67）

第 5 章 JSP 的内置对象……（68）

5.1 JSP 内置对象概述……（68）

5.2 request 应用……（69）

5.2.1 request 对象的功能……（69）

5.2.2 request 对象的常用方法……（69）

5.2.3 获取表单数据……（72）

5.2.4 处理中文乱码问题……（72）

5.3 response 应用……（73）

5.3.1 response 对象的功能……（73）

5.3.2 response 对象的常用方法……（74）

5.3.3 响应的中文乱码问题……（75）

5.3.4 重定向……（77）

5.3.5 定时刷新页面……（78）

5.4 session 应用……（78）

5.4.1 session 会话 ID……（78）

5.4.2 session 常用方法……（79）

5.4.3 session 服务器端数据的存取……（79）

5.5 out 应用……（80）

5.5.1 out 对象的功能……（80）

5.5.2 out 对象的常用方法……（81）

5.5.3 out 对象的应用案例……（81）

5.6 application 应用……（82）

5.6.1 application 对象的功能……（82）

5.6.2 application 对象的常用方法……（83）

5.6.3 application 对象的应用案例……（83）

5.7 项目案例……（84）

5.7.1 本章知识点的综合项目案例……（84）

5.7.2 本章知识点在网上购书系统中的应用……（85）

习题……（86）

实训操作……（86）

第 6 章 JSP 的自定义标签……（87）

6.1 JSP 扩展标签介绍……（87）

6.2 标签库的结构……（88）

6.3 JSP 自定义标签的使用……（88）

6.3.1 创建标签处理类……（88）

6.3.2 创建标签库描述文件……（89）

6.3.3 在 web.xml 文件中配置自定义标签库……（90）

6.3.4 在 JSP 文件中引入自定义标签库……（91）

6.4 项目案例……（91）

6.4.1 本章知识点的综合项目案例……（91）

6.4.2 本章知识点在网上购书系统中的应用……（95）

习题……（103）

实训操作……（104）

第 7 章 EL 表达式与 JSTL……（105）

7.1 表达式语言 EL……（105）

7.1.1 EL 表达式和 JSP 脚本表达式……（105）

7.1.2 在 EL 表达式中使用隐式变量……（108）

7.1.3 运算符……（113）

7.1.4 EL 函数……（118）

7.2 标准标记库 JSTL……（120）

7.2.1 通用标记……（120）

7.2.2 流程控制标记……（122）

7.2.3 使用 JSTL 访问 URL 信息……（127）

7.3 项目案例……（128）

7.3.1 本章知识点的综合项目案例……（128）

7.3.2 本章知识点在网上购书

系统中的应用……………………（132）
习题……………………………………（135）
实训操作………………………………（135）
第 8 章　Servlet 技术……………（136）
8.1　Servlet 介绍……………………（136）
8.1.1　Servlet 的概念………………（136）
8.1.2　Servlet 的功能………………（137）
8.1.3　Servlet 的生命周期…………（137）
8.2　Servlet 的处理流程……………（138）
8.3　Servlet 的核心类和接口………（139）
8.4　Servlet 的编写、配置与调用……（149）
8.4.1　编写第一个 Servlet…………（149）
8.4.2　Servlet 的配置………………（153）
8.4.3　Servlet 的调用………………（154）
8.5　Servlet 的典型应用……………（154）
8.5.1　Servlet 处理表单数据………（155）
8.5.2　Servlet 处理 Session 数据……（157）
8.5.3　Servlet 上传与下载文件……（159）
8.6　项目案例…………………………（170）
8.6.1　本章知识点的综合项目案例……………………………（170）
8.6.2　本章知识点在网上购书系统中的应用……………………（171）
习题……………………………………（172）
实训操作………………………………（172）
第 9 章　Servlet 中的会话处理与过滤技术……………………………（173）
9.1　无状态的 HTTP 协议与响应模式…（173）
9.2　会话跟踪技术……………………（174）
9.2.1　Cookies………………………（174）
9.2.2　URL 重写……………………（176）
9.2.3　隐藏表单域…………………（176）
9.3　HttpSession 的使用……………（176）
9.4　Servlet 过滤器介绍……………（181）
9.5　Servlet 过滤器的配置…………（181）
9.5.1　Servlet 过滤器简介…………（181）
9.5.2　创建 Servlet 过滤器…………（182）
9.5.3　配置过滤器…………………（183）
9.5.4　过滤器验证…………………（184）
9.6　项目案例…………………………（185）
9.6.1　本章知识点的综合项目案例……………………………（185）
9.6.2　本章知识点在网上购书系统中的应用……………………（189）
习题……………………………………（190）
实训操作………………………………（191）
第 10 章　JavaBean………………（192）
10.1　JavaBean 的基本概念…………（192）
10.1.1　JavaBean 的概念……………（192）
10.1.2　JavaBean 规范………………（193）
10.2　JavaBean 的创建………………（193）
10.3　JavaBean 的使用………………（194）
10.3.1　在 JSP 中使用 JavaBean……（194）
10.3.2　在 Servlet 中使用 JavaBean……………………………（196）
10.4　项目案例…………………………（198）
10.4.1　本章知识点的综合项目案例……………………………（198）
10.4.2　本章知识点在网上购书系统中的应用……………………（201）
习题……………………………………（207）
实训操作………………………………（208）
第 11 章　JSP、Servlet 连接数据库…………………………（209）
11.1　MySQL 的安装与配置…………（209）
11.1.1　MySQL 的安装………………（209）
11.1.2　MySQL 的配置………………（212）
11.1.3　MySQL 的简单应用…………（217）
11.2　JDBC 概述………………………（223）
11.3　JDBC 接口简介…………………（224）
11.3.1　JDBC 中的 DriverManager 类………………………………（224）
11.3.2　Connection 接口……………（224）
11.3.3　Statement 接口………………（225）
11.3.4　ResultSet 接口………………（225）
11.4　JDBC 访问数据库………………（225）
11.5　JSP 连接 MySQL 数据库………（227）
11.6　Servlet 连接 MySQL 数据库……（229）

11.7 连接池使用简介……………………（235）
11.7.1 配置数据源………………（235）
11.7.2 使用连接池访问数据库‥（235）
11.7.3 以连接池方式访问数据库的实例……………………（236）
11.8 项目案例……………………………（238）
11.8.1 本章知识点的综合项目案例……………………………（238）
11.8.2 本章知识点在网上购书系统中的应用………………（252）
习题…………………………………………（256）
实训操作……………………………………（257）
第12章 MVC模式……………………（258）
12.1 MVC的需求……………………………（258）
12.2 MVC模式介绍…………………………（259）
12.2.1 什么是设计模式…………（259）
12.2.2 什么是MVC模式…………（259）
12.3 MVC设计模式的优缺点………（261）
12.4 基于JavaEE设计模式的MVC模型……………………………………（261）
12.4.1 Request周期的JavaBean模型……………………………（261）
12.4.2 Session周期的JavaBean模型……………………………（262）
12.4.3 Application周期的JavaBean模型……………………………（262）
12.5 基于JavaEE的MVC模型……（263）
12.5.1 控制器模式………………（264）
12.5.2 视图帮助模式……………（264）
12.5.3 前控制器模式……………（265）
12.6 MVC的应用…………………………（266）
12.6.1 基于控制器模式的MVC构建与实现…………………（266）
12.6.2 基于视图帮助模式的MVC构建与实现…………………（274）
12.6.3 基于前控制器模式的MVC构建与实现…………………（282）
12.7 项目案例……………………………（286）
12.7.1 本章知识点的综合项目案例……………………………（286）
12.7.2 模型实体Student…………（286）
12.7.3 学生信息增加和查询的数据访问层……………………（287）
12.7.4 学生信息增加和查询的业务层……………………………（290）
12.7.5 Web层控制器……………（292）
12.7.6 Web层表示页面…………（293）
12.7.7 部署测试运行学生信息管理系统项目…………………（295）
12.7.8 本章知识点在网上购书系统中的应用…………………（296）
习题…………………………………………（299）
实训操作……………………………………（299）
第13章 学期项目……………………（300）
13.1 项目需求……………………………（300）
13.1.1 前台系统…………………（301）
13.1.2 后台系统管理……………（301）
13.2 项目设计……………………………（302）
13.3 项目编码……………………………（302）
13.4 项目测试与发布…………………（302）

第1章 基于 JavaEE 的 Web 应用

课程目标

- ➢ 了解 Web 的基本应用及其框架
- ➢ 理解 Web 程序设计模式与运行原理
- ➢ 了解 JavaEE 的相关技术组件
- ➢ 了解 JavaEE 中的 Web 的相关技术
- ➢ 了解 JavaEE 体系结构
- ➢ 了解 JavaEE 组件
- ➢ 了解 JavaEE 容器及其服务
- ➢ 了解 JavaEE 企业级 Web 应用开发过程

在计算机发展历史上，网络的出现是一个重要的里程碑，近十几年来，网络取得了令人难以置信的飞速发展。“网络就是计算机”不再仅仅是一句口号，现在已经实现。人们在世界各地都可以共享信息，进行电子商务交易，利用网络进行在线办公，在线业务办理，等等，这也促进了 Web 应用的发展。

1.1 Web 应用简介

随着 Internet 的迅速发展和普及，20 世纪末，互联网得到了广泛的应用，从而使人们的生活产生了巨变，促使了 Web 应用程序的出现，并在社会的各个方面发挥着重要作用。所谓的 Web 应用程序也就是一般所说的网站，由服务器、客户端以及网络组成。

在互联网发展的最初阶段，Web 应用仅仅是一个静态的网站，其所有的网页内容都是静态的 HTML 页面，静态 Web 网站的内容修改只能通过修改静态的 HTML 网页来实现。在这种情况下，Web 网站所能实现的任务仅仅是静态的信息展示，而不能与客户产生互动。总结起来，最初传统的静态 Web 应用存在如下几个方面的不足：

- 不能提供及时信息，页面上提供的都是静态不变的信息。
- 当需要添加或更新信息时，必须重新编写 HTML 文件。
- 由于 HTML 页面是静态的，所以不能根据用户的需求提供不同的信息，不能满足多样性的需求。

静态 HTML 页面的 Web 应用程序存在这么多的缺点，决定了它必然不能适应中大型系统和商业需求。为了满足这种特殊的需要，就有了后来一系列的动态页面技术的出现。所谓的动态页面是指可以和用户产生交互，能根据用户的输入信息产生对应的响应，能满足这种需求的技术就可以称之为动态网页技术。动态网页技术的发展促使了 Web 应用程序从静态向动态的转变，不同的动态网页技术又促使了不同实现技术 Web 应用程序的发展。动态网页技术出现了 CGI、ASP、PHP、Java Servlet、JSP 等，那么下面就分别来给大家介绍不同 Web 应用程序的发展。

1. CGI

在互联网发展的早期，动态网页技术主要使用 CGI（通用网关接口），CGI 程序是一种特殊的应用程序，运行在服务器上，它被用来解释处理表单中的输入信息，并在服务器中产生对应的操作处理，或者是把处理结果返回给客户端的浏览器。能够根据不同客户端请求输出相应的 HTML 页面，然后由 Web 服务器再把这个静态页面返回给浏览器作为客户端的响应，从而可以给静态的 HTML 网页添加上动态的功能。具体的 CGI 实现动态功能的操作流程如图 1-1 所示。

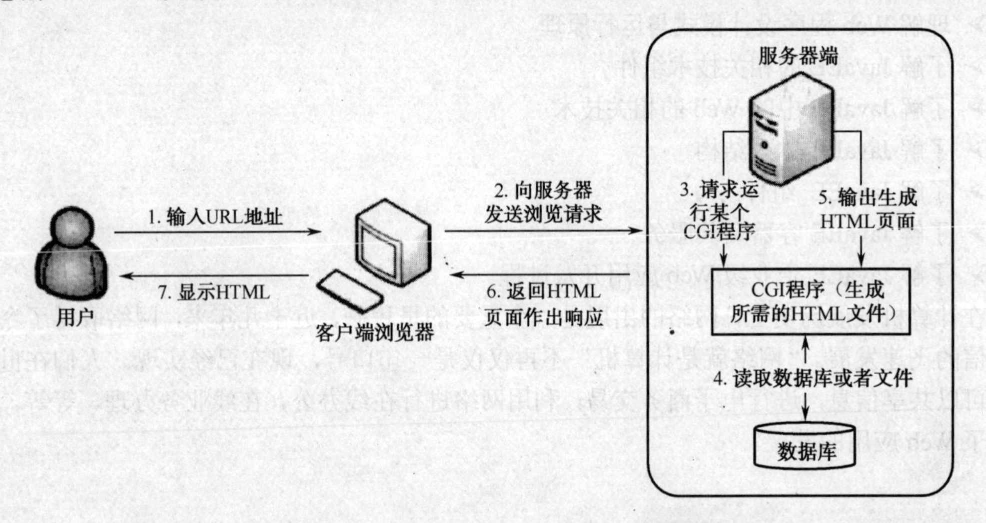

图 1-1　CGI 动态页面实现的操作流程

注意：CGI 程序是在服务器端运行的，它可以和 Web 服务器在同一个主机上，最流行的 CGI 语言就是 Perl 和 Shell 脚本，但是也可以使用 C、C++以及 Java 等语言进行编写。CGI 可以访问存储在数据库中的数据或者其他系统中的文件，实现动态生成的效果。

虽然 CGI 技术可以实现网站动态性，但是 CGI 也存在很多的问题和不足。

- 需要为每个请求启动一个操作 CGI 程序的系统进程。如果请求非常频繁，这将带来很大的系统开销。
- 需要为每个请求加载和允许一个 CGI 程序，这也会带来很大的系统开销。

- 需要重复编写处理网络协议的代码以及进行编码，这些工作都非常耗时。
- CGI 程序的编写比较困难，效率低下，而且修改维护很复杂。

正是因为 CGI 存在这样一些问题和不足，使得 CGI 应用程序在交互性和安全性上都无法与当时的桌面应用软件相比，CGI 技术的 Web 应用也逐渐被其他新的动态网页技术所替代。

2. ASP

ASP 是微软公司推出的一种动态网页语言，ASP 是 Active Server Page 的缩写，即活动的服务端页面。ASP 在服务器端运行，它可以创建和运行动态网页，可以包含 HTML 标记、普通文本、脚本命令以及对一些特定微软应用程序的调用，比如 COM 组件，也可以包含一些交互式的内容，比如在线表单等。

ASP 实现动态生成页面的流程是首先将用户的 HTTP 请求传入到 ASP 的解释器中，接着这个解释器对这些 ASP 脚本进行分析和执行，然后从服务器中返回处理的结果，从而实现了与用户交互的功能，ASP 的语法比较简单，对编程基础没有很高的要求，所以很容易上手，而且微软提供的开发环境的功能十分强大，这更是降低了 ASP 程序开发的难度。

但是 ASP 也有其自身的缺点，它在本质上还是一种脚本语言，除了使用大量的组件外，没有其他办法提高效率，而且 ASP 只能运行在 Windows 环境中，这样 Windows 自身的一些限制就制约了 ASP 的发挥，这些都是使用 ASP 无法回避的弊端，所以 ASP 渐渐地退出了 Web 应用。

3. PHP

PHP（Hypertext Preprocessor）全称为超文本预处理语言，完全是基于开源代码的脚本式语言，与 ASP 采用相同的脚本技术，与 ASP 类似都是可以嵌套到 HTML 中的语言。但不同之处在于，PHP 的语法比较独特，在 PHP 中混合了 C、Java、Perl 等多种语言的语法中的优秀部分，而且 PHP 网页的执行速度要比 CGI 和 ASP 等语言快很多。

PHP 功能非常强大，几乎支持所有数据库，包括 SQL Server 2000、MySQL、Oracle、Sybase 等，这种内置的方法使 PHP 中的数据库操作变得异常简单，而且 PHP 程序可以在 IIS 和 Apache 中运行，提供对多种操作系统平台的支持，并且得到了广大开源社区的支持，这是 PHP 比 ASP 更加流行的主要原因。

PHP 也存在一些劣势，PHP 的开发运行环境的配置比较复杂，而且 PHP 是开源的产品，缺乏正规的商业支持。这些因素在一定程度上限制了 PHP 的进一步发展。

4. Java Servlet

为了解决 CGI 所留下来的问题，Java 推出了 Servlet 规范，Sun 公司在 20 世纪 90 年代末就发布了基于 Servlet 的 Web 服务器。为了确保加载的各个类之间不起冲突，已经建立一个称为 Java Servlet API（应用编程接口）的编码标准，现在基本所有的服务器都遵循这个编码标准，所以 Servlet 的执行效率较高，而且有很好的移植性。同时对于开发者来说，Sun 公司还针对 Servlet 标准提供了对整个 Java 应用编程接口（API）的完全访问，而且提供了一个完备的库可以处理 HTTP。和传统的 CGI 程序相比，Servlet 有如下几个方面的优势。

- 只需要启动一个操作系统进程以及加载一个 JVM，大大降低了系统的开销。
- 当多个请求需要作同样处理的时候，只需要加载一个类，这也大大降低了开销。
- 所有动态加载的类都可以实现对网络协议以及请求解码的代码共享，大大降低了工作量。
- Servlet 能够直接和 Web 服务器交互，而普通的 CGI 程序不能。

● Servlet 还能够在各个程序之间共享数据，使得数据库连接池之类的功能很容易实现。

虽然 Servlet 改变了传统 CGI 程序的缺点，但 Servlet 也不是十全十美的，它也有不足的地方：一方面，使用 Servlet 设计界面可能很困难，因为 Servlet 生成网页的方法是在 Java 类中嵌入 HTML 标签和表达式，也就说对 HTML 做一点小小的改动时，都需要修改和重新编译 Servlet 源文件，然后再重新部署到 Servlet 容器中，这使得修改 Servlet 变得非常的烦琐和复杂，不利于修改维护。另一方面，Servlet 不仅容易出错，很难生成可视化显示，而且无法让开发者尽展其才。于是，JSP（Java Server Pages）出现了。

5. JSP

在某种程度上，可以说 JSP 是对 Microsoft 的 Active Server Pages （ASP）作出回应。Microsoft 从 Sun 在 Servlet 规约上所犯的错误汲取了教训，并创建了 ASP 来简化动态页面的开发。Microsoft 增加了非常好的工具支持，并与其 Web 服务器紧密集成。JSP 和 ASP 的设计目的都是将业务处理与页面外观相分离，从这个意义上讲，二者是相似的。虽然存在一些技术上的差别，但它们有一个最大的共同点，即 Web 设计人员能够专心设计页面外观，而软件开发人员可以专心开发业务逻辑。

JSP 是 Sun 公司于 20 世纪 90 年代末提出的基于 Java 语言的 Server 端脚本技术，是一种基于服务器端的脚本语言。自从 1999 年推出以来，逐步发展为开发 Web 应用的一项重要技术。JSP 可以嵌套在 HTML 中，而且支持多个操作系统平台，一个 JSP 开发的 Web 应用系统，不用做什么改动就可以在不同的操作系统中运行。

JSP 是一种实现普通静态 HTML 和动态 HTML 混合编码的技术，是 Servlet API 的一个扩展，本质上它就是把 Java 代码嵌套到 HTML 中，然后经过 JSP 容器的编译执行，根据这些动态代码的运行结果生成对应的 HTML 代码，从而在客户端的浏览器中正常显示。

由于 JSP 页面在编译成 Servlet 之前也是可以使用的，所以它具有了 Servlet 的所有优点，包括访问 Java API。又因为 JSP 是嵌入 Servlet 中关于应用程序的一般表达代码，所以可以把它看成一种“彻底”的 Servlet。通过 JSP 动态页面技术来访问一个页面时的操作流程如图 1-2 所示。

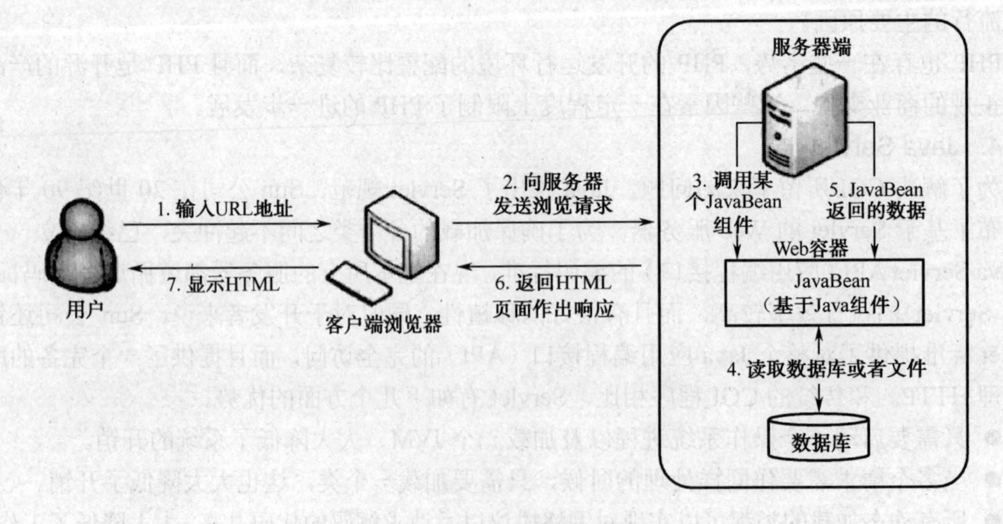

图 1-2　JSP 页面访问操作流程图

由于 JSP 中使用的是 Java 的语法，所以 Java 语言的所有优势都可以在 JSP 中体现出来，尤其是 J2EE 中的强大功能，更是成为 JSP 语言发展的强大后盾。JSP 技术的设计目的是使得构造基于 Web 的应用程序更加容易和快捷，而这些应用程序能够与各种 Web 服务器、应用服务器、浏览器和开发工具很好地共同工作。JSP 网页可以非常容易地与静态模板结合，包括 HTML 或 XML 片段，以及生成动态内容的代码。

6. Flash

像许多解决方案一样，Flash 需要客户端软件。尽管许多流行的操作系统和浏览器上都内置有所需的 Shockwave 播放器插件，但并非普遍都有。虽然能免费下载，但由于担心感染病毒，使得许多用户都拒绝安装这个软件。Flash 应用需要大量网络带宽才能正常地工作，另外，由于没有广泛的宽带连接，Flash 的推广受到局限。虽然确有一些网站选择建立多个版本的 Web 应用，分别适应于不同的连接速度，但是许多公司都无法承受支持两个或更多网站所增加的开发开销。

总之，创建 Flash 应用需要专用的软件和浏览器插件。Applet 可以用文本编辑器编写，而且有一个免费的 Java 开发包，Flash 则不同，使用完整的 Flash 工具包需要按用户数付费，每个用户需要数百美元。尽管这些因素不是难以逾越的障碍，但它们确实减慢了 Flash 在动态 Web 应用道路上的前进脚步。

7. DHTML

DHTML 不是一个 W3C 标准，它更像是一种营销手段。实际上，DHTML 结合了 HTML、层叠样式表（Cascading Style Sheets，CSS）、JavaScript 和 DOM。这些技术的结合使得开发人员可以动态地修改 Web 页面的内容和结构。

Flash、DHTML 提供的动态特性提高了 Web 应用的交互性，但仍然无法从根本上改进 Web 交互的问题，这主要是因为 HTTP 协议的特殊性，每一次请求都需要和服务器交互一次，在得到响应后刷新网页，这就使得很多操作都反复刷新网页，从而使 Web 的可操作性下降。于是 Web 应用开发又提出了改进这一弊端的方案，那就是 Ajax（Asynchronous JavaScript 和 XML）。

8. Ajax

Ajax 并不是什么新鲜玩意儿。实际上，与这个词相关的“最新”术语就是 XMLHttpRequest 对象（XHR），它是利用特殊的 DOM 对象 XMLHttpRequest 代替 HTML 中 FORM 的提交和响应机制。XMLHttpRequest 对象实际上是一种利用 XML 作为 HTTP 协议传输媒介的封装对象，其最大的特点就是支持与服务器异步通信传输，这样就能创建更加动态的 Web 应用。

传统的 Web 应用遵循一种请求/响应模式。如果没有 Ajax，对于每个请求都会重新加载整个页面（或者利用 IFRAME，则是部分页面）。

使用 XHR，可以对服务器做一个调用，触发某一组验证规则。这些规则可能比你用 JavaScript 编写的任何规则都更丰富、更复杂，而且你还能得到功能强大的调试工具和集成开发环境（IDE）。作为 Ajax 的核心，XHR 对象设计为允许从服务器异步获取任意数据。

Ajax 在大多数现代浏览器中都能使用，而且不需要任何专门的软件或硬件。它是一种客户端方法，可以与 J2EE、.NET、PHP、Ruby 和 CGI 脚本交互，它并不关心服务器是什么。尽管存在一些很小的安全限制，但还是可以现在就开始使用 Ajax，而且能充分利用客户原有的知识。

其实除了以上我们提到的 Web 应用技术之外，还有很多其他的 Web 应用技术，比如基于 Flash 的 Flex 框架，微软的 WPF、Sliver Light，Adobe 公司的 Applet 等都是新兴或者时下被广泛采用的 Web 应用技术。

随着 Web 应用技术的发展，它将更加趋于标准化、通用化。未来将用 XML 代替 HTML 作为桌面表现层与 Web 表现层的统一描述性语言。如今，我们至少有 4 种 XML 衍生语言可以用来创建 Web 应用（W3C 的 XHTML 不包括在内）：Mozilla 的 XUL；XAMJ，这是结合 Java 的一种开源语言；Macromedia 的 MXML；Microsoft 的 XAML 等。

1.2 Web 应用架构

随着越来越多的企业开始用计算机来管理公司的核心业务，越来越多的数据和业务信息都需要有专门的管理软件来集中管理，越来越多的终端客户要求参与业务管理，要求越来越高的用户操作舒适性也需要更加丰富的图形界面来展现，促使了 Web 应用架构从单机模型发展成了客户端/服务器模型。

1. 胖客户端程序 RCP

因为桌面程序需要安装到计算机上，利用本地计算机硬件资源和操作系统提供运算功能才能运行，并会导致计算机软件的体积越来越大，因此人们形象地称桌面应用程序为胖客户端程序（fat Client），如图 1-3 所示。

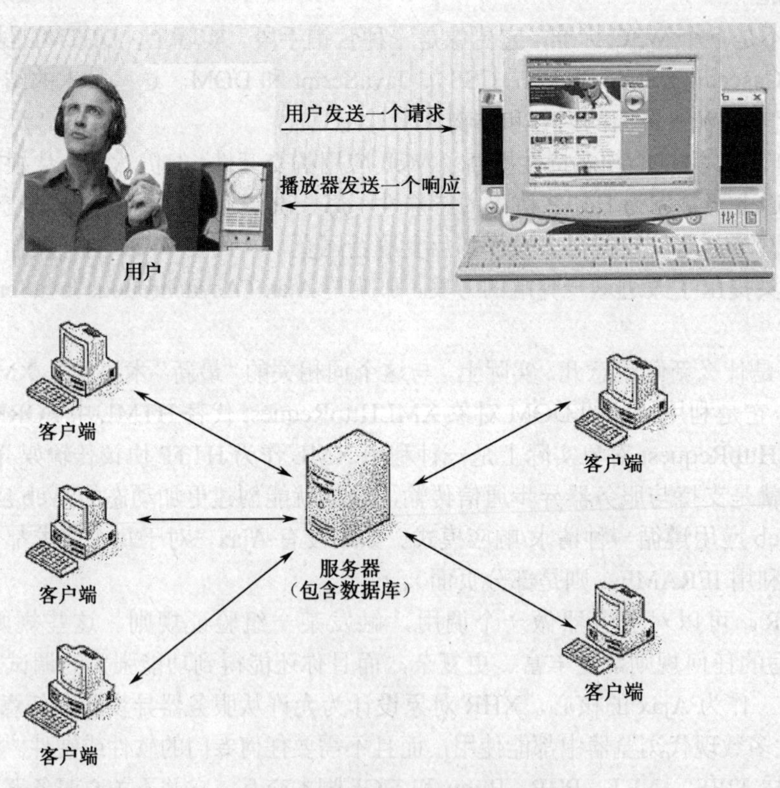

图 1-3 胖客户端/服务器模型

在客户端/服务器模型中，客户端可以由多台 PC 构成，每个客户端都会运行一个客户端应用程序完成业务操作。服务器通常由一台或多台高性能 PC 构成，主要是使用数据库为业务信息提供存储和查询的集中管理功能。

计算机上安装的任何程序都是RCP，例如办公软件Word、Excel，聊天工具QQ、MSN，播放软件Media Player、Flash Player，图形处理软件Photoshop，等等。RCP的优点很明显，只要安装了软件，就能充分地利用客户端的硬件资源来高效地使用软件的功能，而减轻服务器的负荷，同时又可以利用客户端的桌面资源提供丰富的用户体验；而RCP的缺点也是显而易见的，一方面就是需要安装应用程序才能使用，另一方面会占用大量的硬盘资源，再一方面就是每次桌面应用程序更新升级时都必须将更新程序在每台客户端做一次安装部署，从而导致需要付出极大的维护代价，很难满足随需应变的企业级应用软件的要求。

2. 瘦客户端程序TCP

与胖客户端程序相对的就是瘦客户端程序。瘦客户端程序（Thin Client Program，TCP）一般表现为Web程序，它指的是在客户端/服务器模型中的一个基本无须应用程序的计算机终端。它的特点是不需要在客户端安装程序就能使用，只要计算机能上网就行。

瘦客户端程序将软件功能的重点集中放到了服务器上，服务器端只需要提供服务，目前流行的概念"软件即服务"（Software-as-a-service，SAAS），就是一种非常流行的瘦客户端应用。它是通过Internet提供软件的模式，用户不用再购买软件，而改用向提供商租用基于Web的软件，来管理企业经营活动，且无须对软件进行维护和升级。

瘦客户端程序的客户端/服务器模型又称为瘦客户端/服务器模型（Thin Client/Server），它主要是采用浏览器来通过HTTP协议传输的HTML文本来展现，所以每次应用程序部署或者更新，只需要更新服务器端程序。其结构模型如图1-4所示。

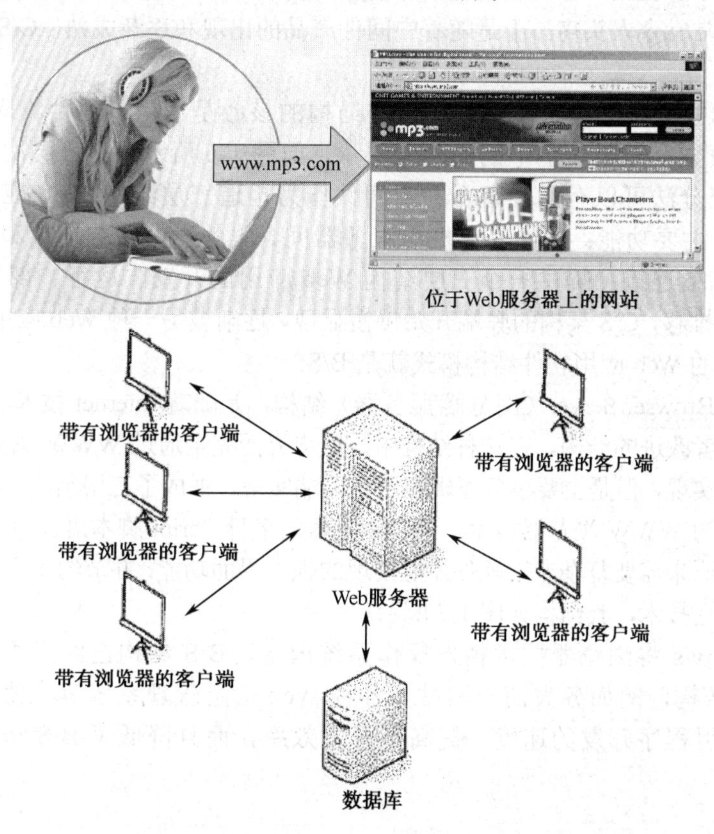

图1-4 瘦客户端/服务器模型

目前，越来越多的 Web 2,0 概念的应用也都是瘦客户端的应用，随着技术的不断发展和进步，瘦客户端的体验越来越丰富。

3. C/S 结构和 B/S 结构

当今网络技术和网络环境的进化，促进了 Web 应用软件程序的巨大开发市场，在流行的 Web 应用软件开发模式中，C/S 结构和 B/S 结构占据了主导。

在传统的 Web 应用程序开发中，需要同时开发客户端和服务器端的程序，由服务器端的程序提供基本的服务，客户端是提供给用户的访问接口，用户可以通过客户端的软件访问服务器提供的服务，这样的 Web 应用程序开发模式就是传统的 C/S 开发模式，C/S 即客户机/服务器，在这种模式中，由服务器端和客户端的共同配合来完成复杂的业务逻辑。以前的网络软件中，例如 QQ、MSN、PPLive、迅雷等，一般都会采用这种模式。

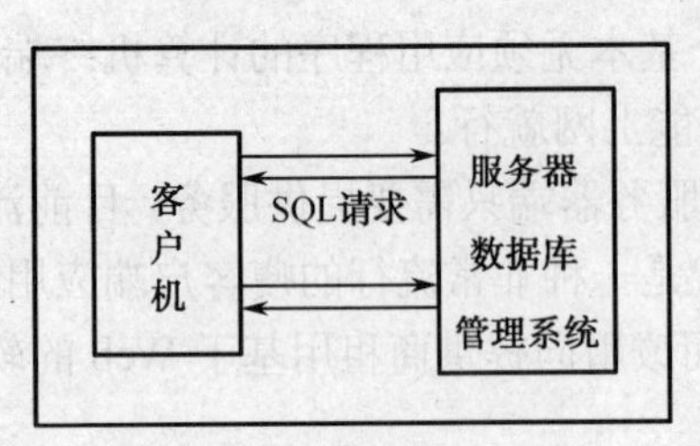

图 1-5　C/S 两层结构

在 C/S 结构开发模式时期，由于技术的发展和适应不同的开发需求，C/S 结构模式又分为两层和三层两种结构。在初期，C/S 结构一般采用两层结构，如图 1-5 所示，它由两部分构成：前端是客户机，通常是 PC；后端是服务器，运行数据库管理系统，提供数据库的查询和管理。两层结构的 Web 应用只适用于少量用户在局域网内对数据进行操作。而且由于对数据库的依赖性很强，系统的维护和更新常常令人头疼。于是随着中间件产品的出现和逐渐成熟，C/S 结构就兴起了三层结构。

三层结构弥补了两层结构的不足，三层结构的核心是利用中间件将应用分为表示层、业务逻辑层和数据存储层 3 个不同的处理层次，如图 1-6 所示。三个层次是从逻辑上来划分的，具体物理分法可以有多种组合。中间件作为构造三层结构 Web 应用系统的基础平台，提供了以下主要功能：负责客户机与服务器间、服务器之间的连接和通信；实现 Web 应用与数据的高效连接；提供一个三层结构 Web 应用的开发、运行、部署和管理平台。

随着时间的推移，C/S 架构的弊端开始慢慢显现，逐渐被另一种 Web 应用系统的结构方式所代替，这种新的 Web 应用软件结构模式就是 B/S。

B/S 结构即 Browser/Server（浏览器/服务器）结构，是随着 Internet 技术的发展，对 C/S 结构的一种变化或者改进的结构。在这种结构中，用户界面完全通过 WWW 浏览器实现，一部分事务逻辑在前端实现，但是主要事务逻辑在服务器端实现，形成了三层结构。B/S 这种结构主要利用了不断成熟的 WWW 浏览器技术，结合浏览器的多种 Script 脚本语言和 ActiveX 技术，通用浏览器实现了原来需要复杂专用软件才能实现的强大界面功能，并节约了开发成本，是一种全新的软件系统构造技术，其结构如图 1-7 所示。

随着 Windows 将浏览器技术植入操作系统内部，B/S 结构已经成为当今应用软件的主要开发体系结构，例如各大门户网站、各种 Web 信息管理系统等。使用 B/S 结构不仅加快了 Web 应用程序开发的速度，提高了开发效率，而且降低了 B/S 结构应用程序开发的难度。

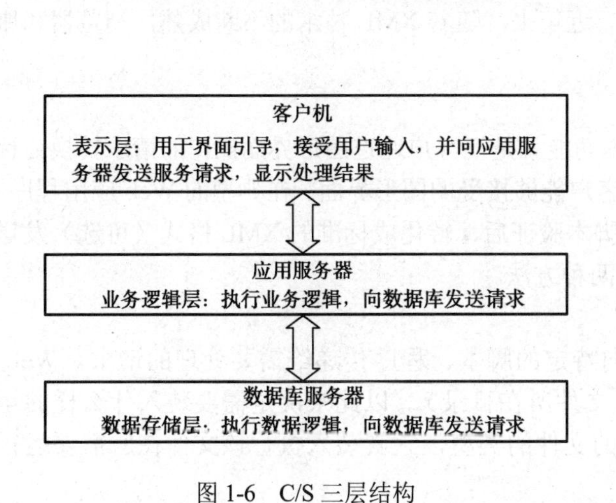

图 1-6　C/S 三层结构

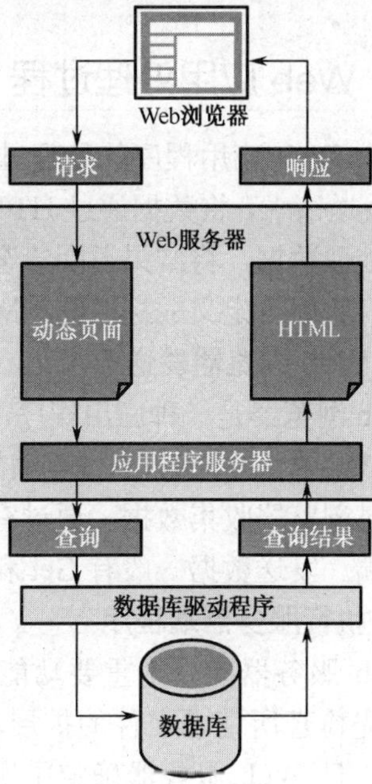

Web浏览器
请求
响应
Web服务器
动态页面
HTML
应用程序服务器
查询
查询结果
数据库驱动程序
数据库

图 1-7　三层 B/S 结构

1.3　Web 程序运行原理、处理过程和应用开发

1.3.1　Web 程序运行原理

传统的 C/S 结构模式的 Web 应用程序，需要同时开发客户端和服务器端的程序，由服务器端的程序提供基本的服务，客户端程序提供用户的访问接口，用户是通过对客户端软件来访问服务器的服务，在这种模式中，由服务器端和客户端的共同配合来完成复杂的业务逻辑，每个客户端都需要用户安装客户端才可以使用。

B/S 结构模式的 Web 应用程序，不再单独开发客户端软件，客户端只需要一个浏览器即可，这个浏览器在每个操作系统中都是自带的，软件开发人员只需专注开发服务器端的功能，而用户通过浏览器就可以访问服务器端提供的服务。

目前最为流行的 Web 应用程序结构就是 B/S 结构，那么在 B/S 结构的 Web 应用中，用户通过浏览器访问，如何与服务器实现交互访问 Web 应用呢？看一看图 1-8，它清晰地显示了浏览器访问 Web 服务器的整个过程。

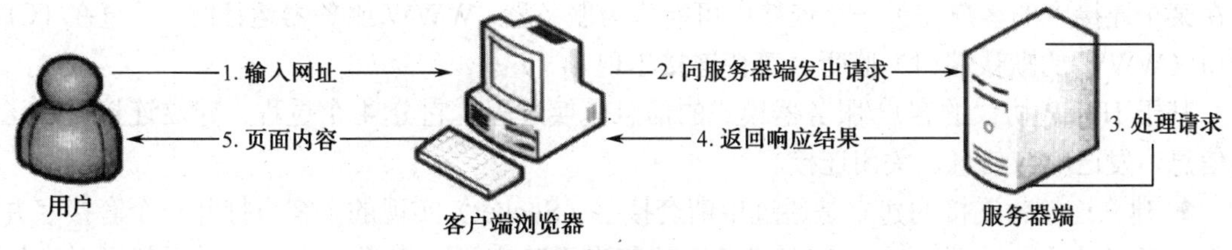

图 1-8　用户通过浏览器访问 Web 应用

1.3.2 Web 应用处理过程

一个 Web 应用程序的处理过程是：前端（表示层），一般是浏览器，从用户那里收集数据后，发送请求，将数据通过 HTTP 协议的 Get 或 Post 方法发送到服务器端。服务器端用相应的方法处理数据，将结果返回给客户端。近年来，随着 XML 技术的不断成熟，浏览器和服务器端交换数据可定义成标准的 XML 格式。

1. Web 浏览器发送请求

Web 浏览器是一种应用程序，其基本功能就是把客户通过图形界面操作的请求转换为标准的 HTTP 请求，并把 HTTP 响应转换为客户能够接受的图形界面。在典型的 Web 应用程序中，一般通过浏览器收集数据。通过客户端脚本验证后，转化成标准的 XML 格式（可选）发送到服务器端。发送数据一般有 Get 和 Post 两种方法。

2. 执行服务器端程序

Web 服务器的一个重要功能就是向特定的脚本、程序传递给需要处理的请求。Web 服务器首先检查所请求文件的扩展名（或文件所在目录），以此来决定需要装入什么样的运行环境。一旦 Web 服务器确定了所请求的文件的类型，它就装入执行该文件在所需要运行时的环境。

创建了执行该文件所需的环境后，执行文件。处理浏览器用 Get 方法或 Post 方法传递数据，再将运算的结果返回给浏览器，运算的结果以 HTML、XML 或者二进制数据表示，浏览器进行相应的处理。

3. 将结果返回给浏览器

一般情况下，将结果返回给浏览器时，要由服务器端应用程序指定响应的内容类型、内容长度，然后把响应内容写入输出流中。浏览器收到响应后，首先查看响应头的内容类型，确定输入流中响应实体的 MIME 类型，再来确定如何处理数据。返回的内容可以是 HTML、文本、XML、图像或音频/视频流等。

4. HTTP 超文本传输协议

在前面介绍的浏览器与 Web 服务器之间交互通信的过程中，提到了请求和响应都以 HTTP 协议来传输，下面就来认识一下 HTTP 超文本传输协议以及它实现信息交换的过程。

HTTP 协议是浏览器和服务器之间的应用层通信协议，它是基于 TCP/IP 之上的协议，不仅保证正确传输超文本文档，还确定传输文档中的哪一部分，以及哪一部分内容首先显示（如文本先于图形）等。

在 WWW 中，“客户”与“服务器”是一个相对的概念，只存在于一个特定的连接期间，即在某个连接中的客户在另一个连接中可能作为服务器。WWW 服务器运行时，一直在 TCP80 端口（WWW 的默认端口）监听，等待连接出现。

基于 HTTP 协议的客户/服务器模式的信息交换过程，它分 4 个过程：建立连接、发送请求信息、发送响应信息、关闭连接。

- 建立连接：连接的建立是通过申请套接字（Socket）实现的。客户打开一个套接字并把它约束在一个端口上，如果成功，就相当于建立了一个虚拟文件，以后就可以在该虚拟机文件上写数据并通过网络向外传送。

- 发送请求信息：打开一个连接后，客户机把请求消息发送到服务器的停留端口上，完成提出请求动作。

HTTP/1～0 请求消息的格式为：

请求消息=请求行（通用信息头|请求头|实体头） CRLF[实体内容]

请求行=方法 请求 URL HTTP 版本号 CRLF

方法=Get|Head|Post|扩展方法

URL=协议名称+宿主名+目录与文件名请求行中的方法描述指定资源中应该执行的动作，常用的方法有 Get、Head 和 Post。

- 发送响应信息：服务器在处理完客户的请求之后，要向客户机发送响应消息。HTTP/1～0的响应消息格式如下：

响应消息=状态行（通用信息头|响应头|实体头）CRLF[实体内容]

状态行=HTTP 版本号 状态码 原因叙述

状态码表示响应类型：

① 保留。

② 表示请求成功地接收。

③ 完成请求客户需进一步细化请求。

④ 客户错误。

⑤ 服务器错误。

响应头的信息包括：服务程序名，通知客户请求的 URL 需要认证，请求的资源何时能使用。

- 关闭连接：客户和服务器双方都可以通过关闭套接字来结束 TCP/IP 对话。

1.3.3　Web 浏览器与服务器

了解了 HTTP 协议之后，要进一步地来了解一下在 Web 应用中不可或缺的浏览器和服务器。

1. Web 浏览器

目前，有很多 Web 浏览器，但是比较普及和流行的是 Microsoft 公司的 Internet Explorer（IE）和 Mozilla 基金会的 FireFox 浏览器。这两个浏览器都能很好地支持最新、最好的 HTML 表示标准，以及各种 HTML 扩展功能。另外，它们也都能支持 JavaScript 脚本语言以及类似 Applet 的 Java 小程序运行。其他的浏览器还有傲游浏览器（Maxthon）、腾讯 TT 浏览器、Opera 以及 Google 最新推出的谷歌浏览器（Chrome）等。

2. Web 服务器

在服务器端，与通信相关的处理都由服务器软件负责，这些服务器软件都由第三方的软件厂商提供，开发人员只需要把功能代码部署在 Web 服务器中，客户端就可以通过浏览器访问到这些功能代码，从而实现向客户提供的服务，下面简单介绍常用的服务器。

IIS 是微软提供的一种 Web 服务器，提供对 ASP 语言的良好支持，通过插件的安装，也可以提供对 PHP 语言的支持。

Apache 服务器是由 Apache 基金组织提供的一种 Web 服务器，其特长是处理静态页面，对于静态页面的处理效率非常高。

Tomcat 也是 Apache 基金组织提供的一种 Web 服务器，提供对 JSP 和 Servlet 的支持，通过插件的安装，同样可以提供对 PHP 语言的支持，但是 Tomcat 只是一个轻量级的 Java Web 容器，像 EJB 这样的服务在 Tomcat 上是不能运行的。

JBoss 是一个开源的重量级的 Java Web 服务器，在 JBoss 中，提供对 J2EE 各种规范的良好支持，而且 JBoss 通过 Sun 公司的 J2EE 认证，是 Sun 公司认可的 J2EE 容器。

J2EE 的服务器还有 BEA 的 Weblogic 和 IBM 的 WebSphere 等，适合大型的商业应用。这些产品的性能都是非常优秀的，可以提供对 J2EE 的良好支持。用户可以根据自己的需要选择适合的服务器产品。

1.3.4 Web 应用开发

有很多不同的技术可以用来实现 Web 应用程序，但任何一种技术都不可能十全十美，Java Servlet 不能利用 COM 组件，ASP 也不能利用 JavaBean 和 EJB。但服务器端的 Java 技术是现在最先进和最完善的技术之一，目前 Web 应用程序开发大部分选择的是 Servlet 和 JSP 技术，其主要具有如下几个方面的优点。

- 平台无关性：Servlet 和 JSP 都是 Java 写的，同 Java 语言一样具有平台无关性。Servlet 和 JSP 代码被编译成字节码，再由服务器上的与平台相关的 Java 虚拟机解释执行。由于 Servlet 和 JSP 都是由与平台无关的字节代码组成的，所以可以被移植到支持 Java 的其他平台上。
- 效率：当 Servlet 和 JSP 接收请求后，它在相同的进程中创建另一个线程来处理请求，使得成百上千的用户能够同时访问 Servlet 和 JSP 而不影响服务器的性能。另外 Servlet 在第一次装入内存后，以后的请求可在内存中直接执行。这样，大大加快了速度。
- 访问 Enterprise Java API：Servlet 和 JSP 是 Java 的整体解决方案的一部分，它能够访问所有的 Java API，利用强大的 Java 语言提供所有功能。例如，它可以利用 Java Mail API 收发邮件，可以利用 Enterprise Java Bean 扩充功能，可以使用 RMI 实现远程方法调用等。
- 重用性：Java 语言是完全支持面向对象程序设计的高级语言，可以利用面向对象程序设计思想中所提供的所有重用机制。它可以通过将特定功能封装在对象中，以及将特定的对象封装在一起形成组件来支持重用。

1.4 JavaEE 技术简介

JavaEE（Java Platform Enterprise Edition）是 Java 企业版标准，因此，JavaEE 技术的基础还是 Java 平台，随着电子信息化快速发展以及需要，应用开发团队必须以最少的资源快速设计、开发、维护企业级应用程序。为了能够满足该需求，JavaEE 平台提供了一套设计、开发和部署企业应用程序的规范，提供了分布式组件、松耦合、安全可靠、独立平台的应用程序环境，同时提供了开发企业级应用程序的技术框架，最终目标是使用 Java 技术开发服务器端的应用程序，通过平台独立性、可移植性、多用户性、安全性和基于标准的企业级平台，从而大大简化企业应用的开发、部署和管理。因此使用 JavaEE 技术开发的企业级应用可以部署在各种 JavaEE 应用服务器上，下面主要介绍一下 JavaEE 的技术三大块内容：

（1）JavaEE 多层体系结构。

（2）JavaEE 组件。

（3）JavaEE 容器及服务。

JavaEE 多层体系结构主要包括客户层、表示层（Web 层）、业务逻辑层、企业信息系统（Enterprise Information System，EIS）层。

客户层主要分为浏览器（HTML、Applet）以及桌面应用程序，客户层提供用户与应用程序的交互方式，这种交互可以通过 Web 浏览器实现，也可以通过 Web 服务接口以编程方式实现，一个基于 Web 的 JavaEE 应用中，用户通过浏览器与部署在 Web 服务器上的应用程序交互，此时客户层就是用户的浏览器，用户在浏览器中发出请求，查看 Web 服务器的某个页面，或者通过输入信息提交到 Web 服务器，Web 服务器将 Web 层中的静态 HTML 页面、JSP、Servlet 生成的动态 HTML 页面传送给浏览器。

表示层也就是 Web 层，主要涉及的技术为 Servlet（Server+Applet）和 JSP，Web 层使客户层与其他层的应用程序进行逻辑通信和交互。在典型的 Web 应用程序中，通常一些或全部应用程序逻辑都在 Web 层，因此 JavaEE 的 Web 层通常由 JSP 页面以及显示 HTML 页面的 Servlet 组成，就像客户层一样，Web 层也可能会包括 JavaBean 来管理用户的输入，并将输入发送到在业务层中运行的 Enterprise Bean 来处理。

业务逻辑层主要涉及的技术为 EJB，业务层的 EJB 负责执行整个应用程序中的业务逻辑，EJB 从客户层中接收数据并对数据进行加工处理，再将数据发送到企业信息系统层存储，EJB 还从企业信息系统层中获取数据，并将数据送回客户程序，显示给用户，EJB 容器主要包括会话 Bean、实体 Bean、消息驱动 Bean。

企业信息系统层（EIS 层）主要包含整个企业使用的数据和服务，例如数据库服务器、邮件服务器、企业资源规划（ERP）、事务处理、其他遗留信息系统。中间层使用专用于资源的协议与 EIS 层中的组件通信，因此为了与关系型数据库进行通信，中间层通常要使用 JDBC 驱动程序，同时对于 ERP 系统而言，还要使用专用的适配器。

JavaEE 是企业分布式应用开发标准，它规范了分布式组件，而多层的分布式体系结构意味着应用逻辑会根据功能划分成组件，并且可以在同一个服务器或不同的服务器上安装这些组件，因此一个应用组件应被安装在什么地方，取决于该应用组件属于多层的 JavaEE 环境中的哪一层，下面我们详细介绍一下每个层中应用到的组件。

JavaEE 是企业分布式应用开发标准，它规范了容器应该提供的服务。容器就是 JavaEE 的运行环境，而这种环境是为应用组件服务的，各容器为相应类型的应用程序组件提供底层服务，JavaEE 容器包括四个：Applet 容器和 Application Client 容器，这些是客户端容器；Web 组件容器和 EJB 容器，这些是服务器端容器。其服务主要包括 JDBC、JNDI、JTA、JAAS、JCA、Java Persistent、Web Service、XML、JMS、RMI、JavaMail/JAF，具体介绍如下。

JDBC 提供了 Java 程序与数据库服务器之间的连接服务，同时能保证事务的正常进行，简单的理解就是，JDBC 允许从 Java 的方法里调用 SQL 命令对数据库中的数据进行常规操作，同时 JDBC API 为访问不同的数据库提供了统一途径，使应用程序开发人员使用 JDBC 可以连接任何提供了 JDBC 驱动程序的数据库系统，这样就使得程序员无须对特定的数据库系统特点进行过多的了解，从而大大简化和加快了开发过程。

JNDI 是分布式系统的命名和目录服务对分布式系统中的资源（文件、分布式对象、服务）进行的访问和管理，允许组件定位其他组件和资源，提供了企业级应用所需要的资源和外部信息的注册、存储以及获取组件等功能，同时 JNDI API 为应用程序提供了一个统一的接口来完成标准的目录操作。

JTA 是 Java 事务处理，它提供了 JavaEE 中处理事务的标准接口，支持事务的开始、回滚和提交，同时 JTA 保证数据读/写的时候不会出错，把这些关键的操作当成一系列完整的不可分割的操作，JTA 技术由容器完成，这样就减轻了开发者的负担。

JAAS 是 Java 的认证和授权服务，通过对用户进行认证和授权实现基于用户的访问控制，因此可以鉴定用户身份，JAAS 通过验证谁在运行代码及其权限来保护系统免受用户的攻击。

JCA 是 Java 连接框架技术，它提供了一套连接各种 EIS 的体系架构，用于连接 J2EE 平台到 EIS 的标准 API。

Java Persistent 是 Java Persistence API 持久化，简单的理解就是把数据信息永久存储到关系型数据库等永久的介质中，持久化技术主要有 JDBC、Hibernate、iBATIS 等。

Web Service 是建立可互操作的分布式应用程序新平台，用户通过 Web Service 标准对这些服务进行查询和访问，Web 服务基于 XML。

XML 是一种可以用来定义其他标记语言的语言，常被用来共享数据。

JMS（Java Message Service）是 Java 消息服务，它是一个消息标准，允许 JavaEE 应用程序组件产生、发送、接收和读取消息，Java 平台中关于面向消息中间件的 API，用于在两个应用程序之间或分布式系统中发送消息进行异步通信。

RMI 是通过使用序列化方式在客户端和服务器端对象之间传递数据，RMI 把原先的程序在同一操作系统上的方法调用变成了不同操作系统之间程序的方法调用，它是一种被 EJB 使用的更底层协议，一个 EJB 可以通过 RMI 调用另一台机器上的 EJB 远程方法。

JavaMail 是用于存取邮件服务器的一套 API，Java 应用程序开源通过 JavaMail 来收发电子邮件，JavaMail 利用 JavaBeans Activation Framework（JAF）来处理 MIME 编码的邮件附件，MIME 的字节流可以被转换成 Java 对象。由此，大多数应用都不需要直接使用 JAF。

1.5　JavaEE 企业级 Web 应用

随着互联网技术的快速发展，JavaEE 传统的开发模式已经不适合目前的需要，下面从几个方面介绍 JavaEE 企业级 Web 应用开发过程：

（1）JavaEE 架构角色。

（2）MVC 设计模式。

（3）对象关系映射。

（4）JavaEE 企业级 Web 应用开发过程。

1. JavaEE 架构角色

每一个企业级系统开发都是由团队进行设计开发的，团队中每个人的分工各不相同，目的是更好地分工合作。为了让大家更直接地理解系统开发过程，大家需要对每个角色进行了解，角色主要包括产品提供商、工具提供商、应用组件提供商、企业开发者、Web 组件开发者、应用程序客户端开发者、应用程序装配者、部署者、系统管理者等。其中，产品提供商就是设计并且实现 JavaEE 的规范定义、API 等工作；工具提供商主要是提供开发、装配和打包工具，目的是组件开发者、装配者和部署者能够使用这些工具进行工作；应用组件提供商主要是提供开发 JavaEE 应用程序可使用的企业 Bean、Web 组件、Applet 和应用程序客户端组件的组织或个人；企业开发者提供企业 Bean 的 EJB JAR 文件，他的主要工作是编写并编译源文件、配置部署描述符文件、最后将编译后的类文件和部署描述符文件打包为一个 EJB JAR 文件；Web 组件开发者提供 WAR 文件，他的主要工作是编写并编译 Servlet 源文件、编写 JSP 和 HTML 文件、配置部署描述符文件，将.class、.jsp、.html 和部署描述符文件打包为一个 WAR 文件；应用程序部署者和系统管理员配置和部署 JavaEE 应用程序，在程序运行时监控运行时的环境，主要包括设置事务控制、安全属性和指定数据库连接，他们的主要工作是将 JavaEE 应用程序 EAR 文件添加到 JavaEE 服务器、修改 JavaEE 应用程序的部署描述符为特定运行环境配置应用程序、部署 JavaEE 应用程序到 JavaEE 服务器。

2. MVC 设计模式

MVC 设计模式主要由三个部分组成，包括 View（视图）、Model（模型）和 Controller（控制器），采用该模式可以增加代码重用率、减少应用程序的耦合度，因此使得软件的可维护性、扩展性、灵活性大大提升，加快了开发速度。其中，View 是指用户界面，简单的理解就是用户与应用程序交互的接口，主要目的是向用户显示相关的数据，同时能够接收用户输入的数据和模型发出的数据更新事件，从而对用户界面进行同步更新；Model 提供应用业务逻辑，是指对业务逻辑、业务信息的处理；Controller 则负责 View 和 Model 之间的流程控制，简单的理解就是二者的桥梁。通常情况下，使用 JavaBean 或 EJB 提供应用业务逻辑实现 Model，使用 HTML 页面、JSP 页面等实现面向浏览器的数据表现（View），而控制器（Controller）则由 Servlet 承担，由它来控制业务流程。

3. 对象关系映射

对象关系映射简单的理解就是把对象映射到关系型数据库中，从而实现持久化操作，主要包括类到数据库中表的映射、类的属性到数据库表中列的映射、类之间关系到键的映射（一对一、一对多等）。其中，类到表的映射要注意数据访问速度、实现难易程度、数据库中字段冗余、多态性支持、数据访问难易程度等；类的属性到表的列的映射要注意一般在设置主键的时候不考虑用有实际业务意义的字段作为主键；类之间关系到键的映射是映射的关键，主要是体现类关系之间的关联和聚合，一般分为一对一，一对多，多对多，其中多对多的关联需要创建关联表，把多对多转化为一对多和多对一，常用的技术是 Hibernate。

4. JavaEE 企业级 Web 应用开发过程

JavaEE 企业级 Web 应用开发，最常见的开源框架技术有 Struts 2、Spring、Hibernate，Web 技术 Servlet、JSP，服务器 Tomcat，数据库 MySQL，开发工具 Eclipse。Struts 2 主要以 WebWork 为核心，采用拦截器的机制来处理用户请求，让业务逻辑控制器可以脱离 Servlet API，是使用最广泛的 MVC 框架；Spring 是构造 Java 应用结构的“轻量级”的架构，它使用基本的 JavaBean

完成之前只有 EJB 可以完成的事情，解决了企业级应用开发的复杂性，构造轻量级、强壮的 JavaEE 应用程序，并通过控制反转（IoC）的技术促进了松耦合，Hibernate 是一个开放源代码的对象关系映射框架，是对 JDBC 轻量级的封装，自身对 JDBC 的语句进行了优化，大大减少了操作数据库的工作量；Tomcat 是免费的、开放源代码的 Web 应用服务器，它运行时占用的系统资源小，扩展性好，支持负载平衡与邮件服务等开发应用系统常用的功能，是开发、调试 Web 应用程序的首选，因此深受程序员和部分软件开发商的认可；MySQL 是一个关系型数据库管理系统，它开发源码、体积小、速度快、总体成本低，因此是很多中小型网站开发选择的数据库；Eclipse 是开发源代码的软件开发平台，是用 Java 语言开发的，同时也支持 C、C++、PHP 等编程语言的插件，它为企业级 Web 应用的开发、测试提供了优秀的支持。

JavaEE 企业级 Web 应用中的各个分离组件打包到一起，同时把它部署到符合 JavaEE 规范的应用服务器上，打包过的 JavaEE 模块主要包括 JavaEE 组件（例如企业 beans，JSP 页面，Servlet 等）程序文件和用于描述这些组件的配置描述文件，主要包括四个模板，分别为 Web 模块包（.war）、EJB 模块包（.jar）、应用程序客户端模块包（.jar）、资源适配器模块（.rar），部署文件包括 web.xml（描述应用的 web 端组件）、ejb-jar.xml（标准的 J2EE 部署描述，用来定制 EJB 组件）、application.xml（标准地描述整个应用部署的 xml 文件）。

下面介绍四个模块分别由哪些内容组成，JSP、Servlet、HTML/XML 文档、其他公共资源如图片、部署描述符 web.xml 等这些 Web 模块内容被打包成 WebApplication Archive 文件（WAR 文件），EJB 文件、部署描述符 ejb-jar.xml 等被 EJB 模块内容打包成 Java Archive 文件（JAR 文件），Client 类、部署描述符、application-client.xml 等应用客户端模块内容被打包成 Java Archive 文件（JAR 文件），本地库、资源适配器、部署描述符 ra.xml 等资源适配器模块内容被打包成 RAR 文件，因此 JavaEE 打包和部署如图 1-9 所示。

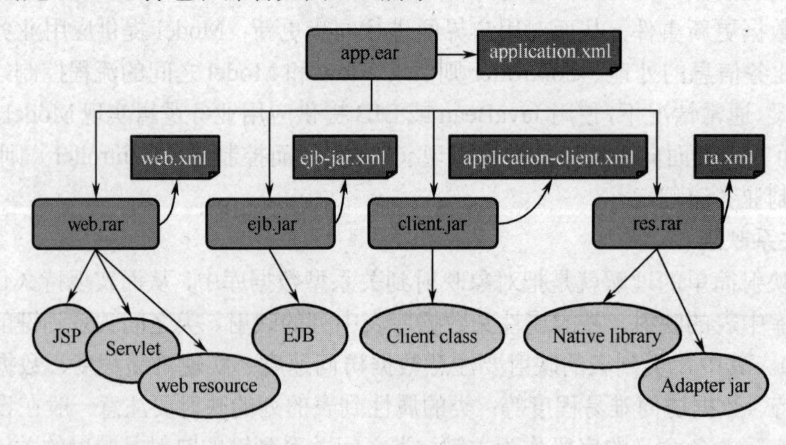

图 1-9 JavaEE 打包和部署

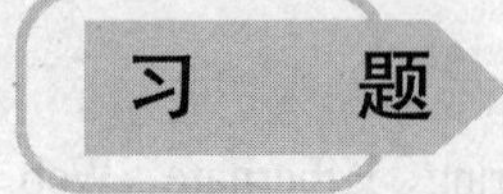

习 题

1. 请说说 Web 应用开发技术的发展情况。
2. 请阐述 Web 应用的 B/S 结构与 C/S 结构有什么区别与特点。

3. 请详细地描述 Web 应用处理的过程步骤。
4. 简述 JavaEE 体系结构包括哪些内容。
5. 简述 JavaEE 中的常见组件并且解释它们分别代表什么意思。
6. 简述 JavaEE 中包括哪些服务。
7. 简述 MVC 设计模式。
8. 简述对象关系映射。
9. 简述 JavaEE 企业级 Web 应用中的常见开源框架。

第2章 网上购书系统

课程目标

- 了解网上购书系统需求说明
- 掌握网上购书系统的概要设计
- 掌握网上购书系统的详细设计
- 掌握网上购书系统的数据库设计
- 了解网上购书系统的测试与发布

本章通过网上购书系统讲解整个系统的概要设计、详细设计以及数据库设计。概要设计主要讲解系统的具体功能架构，详细设计主要讲解整个系统的框架搭建和执行流程以及购物车的设计，数据库设计主要包括表设计以及系统的数据库公共类设计。后面各章节的知识点都是围绕实现该系统而进行深入讲解的。

2.1 系统概述

本系统分为前台购书和后台图书管理两大功能。顾客通过登录前台书店系统的主页面，浏览网站的图书信息，对于自己想购买的图书信息需要先免费注册个人信息，然后登录系统，才能进行图书购买。登录系统后，可以按类别查询图书信息，对于查找出来的图书信息，如果需要购买可以将其放入购物车。购买完毕可以查询购物车的信息，可以手动修改购物车中所选书籍的数量，可以继续购买，可以清空购物车，也可以结算。购物车书籍结算后立即生成订单，可以查看自己的订单信息。网上后台管理系统主要是管理员通过登录对图书信息和前台用户信息进行管理，包括查看、添加、删除、修改图书信息，管理前台用户信息以及订单信息。

2.2　系统的设计

2.2.1　网上购书系统的概要设计

根据网上购书系统功能需求，前台购书系统的功能结构图如图 2-1 所示。

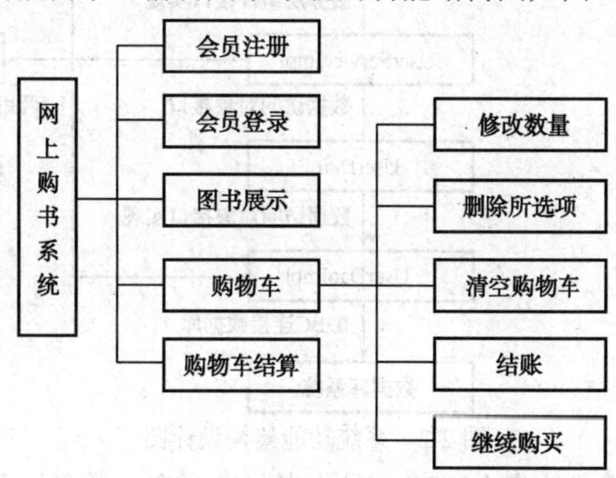

图 2-1　网上购书系统

（1）会员注册：没有注册的用户，只能浏览该网站的图书信息。如果要购买图书，需要通过会员注册功能进行注册。

（2）会员登录：会员注册后，通过登录接口进行登录。登录网站后可以进行图书购买。

（3）图书展示：不论是注册用户还是非注册用户都可以浏览本网站所有图书信息，也可以按照图书类别浏览图书信息。

（4）购物车：用户选择自己所需图书后，单击“购买”按钮将相应图书信息加入购物车中。在购物车信息中，可以对购物车中的图书数量进行修改，可以对某些不需要的图书信息进行删除，也可以清空购物车中所有图书，还可以继续购买图书。

（5）购物车结算：用户确定要购买购物车中的图书信息后，可以进行结算，结算信息包括图书名称、数量、图书单价、购买总金额以及相关个人信息等。

2.2.2　网上购书系统的详细设计

1. 整个系统功能架构设计

在网上购书系统中，系统的主要开发模式采用 MVC 模式，框架的搭建由 JSP 页面、Servlet 控制器、Service 服务层组件接口、服务组件接口实现 ServiceImpl、数据访问对象接口 Dao、Dao 组件实现 DaoImpl、数据封装 JavaBean 以及数据库组成。现在以用户注册功能为例讲解框架各组件的一个执行流程，如图 2-2 所示。

2. 系统购物车设计

在网上购书系统中，比较重要的一个模块就是购物车，购物车包括如下内容：

（1）用户的昵称。这个昵称是唯一的，可以用来标识不同的用户。用户登录后与购物车建立了关联关系。即当前的购物车属于登录的用户，便于随后的订单操作。

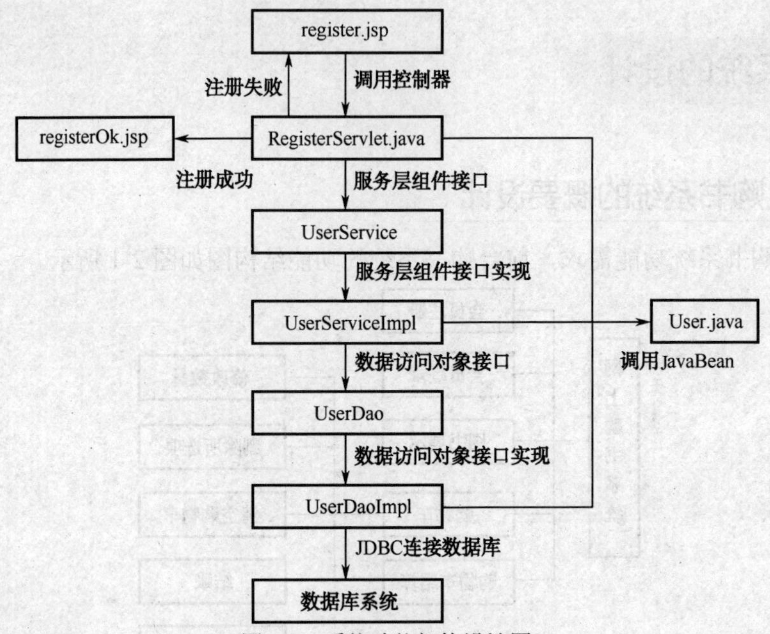

图 2-2　系统功能架构设计图

（2）一个由 Item 项组成的集合。Item 是由书号、书名、数量以及小计组成的。一个购物车可以有 0 个或多个 Item 项。当一本图书第一次加入购物车时，便新建一个 Item 项。当再次加入相同书时，数量加 1，并且小计加上书的单价。当一本书从购物车中删除时，数量减 1，并且小计减去书的单价。如果某个 Item 项的数量为 0，则删去该项。

（3）总金额。所有小计的总和。

购买图书购物车的执行流程如图 2-3 所示。

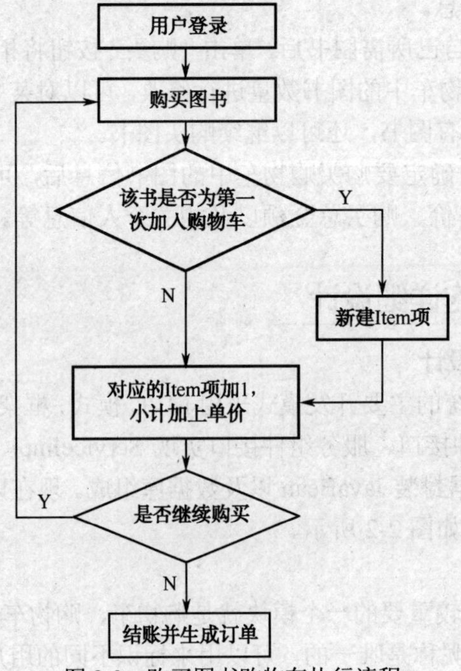

图 2-3　购买图书购物车执行流程

2.3　数据库设计

2.3.1　创建数据库

本次系统数据库采用的是 MySQL 数据库，数据库的安装与基本使用参考第 11 章的内容。创建数据库的语句为：create database online_book_ms character set gbk。

2.3.2　数据库表设计

1. 图书信息表(tb_book)

序　号	字段名称	字段类型	字段大小	允许空	描　述
1	id	int	11	否	主键
2	name	varchar	50		
3	book_type_id	int	11		外键
4	price	float			
5	img	varchar	50		
6	description	varchar	50		

2. 图书类型表(book_type)

序　号	字段名称	字段类型	字段大小	允许空	描　述
1	id	int	11	否	主键
2	book_type_name	varchar	50		

3. 购物车项表(tb_item)

序　号	字段名称	字段类型	字段大小	允许空	描　述
1	id	int	11	否	主键
2	amount	int	50		
3	cost	float			
4	book_id	int	11		外键
5	order_id	int	11		外键

4. 订单表(tb_order)

序　号	字段名称	字段类型	字段大小	允许空	描　述
1	id	int	11	否	主键
2	status	varchar	12		
3	odate	varchar	30		
4	user_id	int	11		外键
5	cost	double(10,2)	11		

5. 客户表(tb_user)

序　号	字段名称	字段类型	字段大小	允许空	描　述
1	id	int	11	否	主键
2	name	varchar	32		
3	password	varchar	32		
4	address	varchar	50		
5	postcode	varchar	10		
6	email	varchar	32		
7	phone	varchar	32		

6. 订单(order_id)

序　号	字段名称	字段类型	字段大小	允许空	描　述
1	oid	int	10	否	主键

7. 订单项(orderitem_id)

序　号	字段名称	字段类型	字段大小	允许空	描　述
1	oid	int	10	否	主键

2.4 数据连接公共类设计

数据库操作对于本系统来说是至关重要的，为了提高代码的复用度以及开发效率，特对数据库语句进行封装，其他功能模块的数据库操作只需要传递相应的SQL语句即可。

（1）将数据库的驱动、数据库连接等信息写入一个公共的属性文件中，属性文件名为：DBConfig.properties，内容为：

```
driverName=com.mysql.jdbc.Driver
connUrl=jdbc:mysql://localhost:3306/online_book_ms
user=root
password=123
```

（2）将数据库的操作语句封装成一个公共类，便于功能模块共享直接调用，从而提高开发效率。公共类代码如下：

```
package com.scmpi.book.util;
import java.io.InputStream;
import java.sql.Connection;
import java.sql.DriverManager;
import java.sql.ResultSet;
import java.sql.SQLException;
import java.sql.Statement;
import java.util.Properties;
```

```
public  class  DBUtil {
    //加载驱动
private static String driverName=null;
private static String connUrl=null;
private static String user=null;
private static String password=null;
private static Connection conn=null;
private static ResultSet rs=null;
private static Statement stm=null;
 static//静态块
 {
   InputStream ips=null;
   try
   {
       ips=DBUtil.class.getResourceAsStream("DBConfig.properties");
         Properties prop=new Properties();
         prop.load(ips);
         driverName=prop.getProperty("driverName");
         connUrl=prop.getProperty("connUrl");
         user=prop.getProperty("user");
         password=prop.getProperty("password");
         System.out.println("start to SQL driver");
         ips.close();
   }catch(Exception e)
   {
         e.getStackTrace();
   }
 }
 //获取数据库连接
public static Connection getConnection() throws ClassNotFoundException, SQLException
 {

   Class.forName(driverName);
   conn=DriverManager.getConnection(connUrl,user,password);
   return conn;
 }
 //数据查询
 public static ResultSet queryData(String sql) throws ClassNotFoundException
 {
   Statement stm=null;
   try
   {
   conn=getConnection();
   stm=conn.createStatement();
   rs=stm.executeQuery(sql);
   }catch(SQLException e)
```

```
        {
            e.printStackTrace();
        }

        return rs;
    }
    //数据更新
    public static boolean Update(String sql) throws ClassNotFoundException
    {   int a=0;
        try {
            conn=getConnection();
            stm=conn.createStatement();
            a=stm.executeUpdate(sql);
        } catch (SQLException e) {

            e.printStackTrace();
        }
        finally
        {

            if(rs!=null)
            {
                try {
                    rs.close();
                } catch (SQLException e) {
                    rs=null;
                }
            }
            if(stm!=null)
            {
                try {
                    stm.close();
                } catch (SQLException e) {
                    stm=null;
                }
            }
            if(conn!=null)
            {
                try {
                    conn.close();
                } catch (SQLException e) {
                    conn=null;
                }
            }

        }
```

```
        if(a>0)
        {
            return true;
        }
        else
        {
        return false;
        }

    }
    //关闭数据库
    public static void closeConnection()
    {
        if(rs!=null)
        {
            try {
                    rs.close();
                } catch (SQLException e) {
                    rs=null;
                }
        }
        if(stm!=null)
            {
                try {
                    stm.close();
                } catch (SQLException e) {
                    stm=null;
                }
        }
    if(conn!=null)
        {
            try {
                conn.close();
            } catch (SQLException e) {
                conn=null;
            }
        }
    }
}
```

2.5　系统的测试与发布

网上购书系统开发完成后，需要将工程项目发布到 Web 服务器 Tomcat 6.0 webapps 目录下，如发布到 D:\cinstall\Tomcat 6.0\webapps 目录下。然后启动 Tomcat 6.0 服务器，在浏览器地址栏里输入 http://localhost:8080/online_ book/login.jsp，出现如图 2-4 所示界面。

图 2-4　登录界面

输入用户名和密码后，进入购书主界面，如图 2-5 所示。默认显示所有图书信息，也可以按照图书类别进行查找，如按照高等数学、计算机以及英语进行查找。

选中自己所喜欢的图书，单击图 2-5 中的“购买”按钮后，再单击图 2-4 右上方的“查看购物车”后，进入购物车界面，如图 2-6 所示。在购物车界面中，可以对所选择的图书数量进行修改、删除某一图书、继续购买、清空购物车以及结算。

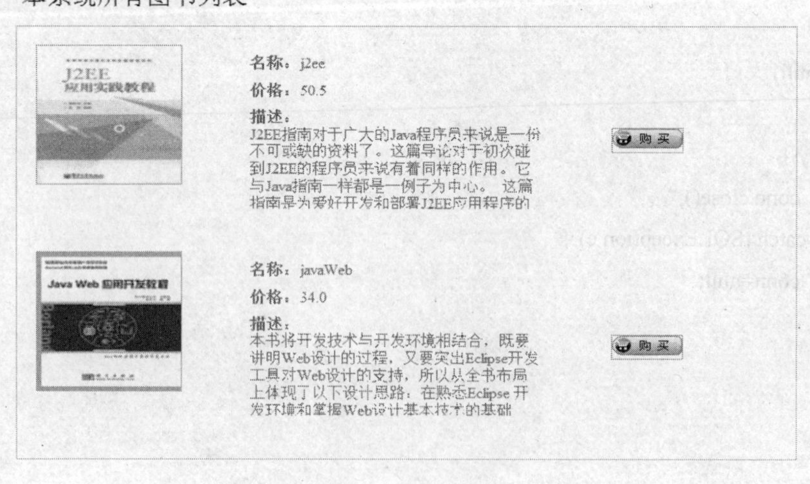

图 2-5　购书主界面

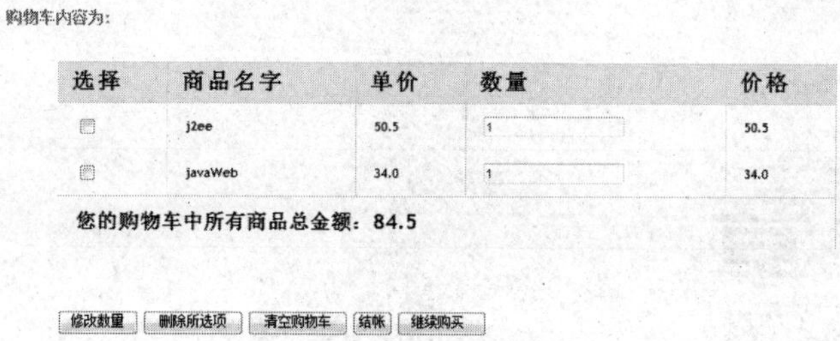

购物车内容为:

选择	商品名字	单价	数量	价格
☐	j2ee	50.5	1	50.5
☐	javaWeb	34.0	1	34.0
您的购物车中所有商品总金额：84.5				

修改数量　删除所选项　清空购物车　结帐　继续购买

图 2-6　购物车界面

单击图 2-6 中下方的“结账”按钮，进入购物车结算界面，如图 2-7 所示。

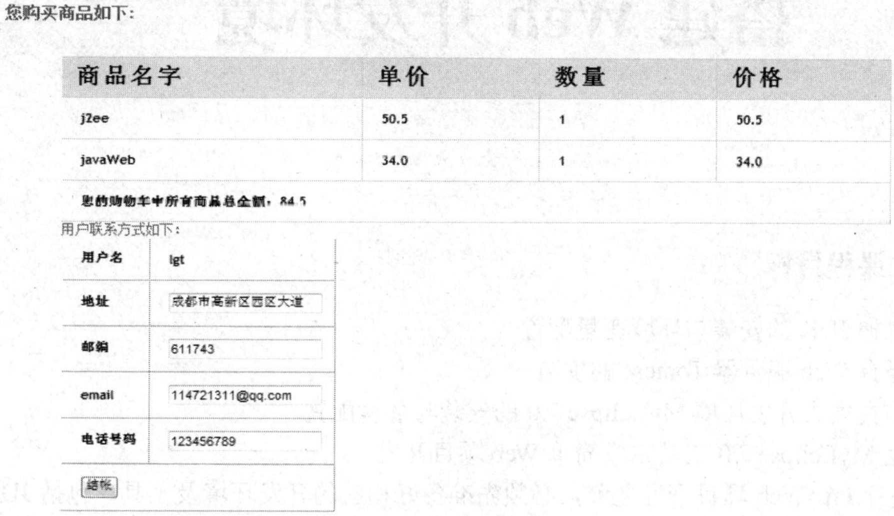

您购买商品如下:

商品名字	单价	数量	价格
j2ee	50.5	1	50.5
javaWeb	34.0	1	34.0
您的购物车中所有商品总金额，84.5			

用户联系方式如下:

用户名	lgt
地址	成都市高新区西区大道
邮编	611743
email	114721311@qq.com
电话号码	123456789
结帐	

图 2-7　购物车结算界面

单击图 2-7 中左下方的“结账”按钮后，表示订单下单成功。

第3章 搭建 Web 开发环境

课程目标

- 掌握 JDK 的安装与环境变量配置
- 掌握 Web 服务器 Tomcat 的安装
- 掌握集成开发环境 MyEclipse 7.0 的安装与环境配置
- 用 MyEclipse 7.0 工具完成简单 Web 项目开发

在进行 JavaWeb 项目开发之前，必须先准备好相应的开发环境及工具，包括 JDK 的安装与环境配置、Tomcat 的安装与配置及 MyEclipse 7.0 开发工具配置与使用。

3.1 JDK 的安装与环境变量配置

3.1.1 JDK 的安装与环境配置

安装 Java 开发包（JDK）是 Java 软件开发的前提，Sun 公司提供了一套 Java 开发环境，通常称为 JDK（Java Development Kit），又称为 J2SDK。本教材所采用的版本是 JDK 1.6。

读者可以去 http://java.sun.com/javase/downloads/index.jsp 下载 JDK 1.6。进入下载地址后，进入如图 3-1 所示下载界面。单击 Download 按钮后开始下载。

下载完成后，双击可执行文件 jdk-6u2-windows-i586-p.exe。按照提示完成安装，这里的安装路径选择为 C:\Program Files\Java\jdk1.6.0_02\，如图 3-2 所示。

直接单击图 3-2 中的“下一步”按钮完成 JDK 的安装。

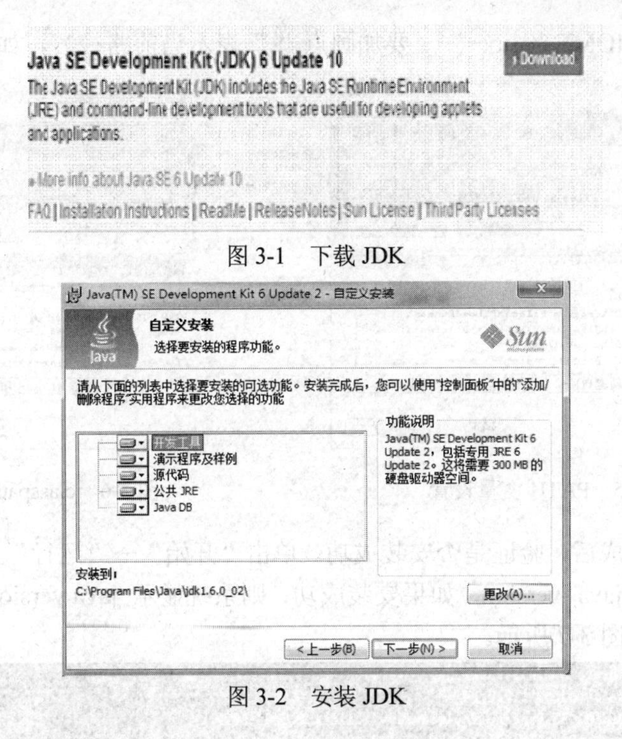

图 3-1 下载 JDK

图 3-2 安装 JDK

3.1.2 环境变量的配置

安装好后还需要进行环境变量配置。在 Windows 系统中，右击“我的电脑”，打开“属性”界面，单击“高级”标签里面的“环境变量”按钮，如图 3-3 所示。

（1）单击“新建”按钮，然后输入变量名为 JAVA_HOME，这是 Java 的安装路径，再在变量值文本框中输入安装路径 C:\Program Files\Java\jdk1.6.0_02，如图 3-4 所示。

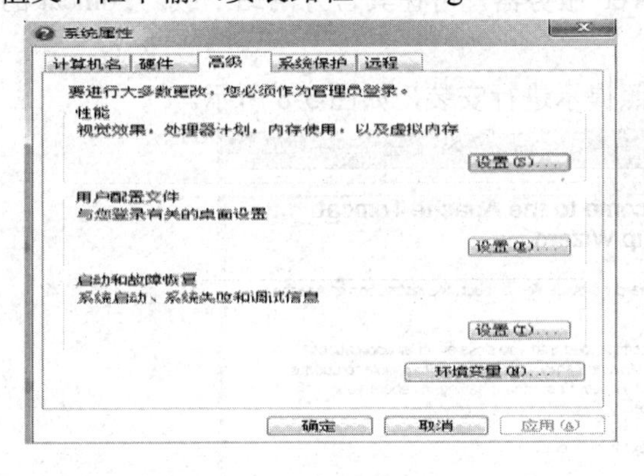

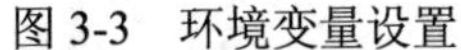

图 3-3 环境变量设置　　　　图 3-4 JAVA_HOME 变量设置

（2）在系统变量里找到 PATH，单击“编辑”按钮。PATH 是指系统在任何路径下都可以识别 Java 命令。添加变量值“; % JAVA_HOME %\bin;”（其中，% JAVA_HOME %的意思是刚才设置的 JAVA_HOME 的值）。具体设置如图 3-5 所示。

（3）单击“编辑”按钮，然后在弹出的“编辑系统变量”对话框中选择变量名为 classpath，该变量的含义为 Java 加载类（bin or lib）的路径，只有类在 classpath 中，Java 命令才能识别。

其值为“.;% JAVA_HOME %\lib; ”（要加圆点“.”表示当前路径），如图 3-6 所示。

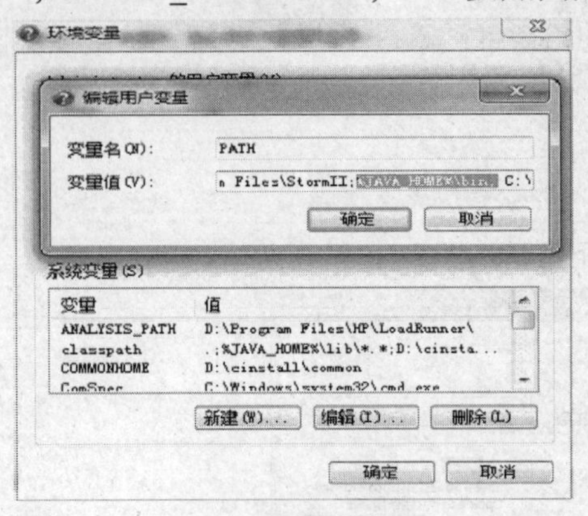

图 3-5　PATH 变量设置

图 3-6　classpath 变量设置

环境变量配置完成后，验证是否安装成功。单击“开始”→“运行”命令，输入 cmd，进入命令行界面，输入 java -version，如果安装成功，则系统显示 java version "1.6.0_24"...（不同版本号则不同），如图 3-7 所示。

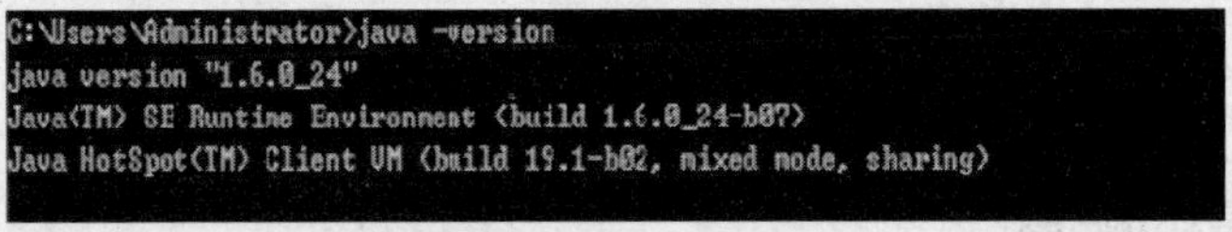

```
C:\Users\Administrator>java -version
java version "1.6.0_24"
Java(TM) SE Runtime Environment (build 1.6.0_24-b07)
Java HotSpot(TM) Client VM (build 19.1-b02, mixed mode, sharing)
```

图 3-7　JDK 测试

3.2　Tomcat 的安装配置

本书应用中主要采用 Tomcat 6.0 作为 Web 服务器，可在其官方网站下载。Tomcat 的具体安装过程如下所述。

（1）执行 apache-tomcat-6.0.20.exe，按照提示进行安装，如图 3-8 所示。

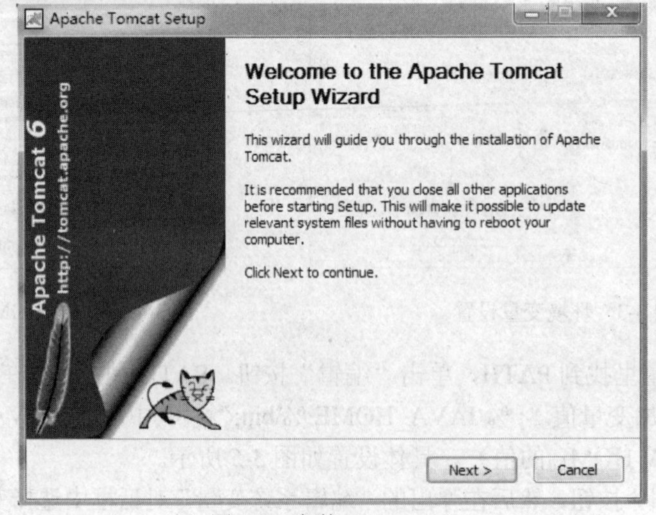

图 3-8　安装 Tomcat 6.0

（2）选择安装内容及安装路径，其中，安装内容如图 3-9 所示。

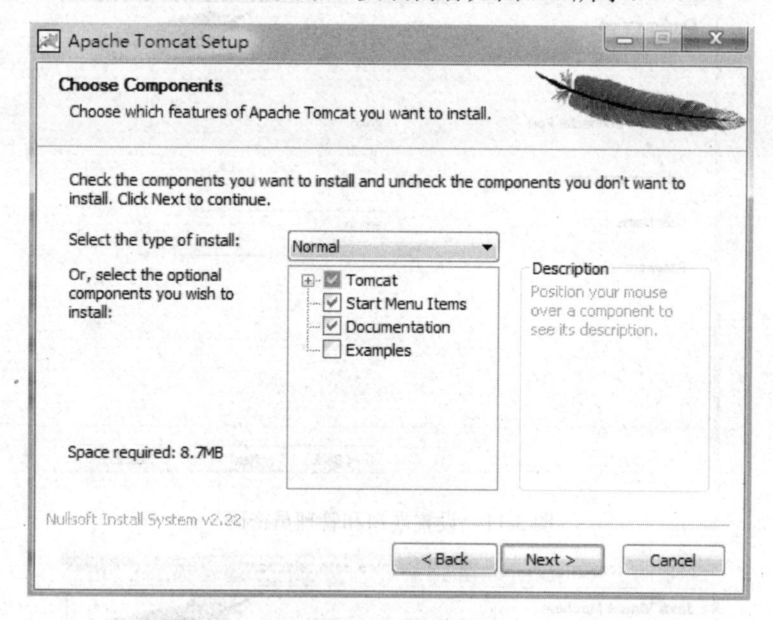

图 3-9 选择安装内容

选择安装后，单击 Next 按钮。选择安装路径，如图 3-10 所示。

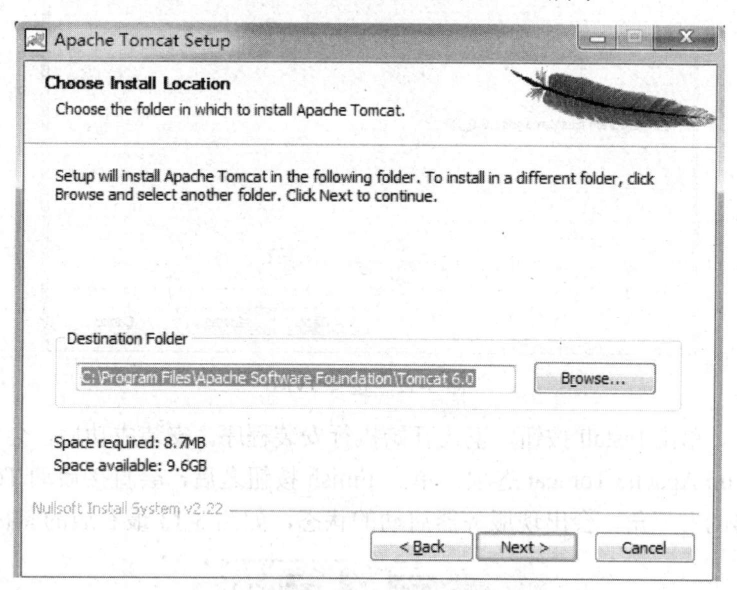

图 3-10 选择安装路径

（3）设定 Tomcat Port 和 Administrator Login，如图 3-11 所示，可以自行设定密码并妥善保管，不推荐空密码。

（4）选定 Tomcat 使用的 Java 虚拟机 JVM，如图 3-12 所示。

这个步骤是选择本地机器的 JVM 路径。如果已经设置好系统变量，那么安装文件会自动搜索到并显示，读者也可以手动更改。

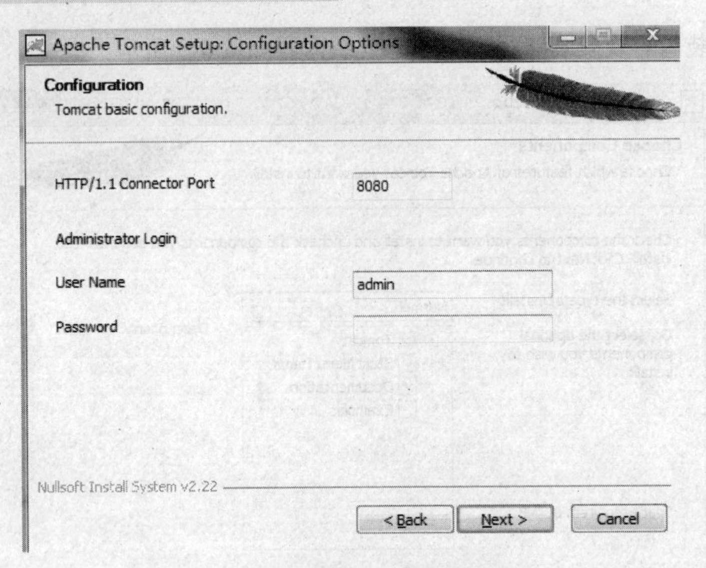

图 3-11　设置端口和管理员密码

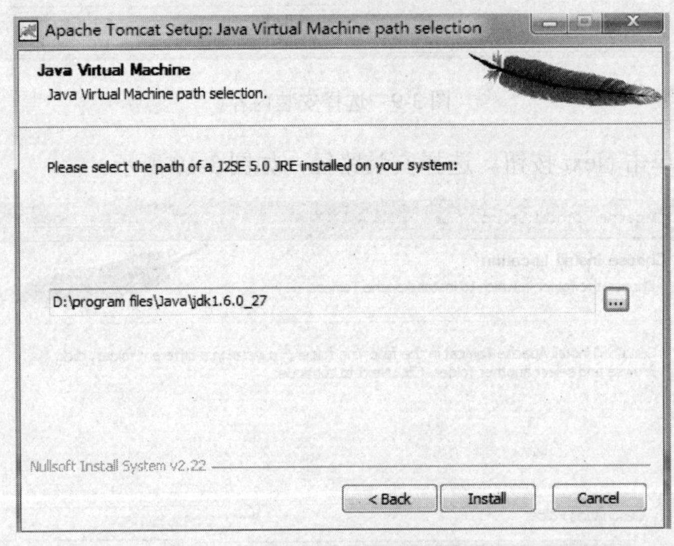

图 3-12　选择 JVM

确认无误后，单击 Install 按钮，正式开始执行安装程序。安装成功后，会看到安装结束界面。若勾选了 Run Apache Tomcat 选项，单击 Finish 按钮之后，会直接启动 Tomcat 6.0，然后在计算机显示器的右下角，会出现服务器启动的状态，如图 3-13 最右边的图标所示。

图 3-13　Tomcat 运行图标

（5）测试 Tomcat。

打开浏览器，如 IE，输入 http://localhost:8080，若 Tomcat 6.0 安装成功，则会看到如图 3-14 所示界面。

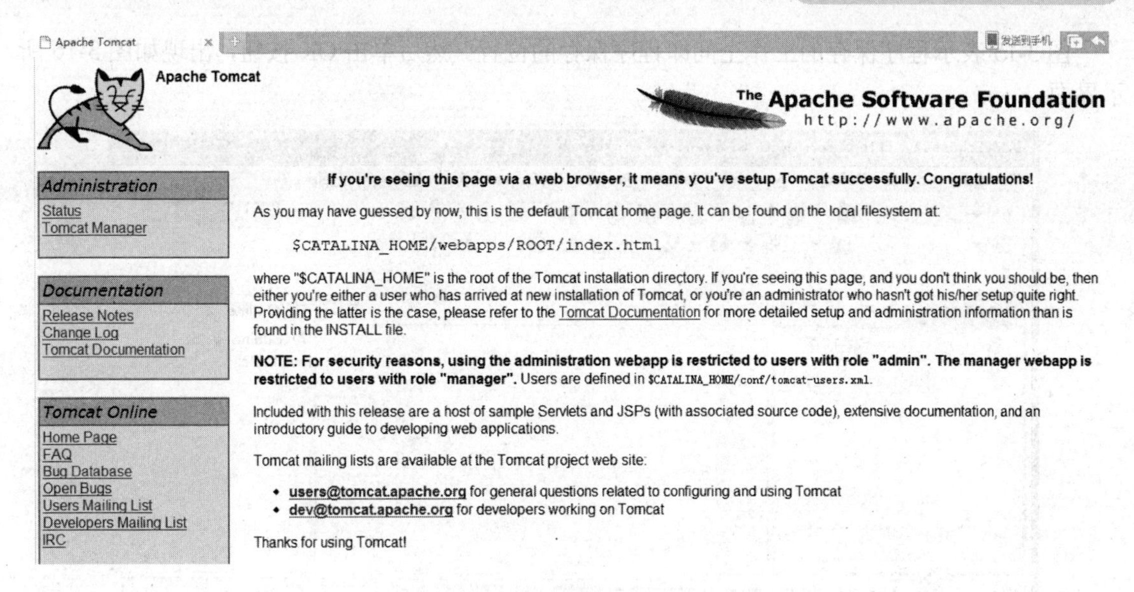

图 3-14 测试 Tomcat

3.3 MyEclipse 集成开发环境

配置好 Java 的环境后可以通过记事本编写 Java 应用程序，但对于比较复杂的程序，这样开发起来是很痛苦的。现在介绍一个 IDE 工具 MyEclipse 来进行 Java 程序开发。该工具能提高效率。现在就以 MyEclipse 7.0 为例讲解其配置与开发 Java 工程。

3.3.1 MyEclipse 7.0 环境配置

通过 http://downloads.myeclipseide.com/downloads/products/eworkbench/ 7.0M1/MyEclipse_7.0M1_E3-3-0_Installer 下载并安装 MyEclipse 7.0 工具。下载完成后，直接从前往后单击“下一步”按钮就可以完成安装。安装完成后，单击“开始”→“程序”命令 MyEclipse 7.0，打开 MyEclipse 7.0 软件，出现如图 3-15 所示界面。

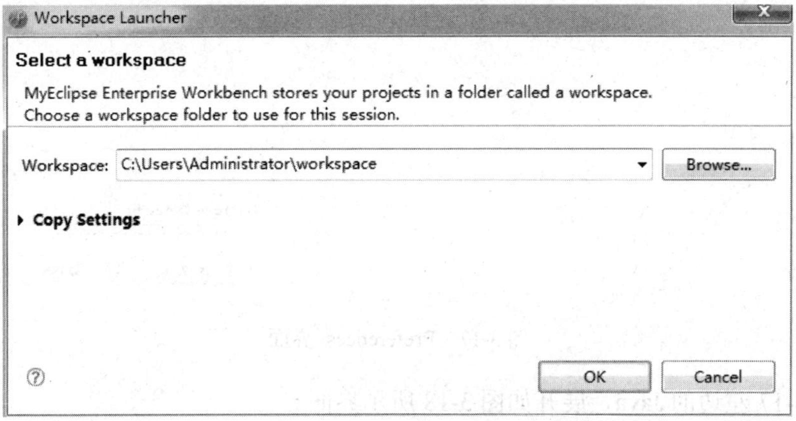

Workspace Launcher
Select a workspace
MyEclipse Enterprise Workbench stores your projects in a folder called a workspace.
Choose a workspace folder to use for this session.
Workspace: C:\Users\Administrator\workspace Browse...
Copy Settings
OK Cancel

图 3-15 选择工作空间

图 3-15 表示程序保存的工作空间即程序保存的位置。然后单击 OK 按钮，出现如图 3-16 所示界面。

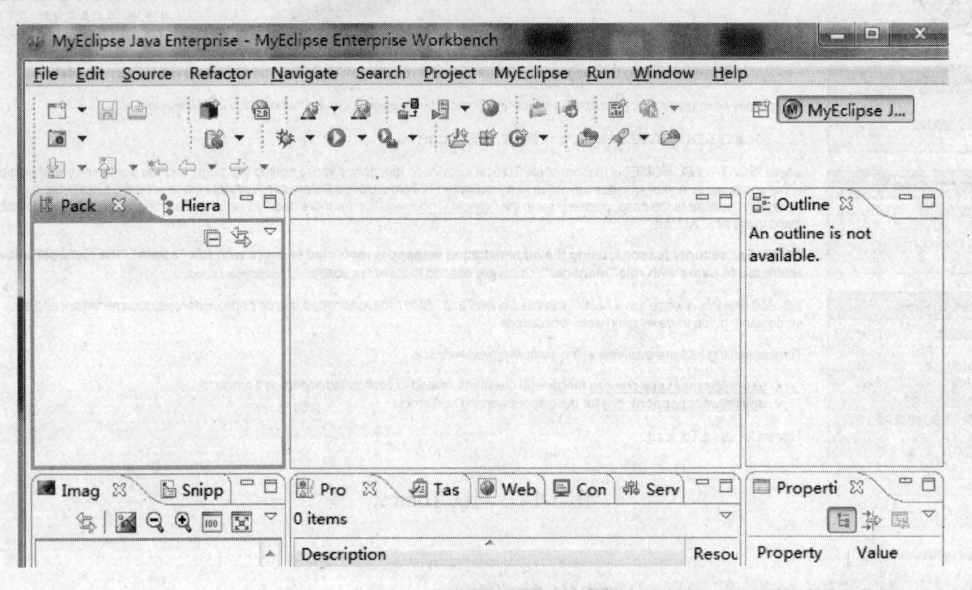

图 3-16　MyEclipse 主界面

单击图 3-16 所示工具栏上的 Window-preferences，出现如图 3-17 所示界面。

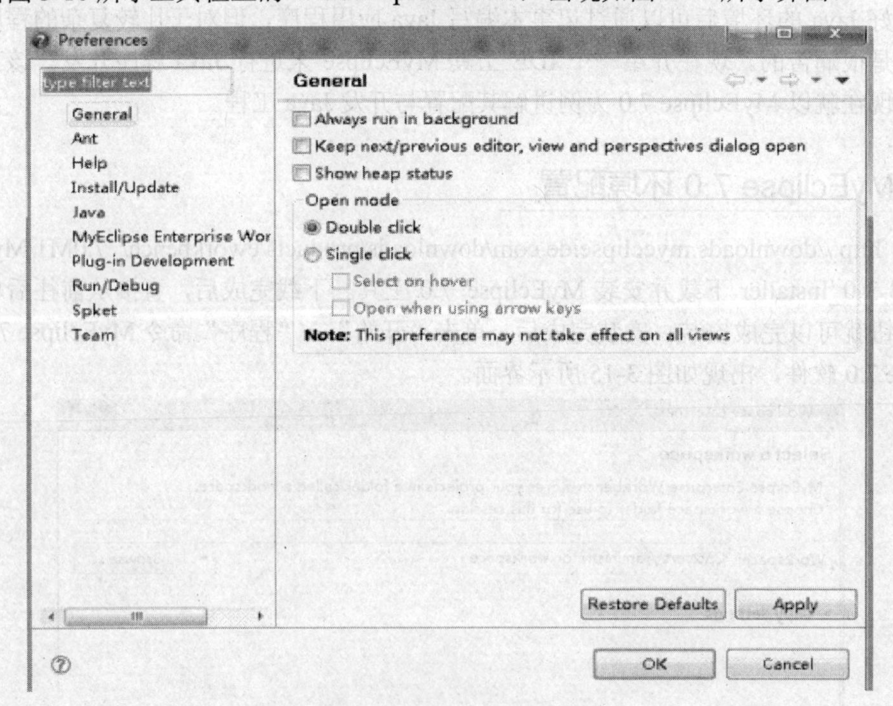

图 3-17　Preferences 界面

选择图 3-17 左边的 Java，展开如图 3-18 所示界面。

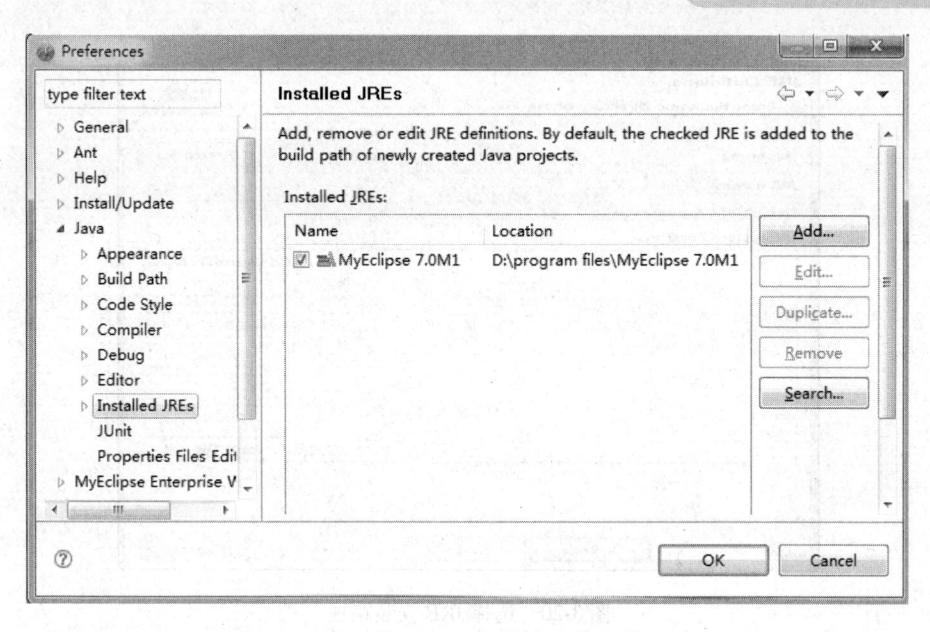

图 3-18　Installed JREs 界面

在图 3-18 中，单击 Installed JREs 选项，再单击右上方的 Add 按钮，出现如图 3-19 所示界面。

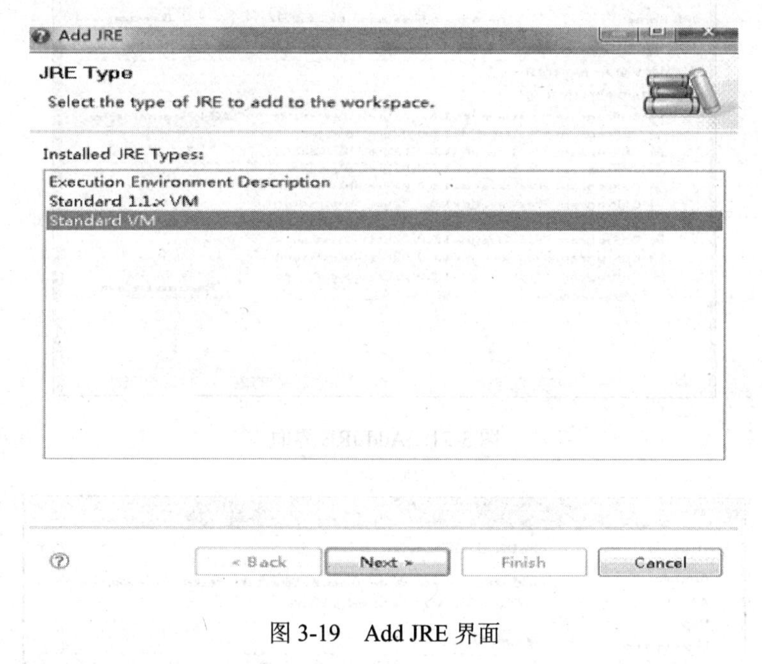

图 3-19　Add JRE 界面

单击如图 3-19 所示界面中的 Next 按钮，出现如图 3-20 所示界面。

图 3-20 表示要添加 jdk 文件。单击图 3-20 右上方的 Directory 按钮，然后选择 jdk 的安装路径，如图 3-21 所示。单击 Finish 按钮，出现如图 3-22 所示界面。

在图 3-22 中，注意一定要选中 jdk1.6.0_02，表示该工具采用此 jdk 进行项目开发。

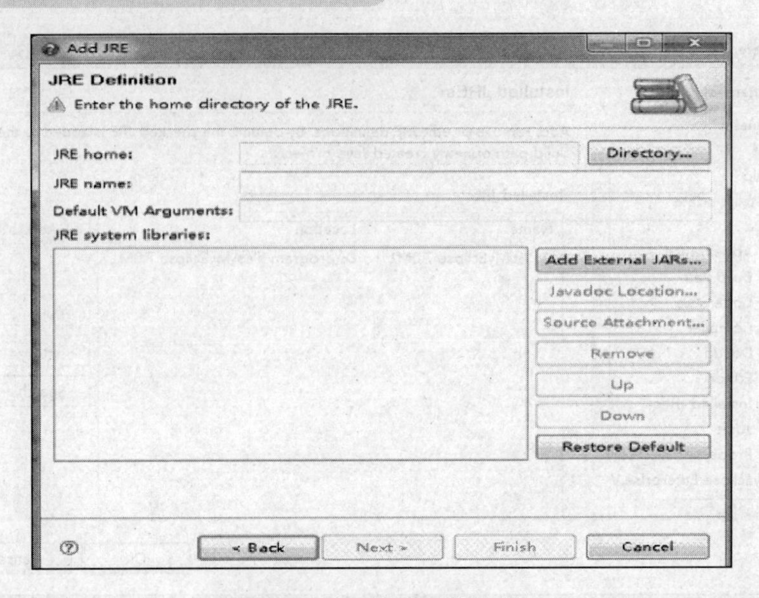

图 3-20　选择 JRE 安装路径

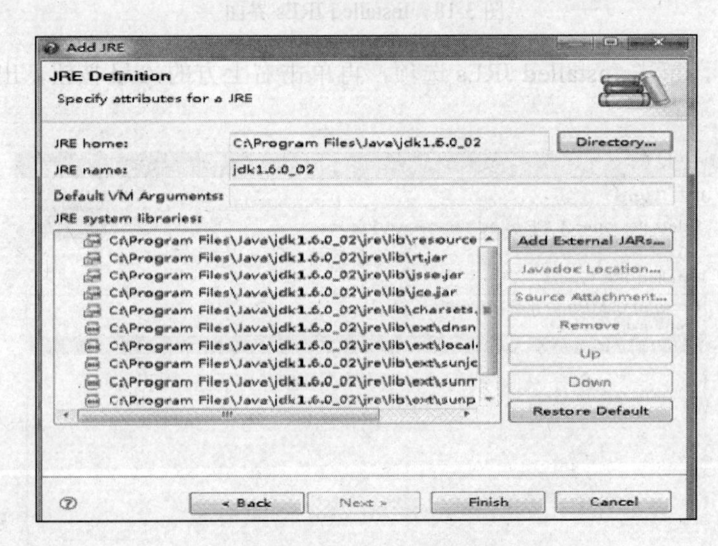

图 3-21　Add JRE 界面

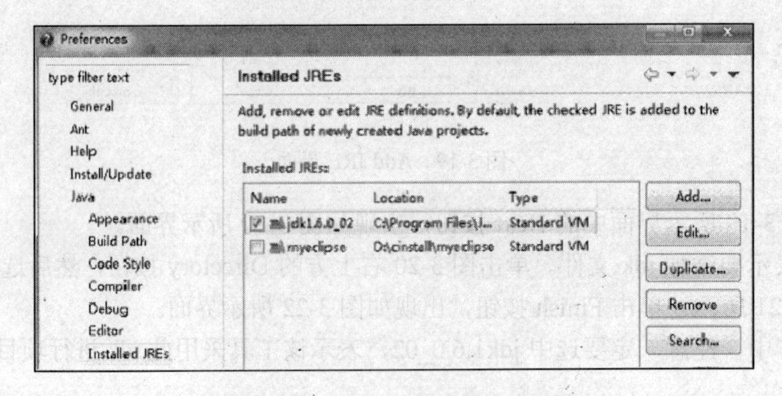

图 3-22　选中已经安装好的 JRE

3.3.2　MyEclipse 7.0 中的 Tomcat 配置

接下来在 MyEclipse 中配置 Tomcat 服务器。打开如图 3-23 所示的界面。

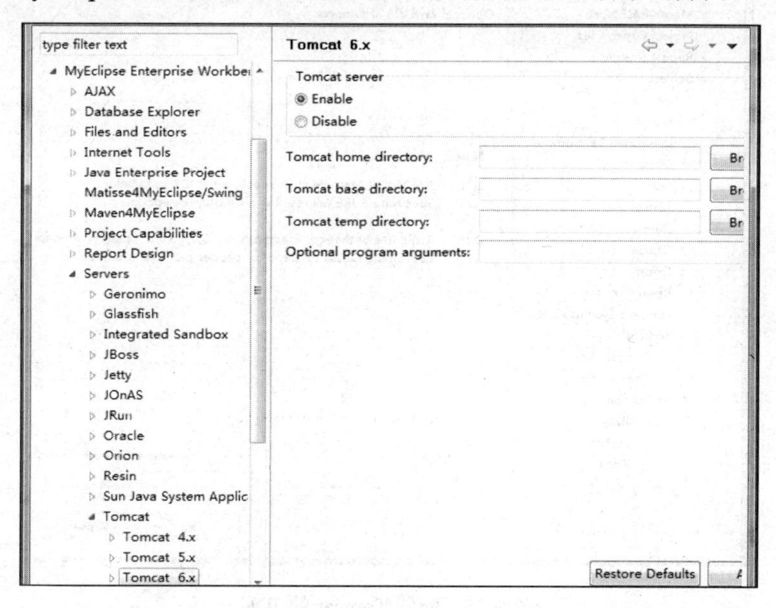

图 3-23　配置 Tomcat 6.0

在图 3-23 界面的右边可以看见有 Tomcat 的详细配置信息，然后选择 Tomcat 的安装目录，如图 3-24 所示。注意要选中图 3-24 右上方的 Tomcat server 为 Enable。

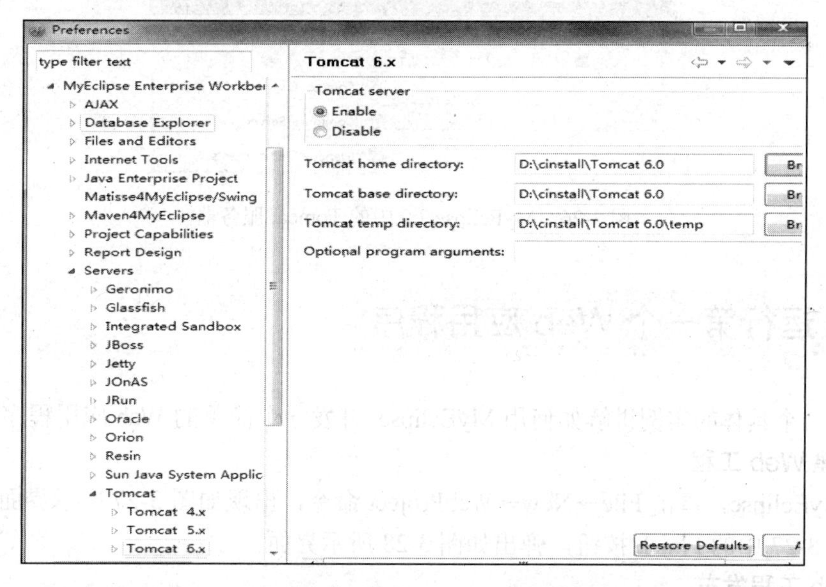

图 3-24　选择 Tomcat 的安装目录

展开图 3-24 左下方的 Tomcat 6.x，并选中 JDK 目录，配置 JDK 选项，界面如图 3-25 右上方所示。

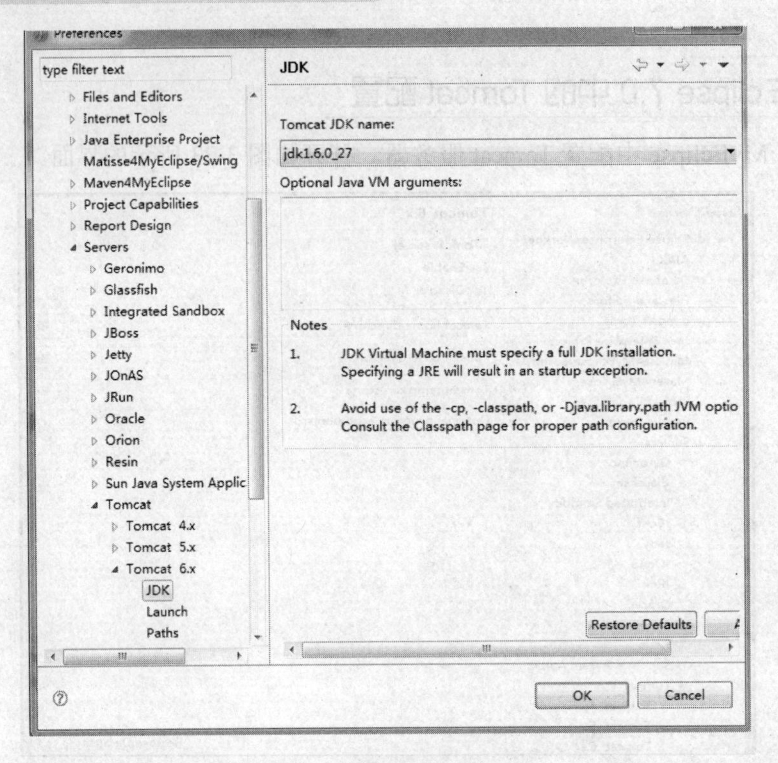

图 3-25　配置 Tomcat 的 JDK

单击图 3-25 中的 OK 按钮后 Tomcat 配置结束。这时会出现配置好的 Tomcat 服务器，如图 3-26 的右上方所示。

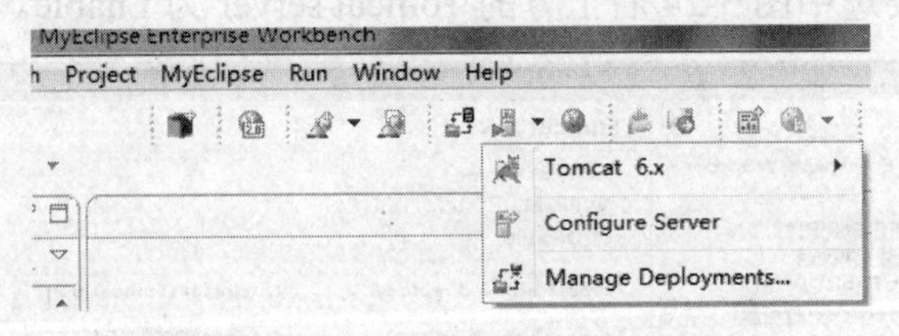

图 3-26　MyEclipse 7.0 中的 Tomcat 服务器

3.4　运行第一个 Web 应用程序

本节用一个具体的实例讲解如何用 MyEclipse 开发一个简单的 Web 应用程序。

1. 新建 Web 工程

打开 MyEclipse，单击 File→New→WebProject 命令，出现如图 3-27 所示界面。

单击图 3-27 中的 Finish 按钮，弹出如图 3-28 所示界面。

2. Web 工程发布

新建好 Web 工程 myWeb 后，开始写 Web 代码，由于这是第一个 Web 应用，因此，不写 src 中的代码，直接将 Web 工程发布到 Web 服务器 Tomcat\webapps 目录下。发布工程的按钮如图 3-29 所示。

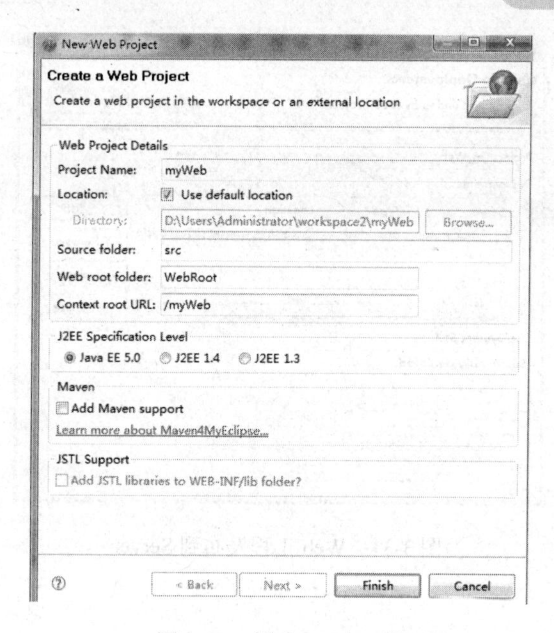

图 3-27　新建 Web 工程

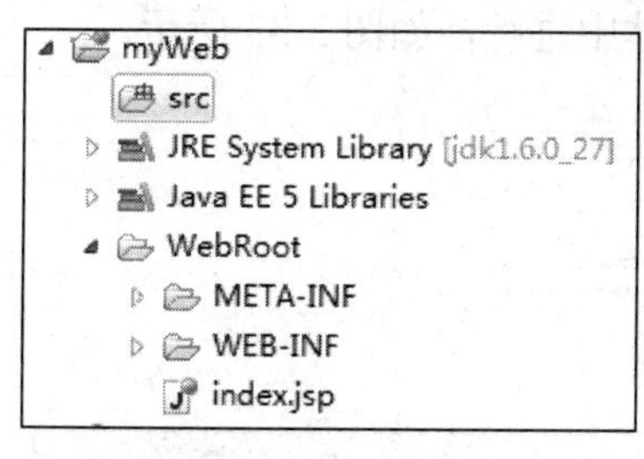

图 3-28　Web 工程结构

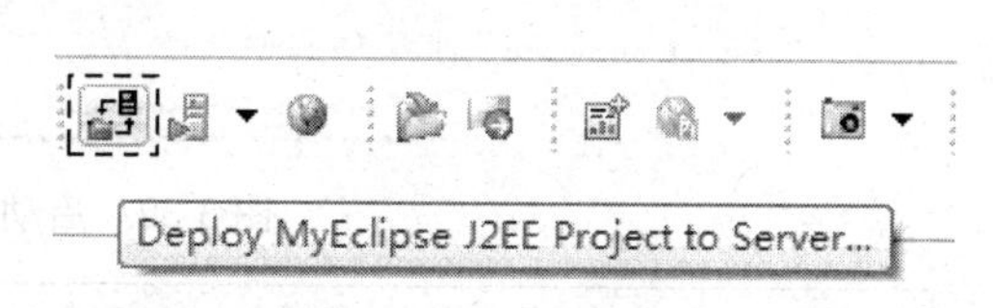

图 3-29　发布工程按钮

单击发布按钮，弹出如图 3-30 所示发布工程管理界面。在图 3-30 中单击 Add 按钮，弹出如图 3-31 所示界面，将 Web 工程 myWeb 发布到 Web 服务器 Tomcat 6.0\webapps 目录下。单击 OK 按钮，完成 Web 工程的发布操作。

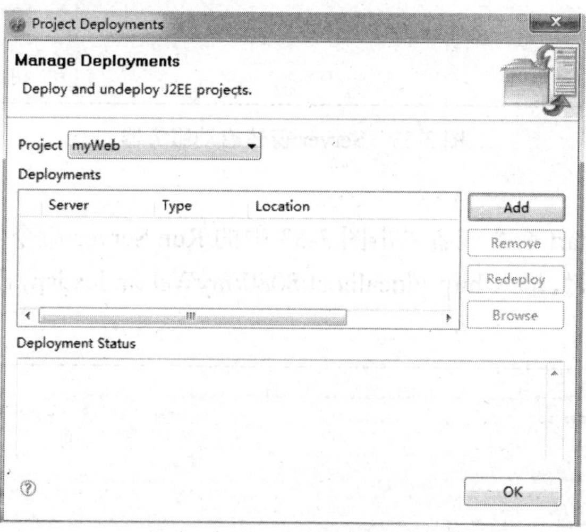

图 3-30　发布工程管理界面

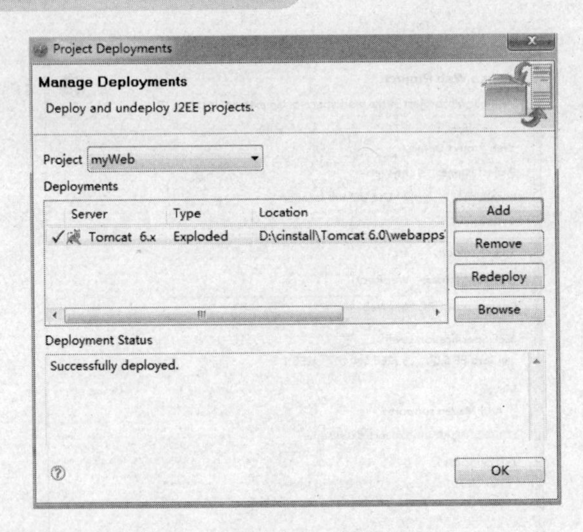

图 3-31　Web 工程发布到 Server

3. 启动服务器

启动 Web 服务器的方式有两种，一种是在如图 3-32 所示界面中打开 Tomcat 6.x，然后单击 Start 启动服务器。另外一种启动方式是在 Server 窗体中进行，如图 3-33 所示。

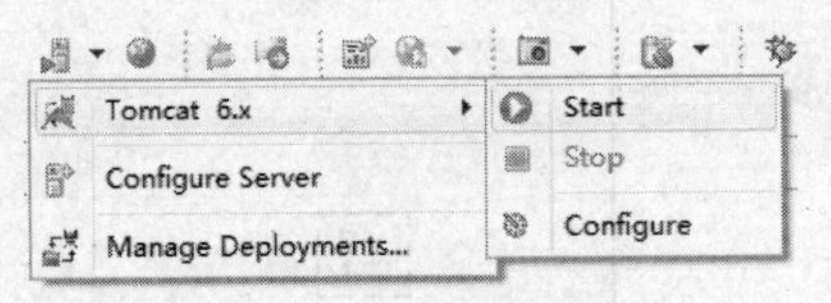

图 3-32　启动服务器

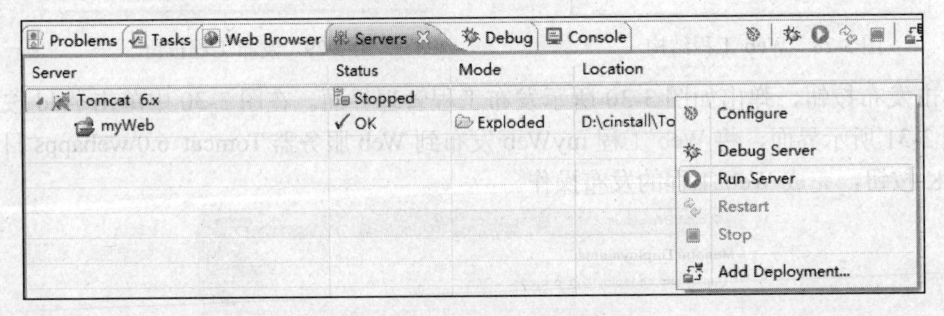

图 3-33　Server 窗体启动服务器

4. 运行工程

单击图 3-32 中的 Start 命令或者单击图 3-33 中的 Run Server 命令便可启动服务器，服务器启动后打开浏览器地址栏，输入 http://localhost:8080/myWeb/index.jsp，出现如图 3-34 所示界面，表示工程运行成功。

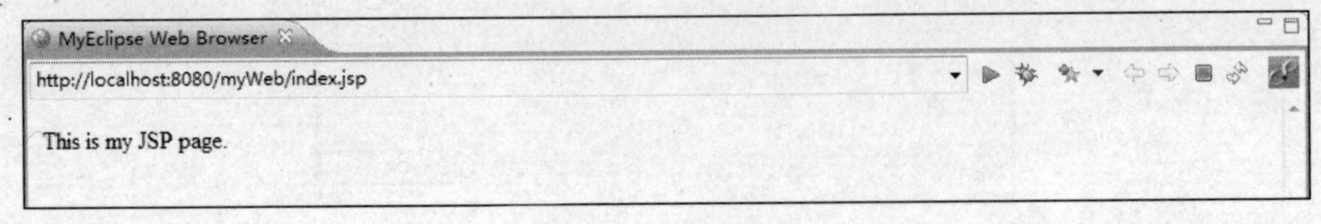

图 3-34　运行界面

习 题

1．如何配置 JDK 环境变量？
2．如何安装和配置 Tomcat 服务器？
3．如何安装 MyEclipse 7.0 和在 MyEclipse 7.0 中配置 JDK 以及 Tomcat 服务器？

实训操作

用 MyEclipse 7.0 工具新建一个测试工程，在工程里面新建一个 test.jsp，在该 JSP 中显示系统时间。

第4章 JSP语法基础

课程目标

- 了解 JSP 是什么及其工作原理
- 了解 JSP 页面的基本组成和 JSP 的基本语法
- 掌握 JSP 页面的各种指令和元素

JSP（Java Server Pages）是基于 Java 语言的一种动态网页编程技术，使用 JSP 创建的动态网页可用于不同的操作系统平台和不同软件厂商提供的 Web 服务器。一个 JSP 页面包括静态部分和动态部分。静态部分主要由各种传统的 HTML 标签组成，Web 服务器对这部分内容不会进行处理（只是简单地通过输出方法进行输出）；动态部分主要由各种 Java 程序片段（Scriptlet）和 JSP 标签组成，Web 服务器在将页面返回给客户端浏览器之前会对这部分内容进行处理或执行，并将处理或执行后的结果同静态部分的内容一起发送给客户端浏览器。

在 JSP 页面的 Java 程序片段中，可以进行数据库访问、网页重定向、邮件发送等操作，这些都是建立动态网站所必需的功能。所有这些操作都是在 Web 服务器端进行的，客户端并不知晓，因此，JSP 又称为 Server-Side Language。请注意这些 Java 程序片段并不是客户端浏览器的 JavaScript 脚本。

4.1 JSP 应用的基本原理

JSP 应用由一系列的 JSP 页面文件组成，所有的 JSP 页面文件都是一种文本文件，在发布到 Web 服务器的时候不需要由程序员进行编译，任何文本编辑器都可以编辑 JSP 文件，只要保证文件的后缀名为 JSP 就行了，以减轻 JSP 程序员的负担。

在具体讨论 JSP 应用之前，先来看一个简单的 JSP 例子程序。

```
<%@ page language="java" %>
```

```
<HTML>
<HEAD><TITLE>JSP 页面</TITLE></HEAD>
<BODY>
<%! String str="0"; %>
<%
  for (int i=1; i<10; i++)
  {
   str = str + i;
  }
%>
 JSP 输出之前
<P>
<%= str %>
</P>
JSP 输出之后
</BODY>
</HTML>
```

将以上代码用文本编辑器进行编辑后保存为 sample.jsp 文件，在 Tomcat/webapps 文件夹下新建 sample 文件夹，并将 sample.jsp 文件复制到 sample 文件夹下，打开 IE 浏览器，在地址栏中输入 http://localhost:8080/sample/sample.jsp，按 Enter 键后能看到如图 4-1 所示的结果。

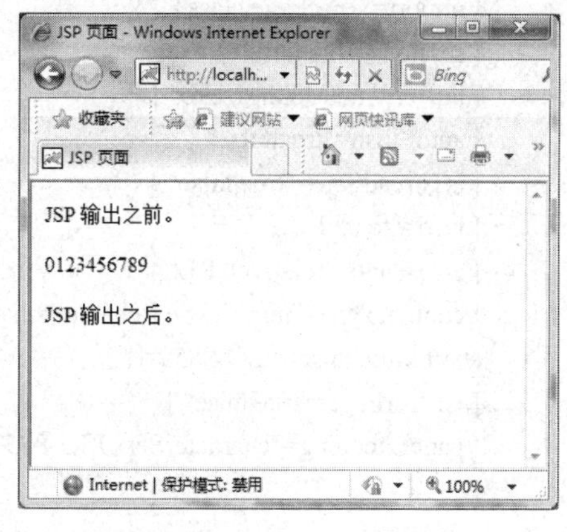

图 4-1 简单 JSP 页面

在 sample.jsp 文件的代码中，JSP 文件看上去和传统的 HTML 文件非常相似，里面包含有 HTML 标签（静态部分）和各种 JSP 元素（动态部分）。代码中以“<%”和“%>”包括的内容是 JSP 所特有的内容，其他都为常规 HTML 标签。JSP 元素是 JSP 文件中的动态部分，它分为以下几类：指令（Directive）、脚本元素（Scripting elements）、注释（Comments）和动作（Actions），每类元素又可以进行细分。

当用户访问 JSP 页面的时候，Web 服务器是如何处理的呢？实际上，JSP 文件在 Web 服务器中会分为两步进行处理：转换编译阶段和请求处理阶段。这里所说的转换是指将 JSP 文件转化为 Java Servlet 程序（一种实现了特定 Servlet 接口的 Java 源程序，Servlet 的相关内容请参见 Servlet 章节），编译是指将 Java 源代码转化为 Java 中间代码的类文件（class 文件）。转换和编译阶段只被执行一次，一般是当一个 JSP 在 Web 服务器启动后接收到对此 JSP 的第一次 Web 请求时，Web 容器（如 Tomcat 的 jasper 编译器）会将其编译成 Servlet 类并载入 Web 服务器中。除非 JSP 被改变，在 Web 容器运行时不会对 JSP 再进行编译。请求阶段是使用转换编译好的 Servlet 对 Web 请求进行响应，这和一般的 Servlet 处理 Web 请求并没有什么本质区别。因此，一个 JSP 文件在第一次访问的时候由于要进行转换和编译，速度要比后面的访问慢一些。

4.2 JSP的指令元素

JSP 指令（位于“<%@”和“%>”之间的部分）用于设置整个 JSP 页面相关的属性，如页面的编码方法、包含的文件以及是否为错误页面等。JSP 语法为：

```
<%@ 指令名　属性=“值” %>
```

读者可以将多个属性放在一个语句中。在 JSP 中包含多种指令，其中 page、include、taglib 是使用最为频繁的指令，下面分别介绍。

4.2.1 page 指令

page 指令可以指定页面使用的脚本语言、实现的接口、导入的软件包等。page 指令的 JSP 语法如下：

```
<%@ page
    [ language="java" ]
    [ extends="package.class" ]
    [ import="{package.class | .*}, ..." ]
    [ session="true|false" ]
    [ buffer="none|8kb|sizekb" ]
    [ autoFlush="true|false" ]
    [ isThreadSafe="true|false" ]
    [ info="text" ]
    [ errorPage="relativeURL" ]
    [ contentType="mimeType [;charset=characterSet ]" |
  "text/html;charset=ISO-8859-1" ]
    [ isErrorPage="truc|falsc" ]
    [ pageEncoding="characterSet | ISO-8859-1"]
  %>
```

在 page 指令的属性中，除了 import 属性外，每种属性在一个 JSP 页面中只能够被定义一次。每种属性的定义如下：

● language="java"

定义 JSP 适用的编程语言，目前唯一允许的语言是 Java。

● extends="package.class"

定义这个 JSP 编译后生成的类的父类，一般使用默认值。

● import="{package.class | .*}, ..."

类似于 Java 语言的 import 指令，定义 JSP 引入的类和程序包名称。这些类和包可以为 JSP 内部的脚本、表达式和声明。和 Java 程序中的 import 类似，可以在一个 JSP 中使用多次。java.lang.*，javax.servlet.*，javax.servlet.jsp.*，javax.servlet.http.*已经被默认引入，不需要在 JSP 中再引入。

● session="true|false"

决定该客户在使用 JSP 时是否必须参加 Http 会话。如果值为 true（默认），表示 JSP 中的

session（继承 HttpSession）对象应该绑定到一个已存在的 session，否则就应该创建一个并将之绑定。当值为 false 时，表示在 JSP 中将不能使用 session 对象，也不能使用定义 scope=session 的<jsp:useBean>元素，否则将在 JSP 向 Servlet 转化时出现错误。

● buffer="none|8kb|sizekb"

为 JspWriter 输出确定缓冲的大小。默认由服务器而定，但至少要有 8KB。

● autoFlush="true|false"

如果值为"true"（默认），表示当缓冲满时将自动清空，值为 false，表示当缓冲满时抛出一个异常，这很少使用。当 buffer="none"时，用 false 值是不合法的。

● isThreadSafe="true|false"

定义 JSP 是否支持线程安全。如果值为 true（默认），表示将进行普通的 Servlet 处理，多个请求将被一个 Servlet 实例并行处理，在这种情况下，编程人员需要协调同步访问多个实例变量。当值为 false 时，表示 servlet 将实现单线程模式（Single Thread Model），不管请求是顺序提交还是并发出现，都将提供不同的分离的 Servlet 实例。

● info="text"

定义 JSP 的基本信息，此定义可以通过调用 Servlet.getServletInfo()方法得到。

● errorPage="relativeURL"

指定一个 JSP 页面来处理任何一个可抛出的但当前页面并未处理的意外错误。如果这个相对 URL 以"/"打头，是指相对 Web 程序的根目录，否则，这个相对 URL 是指相对当前的 JSP 页面。

● contentType="mimeType [;charset=characterSet]" |

"text/html;charset=ISO-8859-1"

定义 JSP 在 Web 响应中使用的 MIME 类型和字符编码。默认 MIME 类型是 text/html，默认字符编码是 ISO-8859-1。

● isErrorPage="true|false"

指定当前页面是否可以处理来自另一个页面的错误，也就是当前页面是否为显示错误页（error page），默认为 false。如果是，在 JSP 页中可以使用 exception 对象，否则不能使用。

● pageEncoding="characterSet | ISO-8859-1"

定义 Web 容器对 JSP 响应的字符编码，默认字符编码是 ISO-8859-1。

下面的例子显示了 page 指令几个属性的语法。

```
<%@ page language="java" import="java.sql.*" isErrorPage="false" %>
<%@ page import="java.util.*" buffer="8kb" %>
```

在此示例中，第一行使用 page 指令指明使用 Java 语言，同时引入 java.sql 包的所有内容，并指明本 JSP 页面不是一个错误显示页面。第二行引入了 java.util 包的所有内容，并指定输出缓冲区为 8KB。

4.2.2 include 指令

JSP 页面可以通过 include 指令来包含其他文件。include 指令将会在 JSP 编译时插入一个包含文本或代码的文件，当使用 include 指令时，这个包含的过程就是静态的包含。

静态的包含是指这个被包含的文件将会被插入到JSP文件中去，这个包含的文件可以是JSP文件、HTML文件或文本文件。如果包含的是JSP文件，该文件中的代码将会被执行。语法为：

```
<%@ include file="relativeURL" %>
```

在一个Web应用中，当多个JSP页面需要包含相同的内容时，可以把相同的部分单独放到一个文件中，其他文件包含这个文件，如果需要修改，不需要逐个修改，提高了代码开发的效率和程序的可维护性。

应该注意的是，在包含文件中不要使用<html>、</html>、<body>、</body>标记，因为这将会影响在原JSP文件中同样的标记，有时会产生错误。

使用include指令可以做到使整个应用具有统一的风格。例如网页上的Logo和底部的版权声明信息，只需要做一个文件，其他文件包含这个文件就可以了，不需要为每一个文件都加上同样的代码。

4.2.3 taglib 指令

在JSP页面中可以使用taglib指令来自定义标签，从而定义一个标签库和前缀。taglib是JSP中的拓展技术，主要是指编程人员可以编写自己定义的标记。在JSP中，taglib指令必须在定制标记之前使用。一个JSP页面可以有多个taglib指令，但是不能有重复的前缀。

taglib指令的语法格式为：

```
<%@ taglib uri="URIForLibrary" prefix="tagPrefix" %>
```

它包括以下几个属性：

● uri="URIForLibrary"

统一资源定义（The Uniform Resource Identifier，URI），定义了用来描述特定定制标记的TLD的位置。URI可能是一个URL、URN，或者一个绝对或相对路径。可以简单地认为这个属性定义了可以找到taglib描述文件的位置。

● prefix="tagPrefix"

定义了taglib前缀名称。例如，在<scdx:inputvalidation>标记中的scdx前缀。这个属性不能为空。编程人员自己开发的taglib前缀不允许使用下列标记前缀名称：jsp，jspx，java，javax，servlet，sun，sunw。

以下是一个示例程序。

```
<%@ taglib uri="http://www.scge.gov.cn/tags" prefix="scdx" %>
<scdx:inputvalidation>
…
</scdx:inputvalidation>
```

4.2.4 JSP 指令的应用案例

下面是一个显示当前日期和时间的例子，它包含两个文件，主文件名为jspdirective.jsp，代码如下：

```
<%@ page contentType="text/html; charset=GB2312" %>
<%@ page language="java" %>
<HTML>
<HEAD>
<TITLE>动态加载文件</TITLE>
</HEAD>
<BODY>
<CENTER>
<FONT SIZE = 10 COLOR = blue>动态加载文件</FONT>
</CENTER>
<br>
<HR>
<br>
<font size=5>
当前日期和时间是：<%@ include file="jspinsert.jsp" %>
</font>
</BODY>
</HTML>
```

在主文件中，通过 page 指令指明了 Web 响应的 MIME 类型为 text/html，字符编码为 GB2312，此字符集为中文字符集。同时通过 include 指令告诉 Web 服务器要包含另一个名为 jspinsert.jsp 的文件的内容，代码如下：

```
<%@ page import="java.util.*" %>
<%= (new java.util.Date()).toLocaleString() %>
```

此文件仅包含两行代码，第一行通过 page 指令引入了 Java 的 java.util 包，第二行输出一个表达式的具体内容，后面会具体讲解。

将这两个文件复制到 Tomcat\webapps\sample 目录下，然后在 IE 浏览器的地址栏中输入 http://localhost:8080/sample/jspdirective.jsp，将会看到如图 4-2 所示的结果。

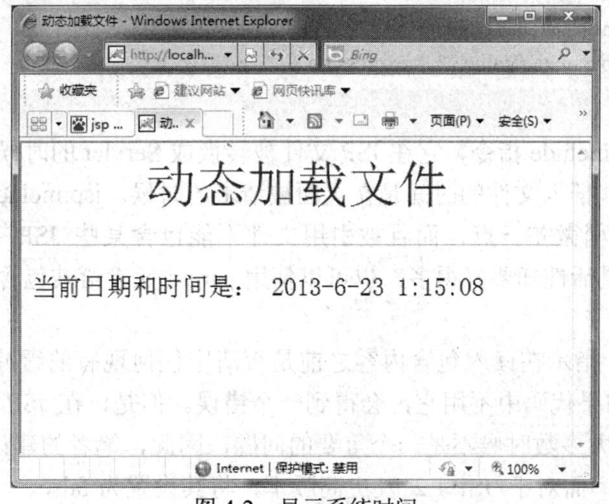

图 4-2 显示系统时间

从最终的输出结果可以看出，jspinsert.jsp 文件动态地输出了当前的日期和时间，而其输出的结果被包含到了 jspdirective.jsp 当中，在不停刷新网页时，产生不同的时间。

4.3 JSP 的动作元素

JSP 动作利用 XML 元素语法格式的标记来控制 Servlet 引擎的行为。利用 JSP 动作可以动态地插入文件，重用 JavaBean 组件，把用户请求的操作转发到另外的页面，为 Java 插件生成 HTML 代码。动作元素为请求处理阶段提供信息，遵循 XML 元素的语法，有一个包含元素名的开始标签，属性、可选的内容，与开始标签匹配的结束标签。JSP 动作与 JSP 指令不同，JSP 指令是在 JSP 转换编译阶段完成，而 JSP 动作是在用户请求处理阶段来处理的。JSP 动作主要包括：

- jsp:include　在页面被请求的时候引入一个文件。
- jsp:forward　把请求转到一个新的页面。
- jsp:param　根据浏览器类型为 Java 插件生成 Object 或 Embed 标记。
- jsp:useBean　寻找或者实例化一个 JavaBean。
- jsp:setProperty　设置 JavaBean 的属性。
- jsp:getProperty　获取 JavaBean 的属性。

下面分别介绍几种常用的 JSP 动作。

4.3.1 jsp:include 动作标记

该动作把指定文件插入正在生成的页面。其语法如下：

```
<jsp:include page="{relativeURL|<%= expression %>}" flush="true|false" />
```

或者

```
<jsp:include page="{relativeURL|<%= expression %>}"
        flush="true|false">
        <jsp:param name="parameterName"
                value="{parameterValue|<%= expression%>" />
</jsp:include>
```

前面已经介绍过 include 指令，它在 JSP 文件被转换成 Servlet 的时候引入文件，而这里的 jsp:include 动作不同，插入文件的时间是在页面被请求的时候。jsp:include 动作的文件引入时间决定了它的效率要稍微差一点，而且被引用文件不能包含某些 JSP 代码（例如不能设置 HTTP 头），但它的灵活性却要好得多。也可以使用 param 元素给被包含的页面传递参数。

- flush 属性

顾名思义，flush 指示在读入包含内容之前是否清空任何现有的缓冲区。JSP 1.1 中需要 flush 属性，因此，如果代码中不用它，会得到一个错误。但是，在 JSP 1.2 中，flush 属性默认为 false。由于清空大多数时候不是一个重要的问题，因此，笔者的建议是：对于 JSP 1.1，将 flush 设置为 true；而对于 JSP 1.2 及更高版本，将其设置为 false。

● page 属性

指定将要包含的结果的 URL，可以是一个 HTML 页面，也可以是一个 Java Servlet 或者 CGI 程序，此 URL 也可由表达式生成。

jsp:include 标记的行为与 include 指令有什么不同呢？jsp:include 包含的是所包含 URL 的响应，而不是 URL 本身。这意味着：对所指出的 URL 进行解释，因而包含的是生成的响应。如果页面是 HTML，那么将得到一点也没有变化的 HTML。但是，如果是 Perl 脚本、Java Servlet 或者 CGI 程序，那么得到的将是从该程序解释而得的结果。虽然页面通常就是 HTML，但实际程序恰好是达到目的的手段。由于每次请求页面的时候都会进行解释，因此从来不会像使用 include 指令时那样高速缓存结果。include 指令在某些网站上有其用武之地。例如，如果站点包含一些（如果有变化，也很少）几乎没有变化的页眉、页脚和导航文件，那么基本的 include 指令是这些组件的最佳选项。由于 include 指令采用了高速缓存，因此只需放入包含文件一次，其内容就会被高速缓存，其结果会是极大地提高了站点的性能。

当然，在实际应用中最好的解决方案是把这两种方法混合搭配使用，将每种构造用到最恰当的地方。

下面是一种混合使用方案的示例代码。

```
<%@ page language="java" contentType="text/html" %>
<html>
<head>
<title>两种包含示例< /title>
</head>
<body>
<jsp:include page="header.jsp" flush="true">
<jsp:param name="pageTitle" value="jsp 包含示例"/>
</jsp:include>
<%@ include file="navigation.jsp" %>
<jsp:include page="bookshelf.jsp" flush="true" />
<jsp:include page="weblog.jsp" flush="true" />
<%@ include file="footer.jsp" %>
</body>
</html>
```

上面的代码显示了一个复杂页面的内容。导航链接（navigation.jsp）和页脚（footer.jsp）是静态内容，一年最多更改一次。对于这些文件，可以使用 include 指令。内容窗格包含 weblog 和 bookshelf 组件，它们是动态生成的。这两个组件需要一直更新，因此对它们，可以使用 jsp:include 标记。header.jsp 文件有点奇怪。这个组件是从另一个本质上是静态的 JSP 页面提取的。

4.3.2 jsp:forward 动作标记

该动作标记将当前请求转发到另一个 JSP 文件。其语法如下：

```
<jsp:forward page={"relativeURL" | "<%= expression %>"} />
```

或者

```
<jsp:forward page={"relativeURL" | "<%= expression %>"} >
    <jsp:param name="parameterName"
    value="{parameterValue | <%= expression %>}" />
</jsp:forward>
```

jsp:forward 动作从一个 JSP 文件向另一个文件传递一个包含用户请求的 request 对象。需要注意的是，<jsp:forward>标记以下的代码将不能执行。

● page 属性

page={"relativeURL" | "<%= expression %>"}是一个表达式或字符串，用于说明用户将转发到的文件或 URL。这个文件可以是 JSP 或程序段，或者其他能够处理 request 对象的文件。

如果要向目标文件传递参数，可以使用 jsp:param，name 指定参数名称，value 指定参数的值，但是目标文件必须是一个动态文件。jsp:forward 的转发操作都是在服务器端进行的，不会引起客户端的二次请求。

示例代码片段如下：

```
<jsp:forward page="login.jsp">
    <jsp:param name="username" value="jsmith" />
</jsp:forward>
```

此示例将请求转发到 login.jsp 页面，同时向 login.jsp 页面传递一个名为 username 的参数，且参数值为 jsmith。

4.3.3 jsp:param 动作标记

此动作标记用来以“键-值”对的形式为其他标记提供附加信息。它和<jsp:include>、<jsp:forward>、<jsp:plugin>一起使用。基本语法如下：

```
<jsp:param name="parameterName"
    value="{parameterValue | <%= expression %>}" />
```

jsp:param 标记有两个属性：name 和 value。name 的值就是参数的名称，而 value 的值就是参数的值。

当使用 jsp:include 或者 jsp:forward 时，被包含的网页或转向后的网页会首先检查 request 对象里除了原本的参数值之外，是否有新的参数值。如果有增加的新参数值，则新的参数值在执行时，有较高的优先权。例如，如果一个 request 对象有一个参数 username=smith，而另一个参数 username=Tomcat 是在转发时所传递的参数，则网页中的 request 的参数 username=Tomcat,smith。

4.3.4 jsp:useBean 动作标记

JavaBean 被称为 Java 组件技术的核心，它是一个可以重复使用、跨平台的软件组件。首先，我们可以将 JavaBean 看作一个黑盒子，它的主要特性就是将实现细节都封装起来。这个模型被设计成使第三方厂家可以生成和销售，并能集成到其他开发厂家或其他开发人员开发的软件新产品中的 Java 组件。

JavaBean 类从形式上与一般的 Java 差别不大，但仍需注意以下要点：

- bean 类必须有一个零参数构造函数。
- bean 类不应有 public 的实例变量。也就是说应当使用访问（accessor）方法来访问 bean 类的属性，而不是直接访问。
- 通过访问方法 getXxx 和 setXxx 来访问属性。

一般来说，JavaBean 可以是简单的 GUI 组件，如按钮、菜单等，也可以编写一些不可见的 JavaBean，它们在运行时不需要任何可视的界面。在 JSP 程序中，所用的 JavaBean 通常是不可见的。

以下是一个 JavaBean 的示例代码：

```
package cn.edu.test;

public class UserBean {
    public UserBean(){}
    private String userName;
    private String password;
    private int age;
    public String getUserName() {
        return userName;
    }
    public void setUserName(String userName) {
        this.userName = userName;
    }
    public String getPassword() {
        return password;
    }
    public void setPassword(String password) {
        this.password = password;
    }
    public int getAge() {
        return age;
    }
    public void setAge(int age) {
        this.age = age;
    }
}
```

此 JavaBean 具有 3 个属性，分别是 userName、password、age，同时具有一个无参数的构造函数。

在 JSP 中使用 JavaBean 的语法如下：

```
<jsp:useBean id="name" class="classname"
    scope={"page\request\session\application"} />
```

- id 属性

指定此 JavaBean 实例对象的名称。

● class 属性

指定此 JavaBean 类的全路径限定名（包名和类名的组合），如上例中的 UserBean 类的全路径限定名为 cn.edu.test.UserBean。

● scope 属性

指定此 JavaBean 实例对象的存在范围，scope 的可选值包括：

——page（默认值）

——request

——session

——application

1. page 范围内

客户每次请求访问 JSP 页面时，都会创建一个 JavaBean 对象。JavaBean 对象的有效范围是客户请求访问的当前 JSP 网页。JavaBean 对象在以下两种情况下会结束生命期：

——客户请求访问的当前 JSP 网页通过<jsp:forward>标记将请求转发到另一个文件。

——客户请求访问的当前 JSP 页面执行完毕并向客户端发回响应。

2. request 范围内

客户每次请求访问 JSP 页面时，都会创建新的 JavaBean 对象。JavaBean 对象的有效范围为：

——客户请求访问的当前 JSP 网页。

——和当前 JSP 网页共享同一个客户请求的网页，即当前 JSP 网页中<%@ include>指令以及<jsp:forward>标记包含的其他 JSP 页面。

——当所有共享同一个客户请求的 JSP 页面执行完毕并向客户端发回响应时，JavaBean 对象结束生命周期。

3. session 范围内

JavaBean 对象被创建后，它存在于整个 Session 的生命周期内，同一个 Session 中的 JSP 文件共享这个 JavaBean 对象。JavaBean 对象作为属性保存在 HttpSession 对象中，属性名为 JavaBean 的 id，属性值为 JavaBean 对象。除了可以通过 JavaBean 的 id 直接引用 JavaBean 对象外，还可以通过 HttpSession.getAttribute()方法取得 JavaBean 对象，例如：CounterBean obj=(CounterBean)session.getAttribute("myBean")。

4. application 范围内

JavaBean 对象被创建后，它存在于整个 Web 应用的生命周期内，Web 应用中的所有 JSP 文件都能共享同一个 JavaBean 对象。JavaBean 对象作为属性保存在 application 对象中，属性名为 JavaBean 的 id，属性值为 JavaBean 对象，除了可以通过 JavaBean 的 id 直接引用 JavaBean 对象外，还可以通过 application.getAttribute()方法取得 JavaBean 对象，例如：UserBean obj=(UserBean)application.getAttribute("myBean")。

在使用了<jsp:useBean>标记后，JSP 文件的执行过程为：

（1）在指定的 scope 中查找名为 name 的 JavaBean 实例。

（2）若找到，则创建一个名为 name、类型为 classname 的局部变量，其引用指向该 JavaBean；若未找到，则在该 scope 中创建一个名为 name、类型为 classname 的 JavaBean，并创建相应的局部变量指向它。

在一个 JSP 请求范围内引用前面的 UserBean 的示例如下：

```
<jsp:useBean id="user" class="cn.edu.test.UserBean" scope="request" />
```

4.3.5 jsp:setProperty 动作标记

此动作标记用于设置已经实例化后的 JavaBean 组件对象的属性。其语法如下：

```
<jsp:setProperty name="beanInstanceName"
    {
    property= "*" |
    property="propertyName" [ param="parameterName" ] |
    property="propertyName" value="{string | <%= expression %>}"
    }
/>
```

● name 属性

用来指定 JavaBean 的名称。这个 JavaBean 必须首先使用<jsp:useBean>来实例化，它的值应与<jsp:useBean>动作中 id 属性的值一致。

● property 属性

用来指定 JavaBean 需要定制的属性的名称，如果使用 property= "*"的形式，表示所有名字和 JavaBean 属性名字匹配的请求参数都将被传递给相应属性的 set 方法。

● value 属性

此属性是可选的，用来指定 JavaBean 属性的值。

● param 属性

此属性也为可选属性，它指定用哪个请求参数作为 JavaBean 属性的值。如果当前请求没有参数，则什么事情也不做，系统不会把 null 传递给属性的 set 方法。

需要注意的是，value 和 param 两个属性不能同时使用。

4.3.6 jsp:getProperty 动作标记

此动作标记用来提取指定 JavaBean 属性的值，并转换成字符串，然后输出。其语法如下：

```
<jsp:getProperty name="beanInstanceName" property="propertyName" />
```

● name 属性

用来指定 JavaBean 的名称。这个 JavaBean 必须首先使用<jsp:useBean>来实例化，它的值应与<jsp:useBean>动作中 id 属性的值一致。

● property 属性

表示要提取 name 属性指定的 JavaBean 属性的值。

下面是一个简单的例子：

```
<jsp:useBean id="user" scope="page" class=" cn.edu.test.UserBean" />
<h2>
用户名： <jsp:getProperty name="user" property="userName" />
</h2>
```

4.3.7 JSP 的动作元素的应用案例

下面这个例子演示使用前面的 UserBean 来存储用户注册时填写的相关信息，并通过相关的 JSP 动作元素来回显相应信息，整个例子有两个页面文件，第一个是一个纯 HTML 文件，名称为 reg.html，用来让用户填写相关的信息，其代码如下：

```
<html >
<head>
<meta http-equiv="Content-Type" content="text/html; charset=UTF-8">
<title>用户注册</title>
</head>
<body>用户信息:<br><hr>
<form method="get" action="jspjavabean.jsp">
<table>
<tr><td>姓名:<input name="userName" type="text"></td></tr>
<tr><td>密码:<input name="password" type="password"></td></tr>
<tr><td>年龄:<input name="age" type="text"></td></tr>
<tr><td><input type="submit" value="提交"></td></tr>
</table>
</form>
</body>
</html >
```

从上面的代码可以看出，整个页面有一个 form 表单，其对应的 action 页面为一个 JSP 页面文件，名称为 jspjavabean.jsp，表单有三个字段和一个提交按钮，当用户填写相关信息并单击“提交”按钮后，浏览器会将请求提交到后台服务器的 jspjavabean.jsp 文件来处理，jspjavabean.jsp 的代码如下：

```
<%@ page language="java" import="java.util.*" pageEncoding="UTF-8"%>
<jsp:useBean id="user" scope="page" class="cn.edu.test.UserBean" />
<jsp:setProperty name="user" property="*" />
<!DOCTYPE HTML PUBLIC "-//W3C//DTD HTML 4.01 Transitional//EN">
<html>
 <head>
     <title>JavaBean 示例</title>
 </head>
  <body>
      注册成功！
      <br><jsp:getProperty name="user" property="userName" />
      <br><jsp:getProperty name="user" property="password" />
      <br><jsp:getProperty name="user" property="age" />
      <br>
  </body>
</html>
```

在上面的代码中，首先通过<jsp:useBean>动作标记引入了 UserBean 类并实例化，且其 id 值为 user，然后通过<jsp:setProperty>动作标记设置 user 实例对象的各属性值。由于此处使用了

property="*"，因此会通过匹配请求参数中的参数名称来为此实例对象的各个属性赋值，这样，此 user 实例的各个属性都会被正确地设置为用户输入的实际值。接着代码又通过使用 <jsp:getProperty>动作标记提取出各个属性值进行显示，运行结果如图 4-3 和图 4-4 所示。

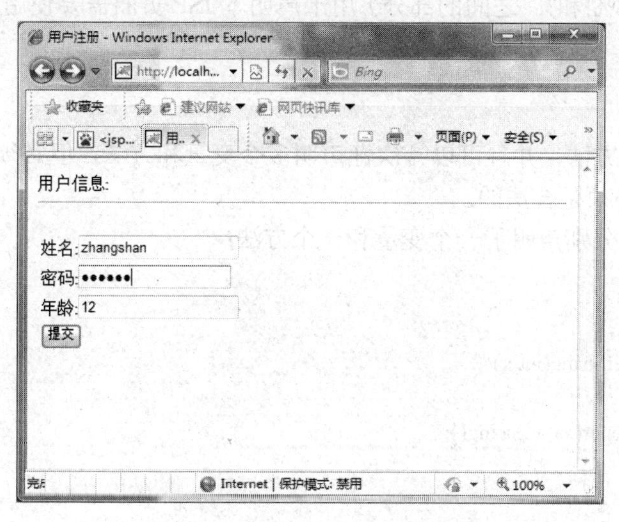

图 4-3 Reg.html 运行结果

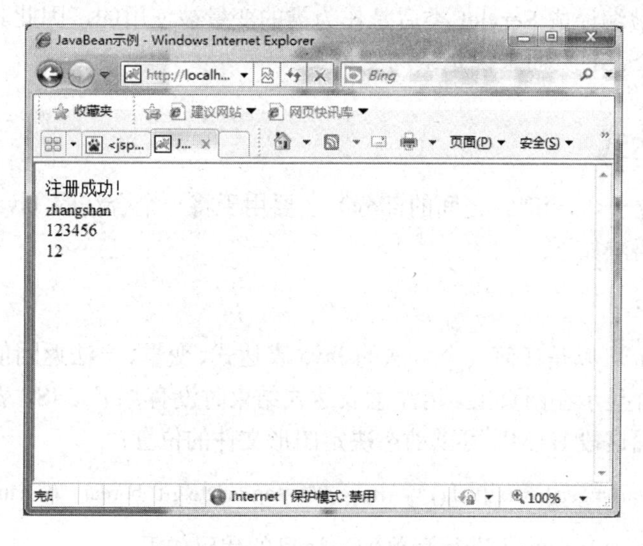

图 4-4 jspjavabean.jsp 运行结果

4.4 JSP 的脚本元素

JSP 脚本元素可以让编程者在 JSP 中使用动态编程语言，它可以在 JSP 中嵌入类似于 Java 的程序。脚本元素包括声明、表达式、程序片段。它提供了灵活的编程机制，但是也有不足之处，如导致 JSP 结构混乱，不易被理解等。

4.4.1 JSP 声明

JSP 声明（位于<%!和%>之间的部分）用于声明本 JSP 页面需要使用的 JSP 代表的 Servlet 类的成员变量和方法。其 JSP 语法如下：

```
<%!声明；[声明；]……%>
```

可以声明变量和方法，并且可以一次性声明多个变量和方法，但必须以"；"结尾，而且这些声明在 Java 中必须是合法的。

在下面的例子中分别声明了一个变量和一个方法：

```
<%! int count=0;%>
<%!
    public String getString(int x)
    {
    return (new Integer(x)).toString();
}
%>
```

上面例子声明的变量和方法只在当前 JSP 页面中有效。事实上通过以上方法声明的变量和方法在此 JSP 页面被编译成 Servlet 类后是作为类的变量被使用的，因此其作用范围是整个页面，或者相对于整个 JSP 页面来说是全局变量。

4.4.2 JSP 表达式

JSP 表达式（位于<%=和%>之间的部分）主要用于将一个合法的 Java 表达式的结果输出到 JSP 响应中，其语法如下：

```
<%= expression %>
```

其中，expression 可以是任何一个合法的 Java 表达式、变量、方法返回值等，并且 expression 会被转化为字符串并显示在网页上。请注意表达式结束时没有"；"。JSP 表达式可以和 HTML 混合使用。比如下面这段 HTML 可以动态决定图形文件的位置：

```
<img src="<%= request.getContextPath() %>/images/button-delete.gif" border="0" name="img_delete">
```

一个完整的通过 JSP 表达式进行简单加法运算的代码如下：

```
<%@ page language="java" import="java.util.*" pageEncoding="GB2312"%>
<!DOCTYPE HTML PUBLIC "-//W3C//DTD HTML 4.01 Transitional//EN">
<html>
  <head>
    <title>JSP ADD</title>
  </head>
  <body>
    <p>
     运算：4+6=<%= (4+6) %>
```

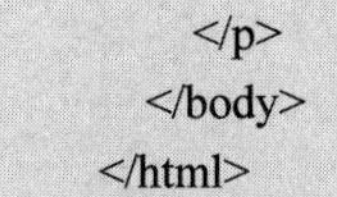

```
    </p>
  </body>
</html>
```

其执行结果如图 4-5 所示。

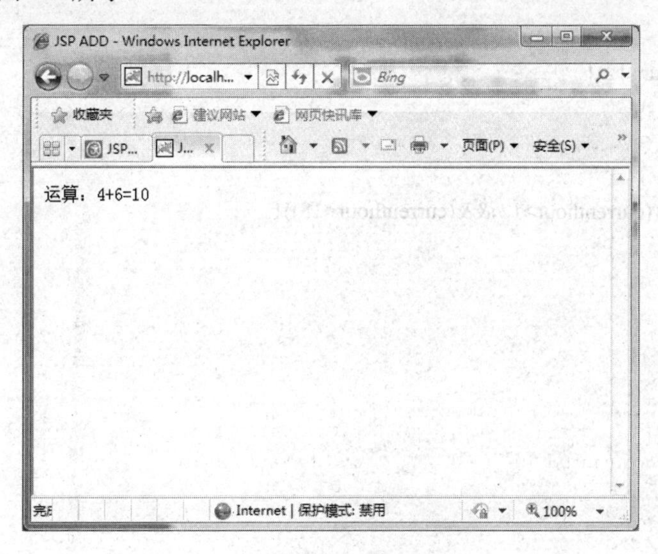

图 4-5 JSP 表达式执行结果

4.4.3 程序片段

程序片段是指在 JSP 中嵌入的合法 Java 程序片段，它使得 JSP 直接具有了 Java 编程功能，程序片段位于<%和%>之间，其语法如下：

```
<% code fragment %>
```

一个程序片段就是一段程序。在程序片段中，编程者可以定义变量和方法，使用合法的表达式，以及使用隐藏对象。程序片段是 JSP 中动态处理的部分，其他的静态内容（如 HTML）应该被放在程序片段之外。程序片段在处理 Web 请求时被执行。JSP 中的程序片段会被转换成为 service()方法之中的程序。如果程序片段输出响应文字，它应该调用 out 对象。

因为一个程序片段代码会被生成为某个方法的一部分，所以，在程序片段中声明的变量只是某个方法（默认为 service()方法）的局部变量，要注意与 JSP 声明中的变量相区别。

请看下面使用程序片段的示例代码：

```
<%@ page language="java" import="java.util.*" pageEncoding="GB2312"%>
<%
    Calendar myCalendar=Calendar.getInstance();
    int currenthour=myCalendar.get(Calendar.HOUR_OF_DAY);
 %>
<!DOCTYPE HTML PUBLIC "-//W3C//DTD HTML 4.01 Transitional//EN">
<html>
  <head>
```

```
    <title>JSP 程序片段</title>
  </head>
  <body>
    欢迎！
    <br>
    <%
     if(currenthour<12){
     %>
     早上好！
     <%
     }      else if((currenthour>12)&&(currenthour<18)){
      %>
     下午好！
     <%
     }else{
      %>
      晚上好！
      <%
      }
      %>
   </body>
</html>
```

以上代码执行结果如图 4-6 所示。

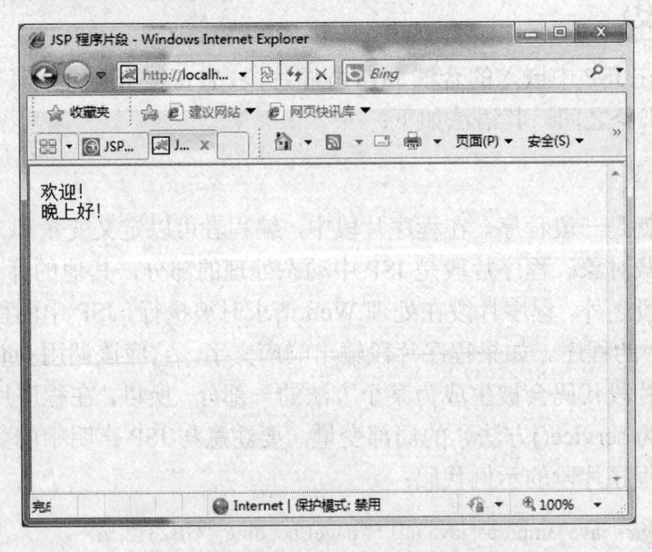

图 4-6　JSP 程序片段执行结果

以上的程序根据现在时间是早上、下午或晚上，选择不同的问候语。在程序片段中首先定义了两个变量，然后对其使用 if 进行判断。注意，JSP 中程序片段和响应文字（如早上好）是交叉在一起的。JSP 在被转换成的 Servlet 之中，这些静态内容会以 out.write()方法响应输出。

4.5 JSP 的生命周期

在前面曾经讲过，JSP 页面在第一次执行时会被 Web 服务器转换成 Servlet 类并进行编译，所以一个 JSP 页面实际上最终就是一个特殊的 Servlet 类，它在 Web 服务器上是具有生命周期的。

在 Tomcat 服务器中，被转换成的 Servlet 类会放在 Tomcat 主目录的/work/catalina/localhost/web 应用名称/org/apache/jsp 目录下面。转换成的 servlet 程序继承自 org.apache.jasper.runtime.HttpJspBase 类，这个类实现了 javax.servlet.jsp.HttpJspPage 接口。HttpJspPage 接口的主体是_jspService（HttpServletRequest request,HttpServletResponse response）方法，它对应 Servlet 的 service 方法。另外，这个接口还有跟 init()和 destroy()类似功能的_jspInit()和_jspDestroy()方法。这个生成的 Servlet 程序和一般的 Servlet 的生命周期是一样的。Web 容器负责载入和初始化 Servlet。当有对 JSP 的 Web 请求到来时，Web 容器会使用生成的 Servlet 处理请求并返回响应。当 Web 容器关闭时，Servlet 会被卸载。

JSP 生命周期包括以下阶段：

解析阶段——Servlet 容器解析 JSP 文件代码，如果有语法错误，就会向客户端返回错误信息。

转换阶段——Servlet 容器把 JSP 文件转换成 Servlet 源文件。

编译阶段——Servlet 容器编译 Servlet 源文件，生成 Servlet 类。

初始化阶段——加载与 JSP 对应的 Servlet 类，创建其实例，并调用它的初始化方法。

运行时阶段——调用与 JSP 对应的 Servlet 实例的服务方法。

销毁阶段——调用与 JSP 对应的 Servlet 实例的销毁方法，然后销毁 Servlet 实例。

4.6 项目案例

4.6.1 本章知识点的综合项目案例

需求：使用 JSP 实现客户端 Cookie 的展示。

（1）编写 cookieindex.jsp 实现向客户输出两个 Cookie，其代码如下：

```
<%@ page language="java" import="java.util.*" pageEncoding="UTF-8"%>
<!DOCTYPE HTML PUBLIC "-//W3C//DTD HTML 4.01 Transitional//EN">
<html>
  <head>
    <title>My JSP 'cookieindex.jsp' starting page</title>
  </head>
  <body>
    <%
          response.addCookie(new Cookie("userName","ygx"));
          response.addCookie(new Cookie("lovelyProduct","Car!"));
     %>
     <jsp:forward page="usercookie.jsp"></jsp:forward>
```

```
    </body>
</html>
```

（2）编写 usercookie.jsp 检测用户机器上的 Cookie，并把 Cookie 的内容输出，其代码如下：

```
<%@ page language="java" import="java.util.*" pageEncoding="UTF-8"%>
<!DOCTYPE HTML PUBLIC "-//W3C//DTD HTML 4.01 Transitional//EN">
<html>
    <head>
        <title>My JSP 'usercookie.jsp' starting page</title>
    </head>
    <body>
        <%
        Cookie[] cookies=request.getCookies();
        String username=null,lovelyProduct=null;
        if(cookies!=null)
        {
                for(int i=0;i<cookies.length;i++)
                {
                        if(cookies[i].getName().equals("lovelyProduct"))
                        {lovelyProduct=cookies[i].getValue();}
                        else if(cookies[i].getName().equals("userName"))
                        {username=cookies[i].getValue();}
                }
                out.println("user:"+username+";love:"+lovelyProduct);
        }
          %>
    </body>
</html>
```

（3）运行该 JSP，运行结果如图 4-7 所示。

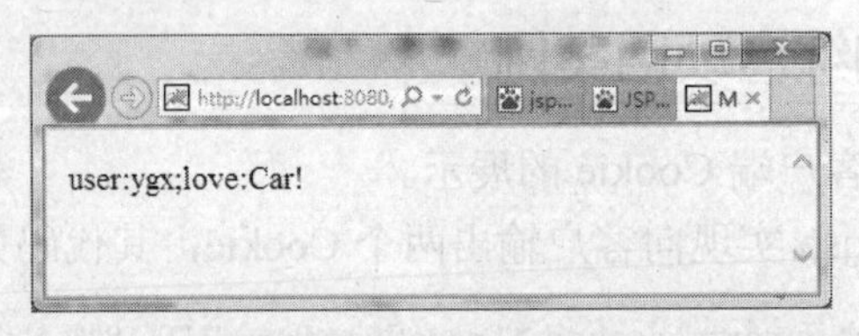

图 4-7　在 JSP 中使用 Cookie 信息的运行结果

4.6.2　本章知识点在网上购书系统中的应用

本章知识点在网上购书系统中的应用主要体现在 JSP 页面的功能显示。如网上购书之前需要完成一个注册功能，因而会弹出一个注册页面，该页面用 JSP 页面完成，代码如下：

```
<%@ page language="java" import="java.util.*" pageEncoding="utf-8"%>
<%@ page import="com.scmpi.book.entity.*"%>
<%@ taglib uri="http://java.sun.com/jsp/jstl/core" prefix="c"%>
<%
```

```
	String path = request.getContextPath();
%>
<!DOCTYPE html PUBLIC "-//W3C//DTD XHTML 1.0 Strict//EN""http://www.w3.org/TR/xhtml1/DTD/
xhtml1-strict.dtd">
<!DOCTYPE>
<html lang="en">
	<head>
		<meta charset="UTF-8">
		<meta http-equiv="pragma" content="no-cache">
		<meta http-equiv="cache-control" content="no-cache">
		<link rel="stylesheet" href="<%=path%>/css/cssreset-min.css">
		<link rel="stylesheet" href="<%=path%>/css/index.css">
		<link rel="stylesheet" href="<%=path%>/css/global.css">
		<style type="text/css">
/* CSS Document */
body {
	font: normal 12px auto "Trebuchet MS", Verdana, Arial, Helvetica,
		sans-serif;
	color: #4f6b72;
	background: #E6EAE9;
}

a{
	color: #c75f3e;
}

#mytable {
	width: 700px;
	padding: 0;
	margin: 0;
}

#tabledata {
	margin: 0px auto;
	width: 900px;
	margin-top: 30px;
}

#registable {
	margin-left: 500px;
	width: 900px;
	margin-top: 30px;
}

#showdata {
	font: bold 14px "Trebuchet MS", Verdana, Arial, Helvetica, sans-serif;
```

```
        margin-top: 30px;
        margin-left: 100px;
        color: #FF0000;
}

#registerdata {
        font: bold 14px "Trebuchet MS", Verdana, Arial, Helvetica, sans-serif;
        margin-top: 30px;
        margin-left: 600px;
        color: #FF0000;
}

caption {
        padding: 0 0 5px 0;
        width: 700px;
        font: italic 11px "Trebuchet MS", Verdana, Arial, Helvetica, sans-serif;
        text-align: right;
}

th {
        font: bold 11px "Trebuchet MS", Verdana, Arial, Helvetica, sans-serif;
        color: #4f6b72;
        border-right: 1px solid #C1DAD7;
        border-bottom: 1px solid #C1DAD7;
        border-top: 1px solid #C1DAD7;
        letter-spacing: 2px;
        text-transform: uppercase;
        text-align: left;
        padding: 6px 6px 6px 12px;
        background: #CAE8EA url(images/bg_header.jpg) no-repeat;
}

th.nobg {
        border-top: 0;
        border-left: 0;
        border-right: 1px solid #C1DAD7;
        background: none;
}

td {
        border-right: 1px solid #C1DAD7;
        border-bottom: 1px solid #C1DAD7;
        background: #fff;
        font-size: 11px;
        padding: 6px 6px 6px 12px;
        color: #4f6b72;
```

```
}

td.alt {
        background: #F5FAFA;
        color: #797268;
}

th.spec {
        border-left: 1px solid #C1DAD7;
        border-top: 0;
        background: #fff url(images/bullet1.gif) no-repeat;
        font: bold 10px "Trebuchet MS", Verdana, Arial, Helvetica, sans-serif;
}

th.specalt {
        border-left: 1px solid #C1DAD7;
        border-top: 0;
        background: #f5fafa url(images/bullet2.gif) no-repeat;
        font: bold 10px "Trebuchet MS", Verdana, Arial, Helvetica, sans-serif;
        color: #797268;
}

/*---------for IE 5.x bug*/
html>body td {
        font-size: 11px;
}
</style>
                <!-- IE6、7、8 支持 HTML5 标签 -->
                <!--[if lte IE 8]><script src="js/html5.js"></script><![endif]-->
                <!-- IE6、7、8 支持 CSS3 特效 -->
                <!--[if lte IE 8]><script src="js/PIE.js"></script><![endif]-->
                <!--[if lt IE 9]><script type="text/javascript" src="selectivizr-min.js"></script><![endif]-->
        </head>
        <body>
                <!-- 头部 -->
                <header>
                <nav>
                <div id="topNav">
                        <ul>
                                <li class="welcome">
                                        您好${user.name}，欢迎光临网上书店系统！请
                                </li>
                                <li>
                                        <a href="<%=path%>/login.jsp">[登录]</a>
                                </li>
                                <li>
```

```
                    <a href="<%=path%>/register.jsp">[免费注册]</a>
                </li>
                <li>
                    <a href="<%=path%>/cart.jsp">[查看购物车]</a>
                </li>
                <li>
                    <a href="<%=path%>/order.jsp">[去购物车结算]</a>
                </li>
            </ul>
        </div>
        </nav>
        </header>
        <div id="logo"></div>

        <div id="registerdata">
            用户注册信息
        </div>

        <div id="registable">
            <form action="servlet/RegisterServlet" method="post">
                <table border="1">
                    <tr>
                        <td>
                            用户名
                        </td>
                        <td>
                            <input type="text" name="userName" />
                        </td>
                        <td>
                            <font color="red">*
                            </font>
                        </td>
                    </tr>
                    <tr>
                        <td>
                            密码
                        </td>
                        <td>
                            <input type="password" name="pwd" />
                        </td>
                        <td>
                            <font color="red">*
                            </font>
                        </td>
                    </tr>
                    <tr>
```

```
            <td>
                确认密码
            </td>
            <td>
                <input type="password" name="repwd" />
            </td>
            <td>
                <font color="red">*
                </font>
            </td>
        </tr>
        <tr>
            <td>
                地址
            </td>
            <td>
                <input type="text" name="address" />
            </td>
            <td>
                <font color="red">*
                </font>
            </td>
        </tr>
        <tr>
            <td>
                邮政编码
            </td>
            <td>
                <input type="text" name="postcode" />
            </td>
            <td>
                <font color="red">*
                </font>
            </td>
        </tr>
        <tr>
            <td>
                Email
            </td>
            <td>
                <input type="text" name="email" />
            </td>
            <td>
                <font color="red">*
                </font>
            </td>
```

```
                        </tr>
                        <tr>
                            <td>
                                电话联系方式
                            </td>
                            <td>
                                <input type="text" name="phone" />
                            </td>
                            <td>
                                <font color="red">*
                                </font>
                            </td>
                        </tr>
                        <tr>
                            <td colspan="3" align="center">
                                <input type="submit" value="注册" />
                            </td>
                        </tr>
                    </table>

                </form>
            </div>
            <!-- 脚部 -->
            <footer>
            <div class="copyright">
                四川管理职业学院 ?2013. All Rights Reserved.
            </div>
            </footer>

    </body>
</html>
```

运行该JSP，出现如图4-8所示页面。

用户注册信息

用户名		*
密码		*
确认密码		*
地址		*
邮政编码		*
Email		*
电话联系方式		*

注 册

图4-8　注册页面

习　题

1．简述 JSP 的生命周期。

2．简述在 JSP 页面中如何使用 JavaBean。

实训操作

在 Java Web 应用中，常常会遇到对数据进行加解密的操作，这可以通过编写一个 JavaBean 来实现其功能，然后在 JSP 中引用此 JavaBean。效果如图 4-9 所示。

图 4-9　数据加密

第5章 JSP的内置对象

课程目标

➢ 了解 JSP 内置对象的概念
➢ 了解 JSP 内置对象的组成
➢ 掌握 request、response、session、out、application 的使用

在 Web 开发过程中，为了提高开发效率，JSP 中内置了一些对象，这些对象不需要预先声明就可以在脚本代码和表达式中任意使用。

5.1 JSP 内置对象概述

JSP 内置对象是指不用声明就可以在 JSP 页面的脚本部分直接使用的组件，通过存取这些对象实现与 JSP 容器相互作用，可以极大地方便 Web 应用程序的开发。内容如表 5-1 所示。

表 5-1　内置对象说明

序　号	内置对象	类　型	说　明
1	request	javax.servlet.http.HttpServletRequest	提供对客户端 HTTP 请求数据的访问
2	response	javax.servlet.http.HttpServletResponse	响应信息，用来向客户端输出数据
3	session	javax.servlet.http.HttpSession	用来保存在服务器与一个客户端之间需要保存的数据，当客户端关闭网站的所有网页时，session 变量会自动消失
4	out	javax.servlet.jsp.JspWriter	提供对输出流的访问
5	application	javax.servlet.ServletContext	应用程序上下文，它允许 JSP 页面与包括在同一应用程序中的任何 Web 组件共享信息

续表

序　号	内 置 对 象	类　型	说　明
6	pagecontext	javax.servlet.jsp.PageContext	页面本身的上下文，它提供了一组方法来管理具有不同作用域的属性
7	config	javax.servlet.ServletConfig	该对象允许将初始化数据传递给一个 JSP 页面
8	page	javax.servlet.jsp.HttpJspPage	JSP 页面对应的 Servlet 类实例
9	exception	java.lang.Throwable	由指定的 JSP“错误处理页面”访问的异常数据

5.2　request 应用

5.2.1　request 对象的功能

request 对象用来接收客户端发来的信息，如请求的来源、头信息、传递方式、cookie 和相关参数值等。

5.2.2　request 对象的常用方法

request.getParameter(String name)：该方法用于获得客户端传送给服务器端的参数，该参数由 name 指定，通常是表单中的参数。

request.getMethod()：得到客户端发起请求的方式，如“POST”、“GET”，“PUT”等。下面两个例子是 postpage.jsp 向 showmethod.jsp 发起的一个“POST”请求，在 showmethod.jsp 中得到请求的方法并显示出来，如图 5-1 所示。

其中，postpage.jsp 的内容如下：

```
<%@page contentType="text/html;charset=GB2312" %>
<html>
  <body>
    单击 submit 向 showmethod.jsp 提交一个“POST”请求
    <form method="post" action="showmethod.jsp">
      <input type="submit" value="submit">
    </form>
  </body>
</html>
```

showmethod.jsp 的内容如下，其运行的结果如图 5-2 所示。

```
<%@page contentType="text/html;charset=GB2312" %>
<html>
  <body>
    当前请求方法为:<%=request.getMethod()%>
  </body>
</html>
```

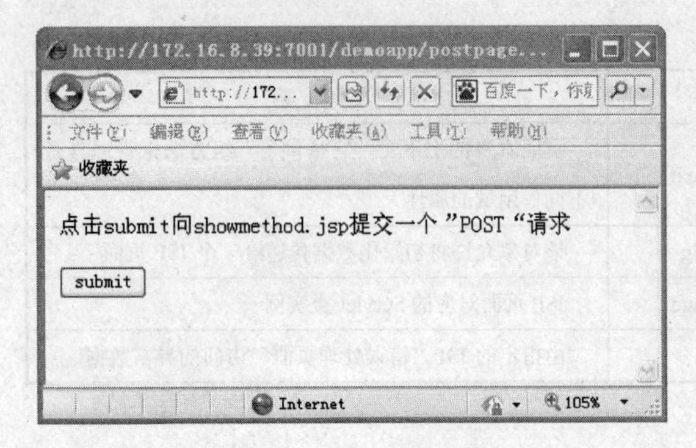

图 5-1　POST 请求页面

图 5-2　POST 请求结果

request.getCookies()：得到客户端请求包含的所有 cookie 的集合，如果没有包含任何 cookie，则返回 null。下面的示例 showcookie.jsp 演示从当前 request 中显示出所有 cookie，其结果如图 5-3 所示。内容如下：

```
<%@page contentType="text/html;charset=GB2312" %>
<html>
    <body>
        <%
                Cookie cookie[]=request.getCookies();
                for(int i=0;i<cookie.length;i++){
        %>
                    cookie 名称：<%=cookie[i].getName()%>
                    cookie 值：<%=cookie[i].getValue()%><br>
        <%
            }
        %>
    </body>
</html>
```

request.setAttribute(String name, Object o)：将一个对象绑定到 request 中指定的 name 属性。

request.getAttribute(String name)：该方法返回由 name 指定的属性值，如果指定的属性值不存在，则返回 null。

下面的示例 setandgetatt.jsp 演示 request.setAttribute 和 request.getAttribute 的使用，其结果如图 5-4 所示。

```
<%@page contentType="text/html;charset=GB2312" %>
<html>
    <body>
        当前设置属性为:testAttribute<br>
        <% request.setAttribute("username","testAttribute");%>
        当前取得属性为:
        <%=request.getAttribute("username")%><br>
    </body>
</html>
```

图 5-3 cookie 方法运行结果

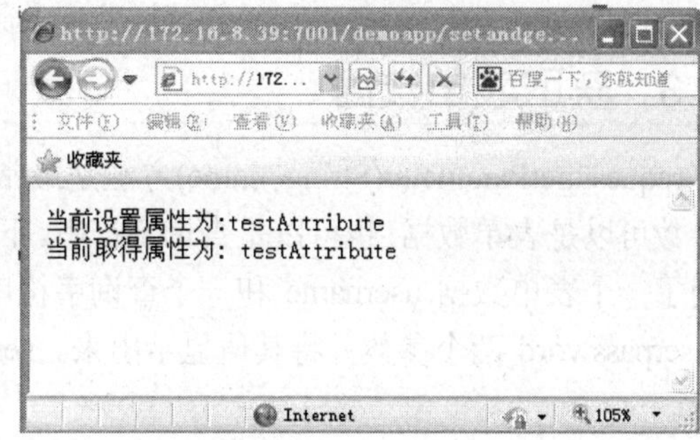

图 5-4 attribute 方法运行结果

request.setCharacterEncoding(String type)：重载正文中使用的字符编码。

关于页面编码的示例请参见“5.2.4 处理中文乱码问题”。

request.getRemoteAddr()：该方法主要用于获取客户端的 IP 地址。下面的示例 showipaddress.jsp 演示获取发起请求的客户端的 IP 地址，其结果如图 5-5 所示。

```
<%@page contentType="text/html;charset=GB2312" %>
<html>
    <body>
        当前客户端 IP 地址为:
        <%=request.getRemoteAddr()%>
    </body>
</html>
```

request.getRemoteHost()：该方法主要用户获取客户端的名字。下面的示例 showhostname.jsp 演示获取发起请求的客户端的主机名称，其结果如图 5-6 所示。

```
<%@page contentType="text/html;charset=GB2312" %>
<html>
    <body>
        当前客户端主机名称为:
        <%=request.getRemoteHost()%>
    </body>
</html>
```

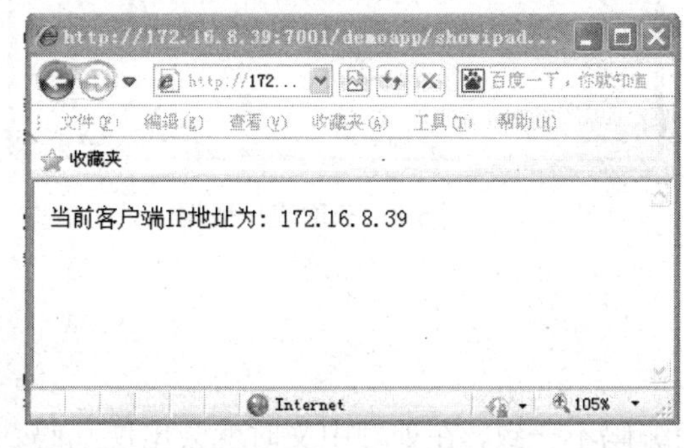

图 5-5 获取 IP 地址结果

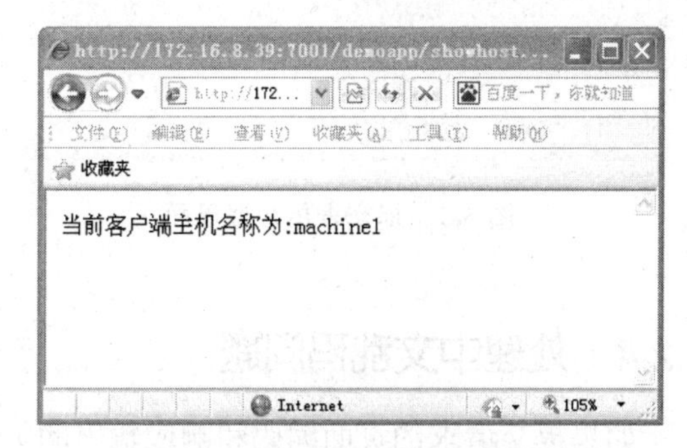

图 5-6 获取客户端主机名称

5.2.3 获取表单数据

request.getParameter(String name)方法是最常用的，用来获取客户端传送给服务器端的参数，该参数可以是表单数据，也可以是查询字符串。下面的示例sendformparams.jsp向getformparams.jsp提交了一个表单数据username和一个查询字符串userpassword，getformparams.jsp获取username和userpassword两个参数并将其值显示出来。sendformparams.jsp内容如下，其运行结果如图5-7所示。

```
<%@page contentType="text/html;charset=GB2312" %>
<html>
  <body>
  单击 submit 向 getformparams.jsp 提交一个数据
    <form method="post" action="getformparams.jsp?userpassword=abcdef">
      <input type="text" name="username" value="administrator">
      <input type="submit" value="submit">
    </form>
  </body>
</html>
```

getformparams.jsp内容如下，其运行结果如图5-8所示。

```
<%@page contentType="text/html;charset=GB2312" %>
<html>
    <body>
      表单提交 username 为:<%=request.getParameter("username")%><br>
      查询字符 userpassword 为:<%=request.getParameter("userpassword")%><br>
    </body>
</html>
```

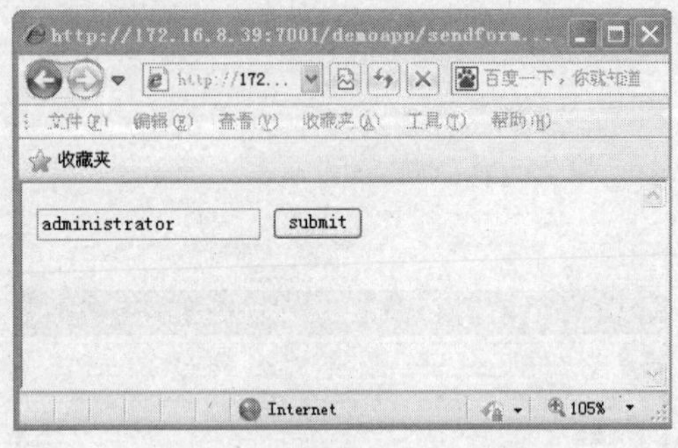

图5-7 提交表单数据界面

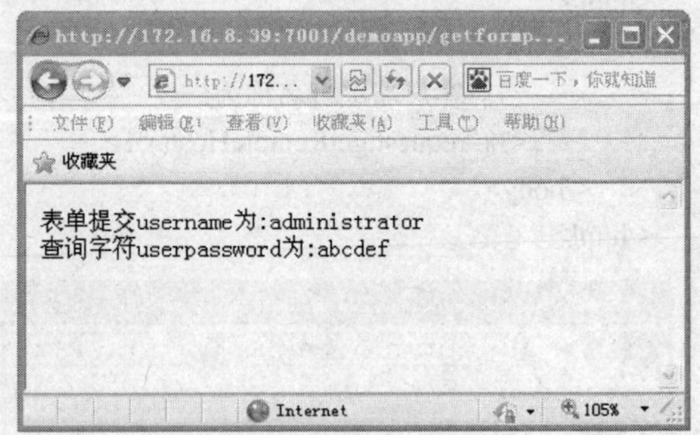

图5-8 获取表单数据

5.2.4 处理中文乱码问题

如果提交请求的页面编码和响应输出的页面编码不一致，在处理中文时就会出现乱码。这时，一般使用request.setCharacterEncoding(String type)来处理中文乱码。下面的示例中，页面pagegb2312.jsp使用了“GB2312”编码，向页面pageutf8.jsp（使用了UTF-8编码）提交请求，在使用 request.setCharacterEncoding 方法处理前，显示结果为乱码，使用 request.setCharacterEncoding（“GB2312”）将编码转换后，显示结果正常。

pagegb2312.jsp 内容如下，其运行结果如图 5-9 所示。

```
<%@page contentType="text/html;charset=GB2312"%>
<html>
      <body>
            单击 submit 向 pageutf8.jsp 提交数据
            <form method="post" action="pageutf8.jsp">
                  <input type="text" name="username" value="系统管理员">
                  <input type="submit" value="submit">
            </form>
      </body>
</html>
```

pageutf8.jsp 内容如下，其运行结果如图 5-10 所示。

```
<%@page contentType="text/html;charset=utf-8"%>
<html>
      <body>
            本页面编码:utf-8<br/>
            未对编码处理前的结果:<%=request.getParameter("username")%>
            <%request.setCharacterEncoding("gb2312");%>
            乱码处理后的结果:<%=request.getParameter("username")%>
      </body>
</html>
```

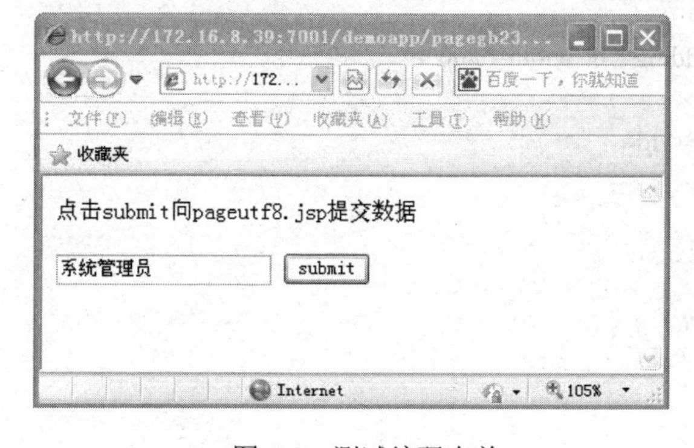

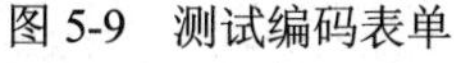
图 5-9　测试编码表单

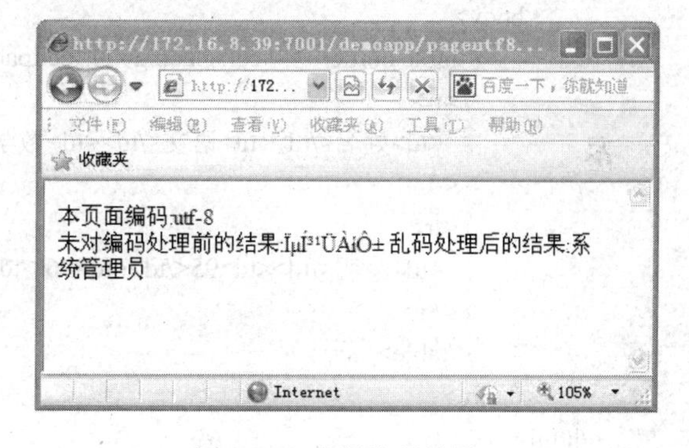

图 5-10　乱码处理结果

5.3　response 应用

5.3.1　response 对象的功能

response 对象代表的是对客户端的响应，主要用途就是将 JSP 处理数据后的结果传回到客户端，包括头信息、cookie、要显示的内容、重定向等。

5.3.2 response 对象的常用方法

response.setHeader(String name,String value)：将指定的参数名称和值设置到头信息中。下面的示例 setheader.jsp 演示通过 response.setHeader 方法实现禁止页面缓存。

setheader.jsp 内容如下：

```
<%@page contentType="text/html;charset=GB2312"%>
<%response.setHeader("Cache-Control", "no-store");%>
<html>
        <body>
            本页面禁止使用代理服务器缓存
        </body>
</html>
```

response.sendRedirect(String location)：把响应发送到另外一个位置进行处理。具体示例参见“5.3.4 重定向”。

response.setCharacterEncoding(String charset)：设定响应内容的字符编码。

response.setContentType(String type)：设定响应内容的类型。下面的示例 openinexcel.jsp 将响应内容设定为 office xls 类型，以便实现在客户端用 Excel 打开。

openinexcel.jsp 内容如下，其运行结果如图 5-11 所示。

```
<%@page contentType="text/html;charset=GB2312"%>
<%response.setContentType("application/vnd.ms-excel");%>
<html>
      <body>
            <table border="1" cellspacing="0" cellpadding="0" width="800">
              <tr>
                <td>姓名</td><td>语文</td><td>数学</td>
              </tr>
              <tr>
                <td>小明</td><td>95</td><td>96</td>
              </tr>
            </table>
      </body>
</html>
```

response.addCookie(Cookie cookie)：添加一个指定的 cookie 到响应中。下面的示例添加了一个名称为 useraccount 的 cookie，单击超链接，可以通过前面的 showcookie.jsp 示例代码查看添加的 cookie 名称和值。

```
<%@page contentType="text/html;charset=GB2312"%>
<%
    Cookie cookie = new Cookie("useraccount","testuser");
    response.addCookie(cookie);
%>
<html>
```

```
        <body>
            本页面添加一个 cookie，名称为 useraccount。
            <a href="showcookie.jsp">单击这里查看 cookie</a>
        </body>
</html>
```

其运行结果如图 5-12 所示。

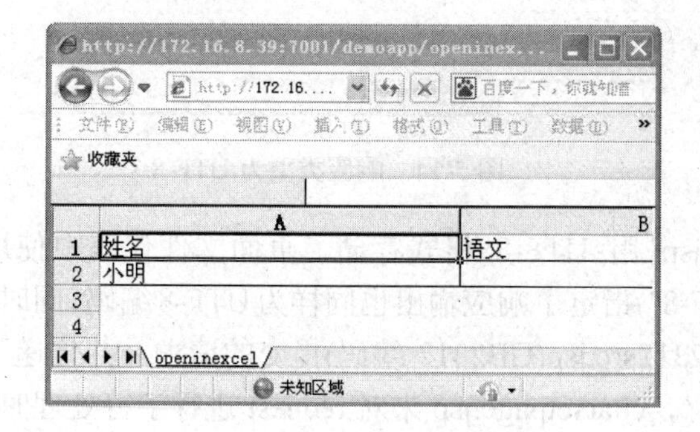

图 5-11　响应结果为 Excel

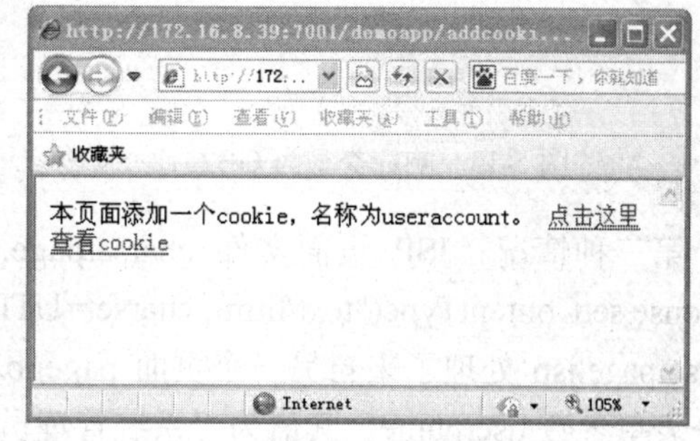

图 5-12　响应为 cookie 类型界面

5.3.3　响应的中文乱码问题

引起 response 响应输出乱码的原因可能有三个方面，JSP 页面文件存储的编码格式，response 输出内容的字符编码和 request 请求参数的处理。下面分别讨论三种情况。

第一种情况：jsp 页面文件 charsetpage.jsp 用 UTF-8 格式存储，但页面文件代码中使用 response.setContentType("text/html; charset=GB2312")指定了响应输出为 GB2312 编码，这时客户端显示中文为乱码。charsetpage.jsp 内容如下，运行结果如图 5-13 所示。

```
<%response.setContentType("text/html; charset=GB2312");%>
<html>
        <body>
                                这是 UTF-8 格式存储的中文
        </body>
</html>
```

第二种情况：jsp 页面文件 charsetpage.jsp 用 UTF-8 格式存储，页面文件代码中使用 response.setContentType("text/html; charset=UTF-8")指定了响应输出也同样为 UTF-8 编码，这时客户端显示中文正常。charsetpage.jsp 内容如下，运行结果如图 5-14 所示。

```
<%response.setContentType("text/html; charset=UTF-8");%>
<html>
        <body>
                                这是 UTF-8 格式存储的中文
        </body>
</html>
```

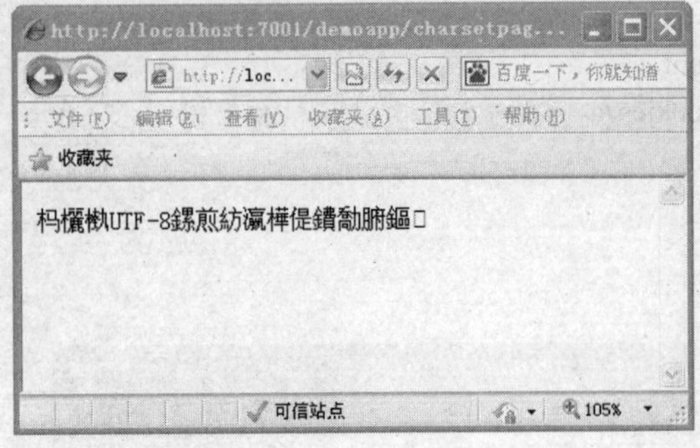

图 5-13　响应类型为 GB2312

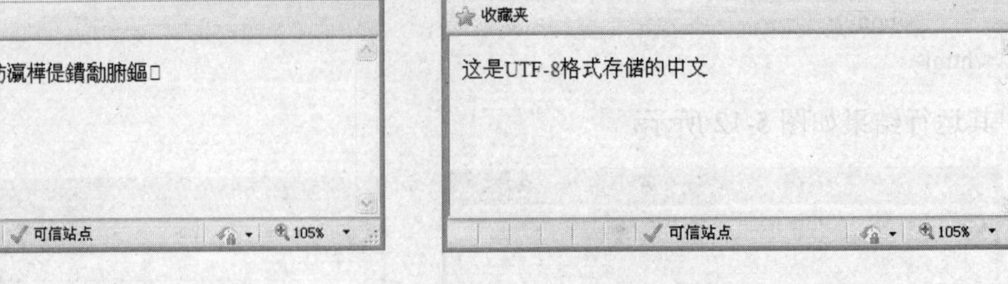

图 5-14　响应类型为 UTF-8

第三种情况：JSP 页面文件 charsetpage.jsp 用 UTF-8 格式存储，页面文件代码中使用 response.setContentType("text/html; charset=UTF-8")指定了响应输出也同样为UTF-8编码。同时，charsetpage.jsp 处理了来自另一个页面 pagegb2312src.jsp(GB2312 编码)提交的请求，并传递了一个表单参数 username，其值为“系统管理员”，charsetpage.jsp 未对 request 进行字符处理时，页面出现部分乱码。pagegb2312src.jsp 内容如下：

```
<%@page contentType="text/html;charset=GB2312"%>
<html>
    <body>
        单击 submit 向 charsetpage.jsp 提交数据
        <form method="post" action="charsetpage.jsp">
            <input type="text" name="username" value="系统管理员">
            <input type="submit" value="submit">
        </form>
    </body>
</html>
```

charsetpage.jsp 内容如下，运行结果如图 5-15 所示。

```
<%response.setContentType("text/html; charset=UTF-8");%>
<html>
    <body>
            这是 UTF-8 格式存储的中文<br>
            这是请求参数 username:<%=request.getParameter("username")%>
    </body>
</html>
```

接下来，对 charsetpage.jsp 稍加修改，加入对 request 请求内容编码处理代码，显示完全正常，无乱码。charsetpage.jsp 内容如下，其运行结果如图 5-16 所示。

```
<%response.setContentType("text/html; charset=UTF-8");%>
<html>
    <body>
            这是 UTF-8 格式存储的中文<br>
            <%request.setCharacterEncoding("gb2312");%>
            <%=request.getParameter("username")%>
    </body>
</html>
```

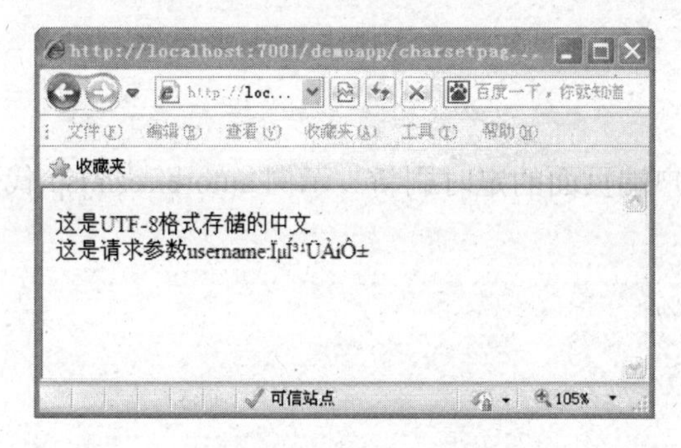

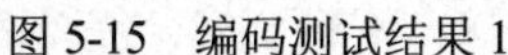
图 5-15 编码测试结果 1

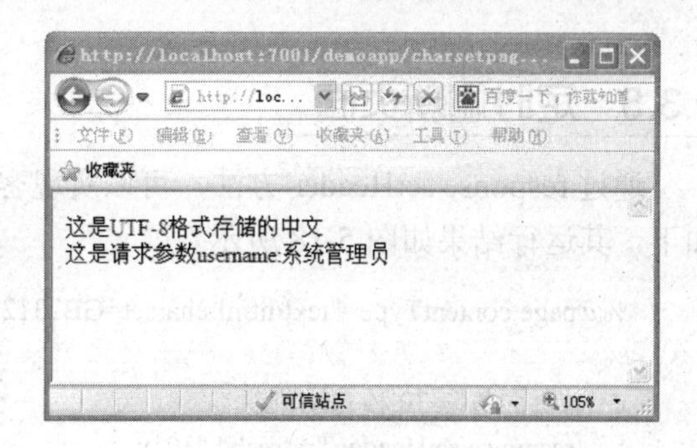

图 5-16 编码测试结果 2

5.3.4 重定向

在服务器后台处理过程中，根据不同的条件，有时需要页面重定向到其他页面进行进一步处理。下面的示例 redirect.jsp 中使用了 sendRedirect("showredirectresult.jsp")，将页面从 redirect.jsp 重定向到了 showredirectresult.jsp，所以 redirect.jsp 的内容在客户端不可见，只能显示 showredirectresult.jsp 的内容。redirect.jsp 内容如下：

```
<%@page contentType="text/html;charset=GB2312"%>
<%response.sendRedirect("showredirectresult.jsp");%>
<html>
    <body>
        本页面使用 sendRedirect 重定向到了 showredirectresult.jsp，此内容不可见
    </body>
</html>
```

showredirectresult.jsp 内容如下，其运行结果如图 5-17 所示。

```
<%@page contentType="text/html;charset=GB2312"%>
<html>
    <body>
        你看到的是重定向后的结果
    </body>
</html>
```

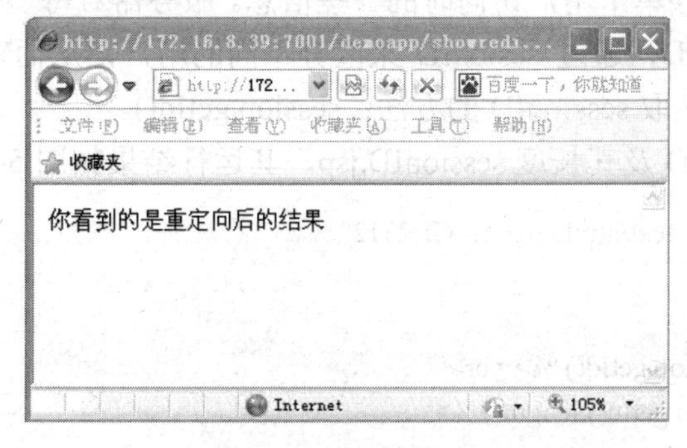

图 5-17 重定向结果

5.3.5 定时刷新页面

通过 response.setHeader 方法，可以实现客户端页面的定时刷新。示例 autorefresh.jsp 代码如下，其运行结果如图 5-18 所示。

```
<%@page contentType="text/html;charset=GB2312"%>
<%
    //页面每隔 30 秒自动刷新
    response.setHeader("refresh","30");
%>
<html>
    <body>
        这是一个定时刷新页面
    </body>
</html>
```

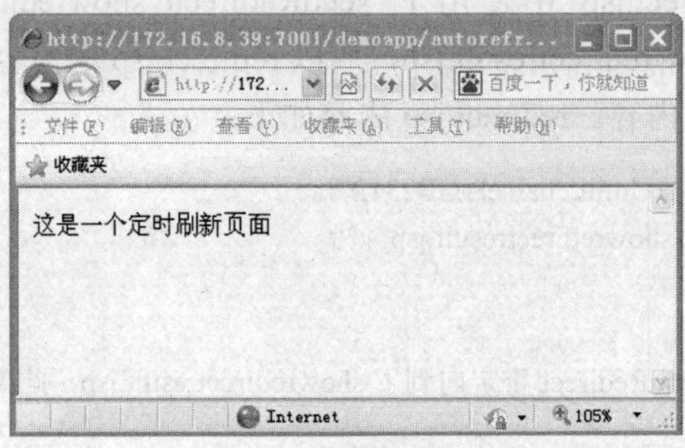

图 5-18 定时刷新页面

5.4 session 应用

5.4.1 session 会话 ID

session 对象用来保存单个用户访问时的一些信息。服务器对每一个客户端会话，分配一个不会重复的会话 sessionID，通过 sesionID 来区分不同的用户，从而实现针对每一个用户的请求，作出正确的响应。获取 sessionID 的方法：session.getId()。

实例：获取 sessionID 及其长度 sessionID.jsp，其运行结果如图 5-19 所示。

```
<%@page contentType="text/html;charset=GB2312" %>
<html>
  <body>
    sessionID:<%=session.getId() %> <br>
    length：<%=session.getId().length() %>
  </body>
</html>
```

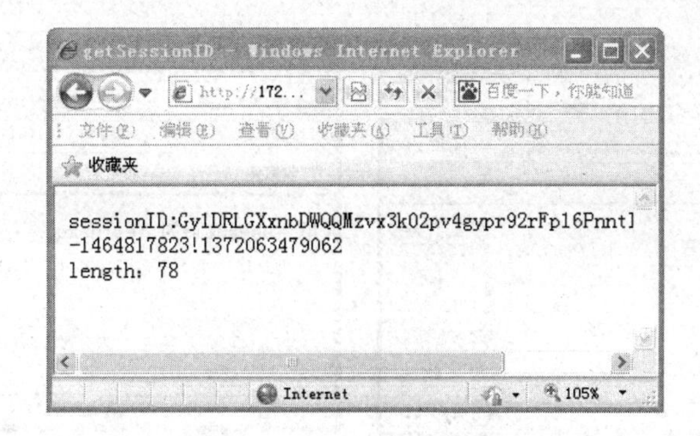

图 5-19　获取 sessionID 值

5.4.2　session 常用方法

session.setAttribute(String key,Object value)：将 value 放入索引关键字为 key 的字符串中。

session.getAttribute(String key)：获取 session 对象中索引关键字为 key 的对象。

session.removeAttribute(String key)：删除 session 对象中索引关键字为 key 的对象。

5.4.3　session 服务器端数据的存取

session 服务器端数据的存取主要通过 session.setAttribute 和 session.getAttribute 两个方法实现。下面三个实例中，setsession.jsp 演示将指定值在服务器端存入 session，removesesson.jsp 演示删除指定关键字的 session，getsession.jsp 演示在服务器端从 session 中取出已经存入的对象。setsession.jsp 内容如下，运行结果如图 5-20 所示。

```
<%@page contentType="text/html;charset=GB2312" %>
<html>
  <body>
      单击 submit 查看存入的 session
    <form method=post action="getsession.jsp">
      <% session.setAttribute("username","testname"); %>
      存入 username 为:<%= "testname";%><br>
      <input type="submit" value="submit">
    </form>
  </body>
</html>
```

getsession.jsp 内容如下，运行结果如图 5-21 所示。

```
<%@page contentType="text/html;charset=GB2312" %>
<html>
    <body>
      取得 username 为:<%=session.getAttribute("username");%><br>
    </body>
</html>
```

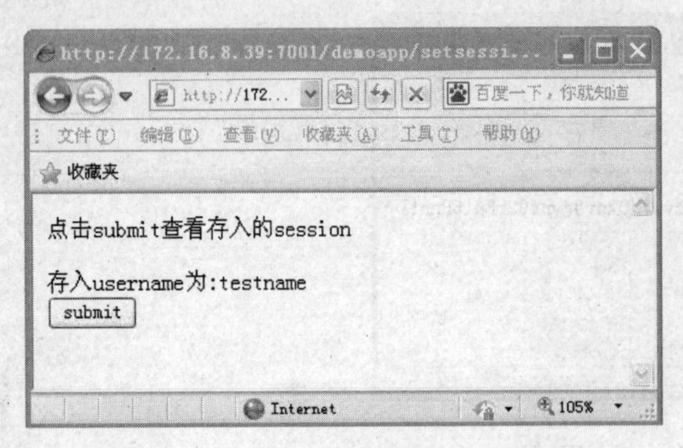

图 5-20　含有 session 的表单界面

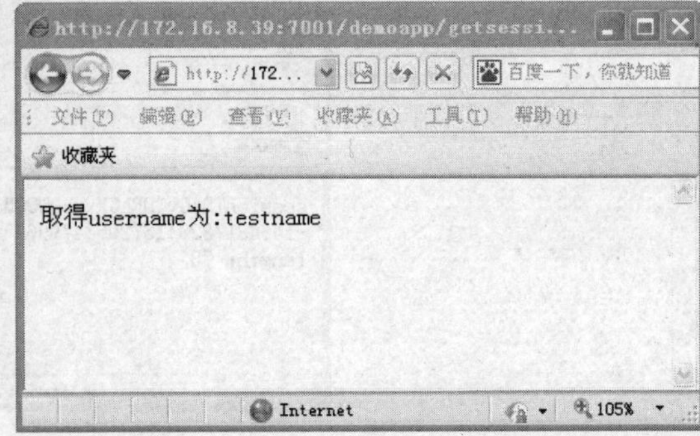

图 5-21　session 取值结果

removesession.jsp 内容如下，运行结果如图 5-22 所示。

```
<%@page contentType="text/html;charset=GB2312" %>
<html>
  <body>
      删除关键字为 username 的 session，单击 submit 查看删除结果
      <form method=post action="getsession.jsp">
         <% session.removeAttribute("username"); %>
         <input type="submit" value="submit">
      </form>
  </body>
</html>
```

单击图 5-22 所示的 submit 按钮后，再次运行 getsession.jsp，显示内容如图 5-23 所示。

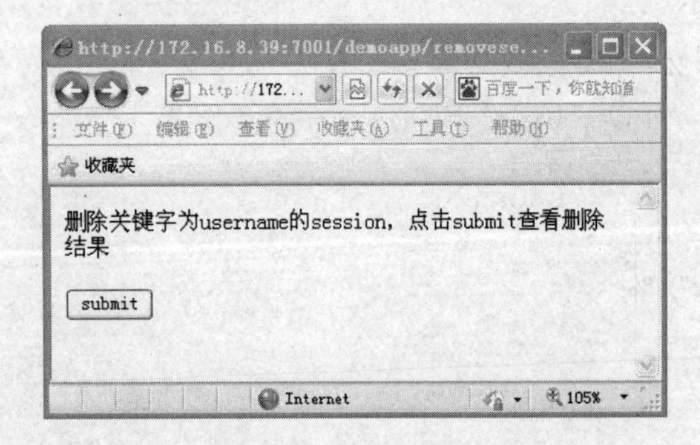

图 5-22　删除 session 界面

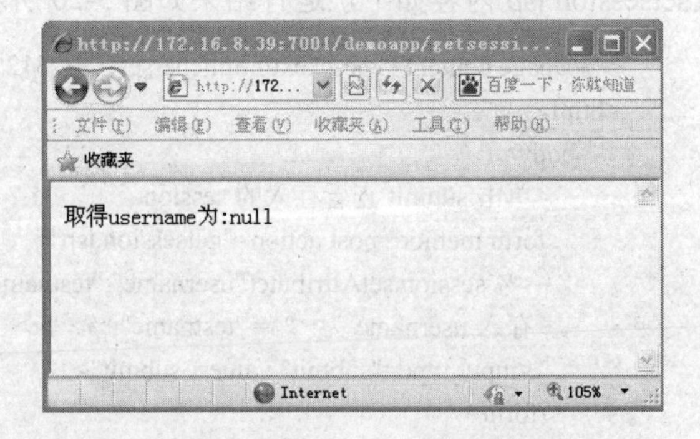

图 5-23　删除 session 运行结果

5.5　out 应用

5.5.1　out 对象的功能

out 对象是 JspWriter 类的实例，是向客户端输出内容常用的对象。通常情况下，服务端要输出到客户端的内容，不直接写到客户端，而是先写到一个输出缓冲区中，只有在下面三种情

况下，才会把该缓冲区的内容输出到客户端上：

（1）该 JSP 网页已完成信息的输出。

（2）输出缓冲区已满。

（3）JSP 中调用了 out.flush()或 response.flushbuffer()。

输入缓冲区可以由@page buffer="1kb"来设定，当设置@page buffer="none"时，表示不使用缓冲，直接输出。也可以由 response.setBufferSize()来设定。

5.5.2 out 对象的常用方法

out.getBufferSize()：获得当前实际缓冲区的大小（实际缓冲区的大小一般为设定的大小）。

out.print(String s)：输出字符串 s。

out.println(String x)：输出字符串 x，并以换行符结束。

out.clearBuffer()：清空当前缓冲区内容。如果已经有内容被输出，不会返回 IO 错误信息。

out.clear()：清空当前缓冲区内容。如果已经有内容被输出，返回 IO 错误信息。

out.flush()：立即输出缓冲区中的内容。

out.close()：先调用 flush()功能，再关闭输出流，该方法会在 JSP 页面结束时自动调用。

5.5.3 out 对象的应用案例

案例 outnobuffer.jsp 演示没有使用缓冲区时，输出内容为立即输出，不会受 clearBuffer()影响。outnobuffer.jsp 内容如下，其运行结果如图 5-24 所示。

```
<%@page contentType="text/html;charset=GB2312"%>
<%@page buffer="none"%>
<html>
    <body>
        当前缓冲区大小:<%=out.getBufferSize()%><br/>
        <%
            out.println("当前没有使用缓冲区,此内容为直接输出,不受 clearBuffer 影响");
            out.clearBuffer();
        %>
    </body>
</html>
```

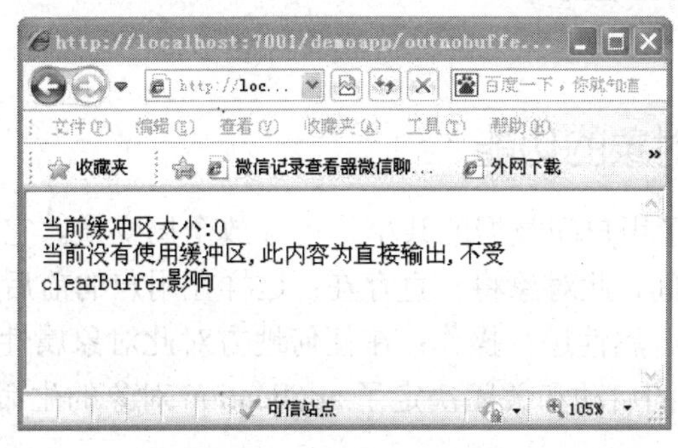

图 5-24 未使用缓冲区界面

案例 outbuffer.jsp 演示使用了缓冲区时的情况，运行结果如图 5-25 所示。

```
<%@page contentType="text/html;charset=GB2312"%>
<%@page buffer="8kb"%>
<html>
    <body>
        当前缓冲区大小:<%=out.getBufferSize()%><br/>
        <%
            out.flush();
            out.println("这些文字不可见,因为它后面使用了 clearBuffer()清空了缓冲区<br/>");
            out.clearBuffer();
            out.println("这些文字可见,因为在 clearBuffer()之前已经使用 flush()输出了<br/>");
            out.flush();
            out.clearBuffer();
            out.println("这些文字可见,因为调用 close()时会先执行 flush()输出内容后再关闭输出流<br/>");
            out.close();
        %>
    </body>
</html>
```

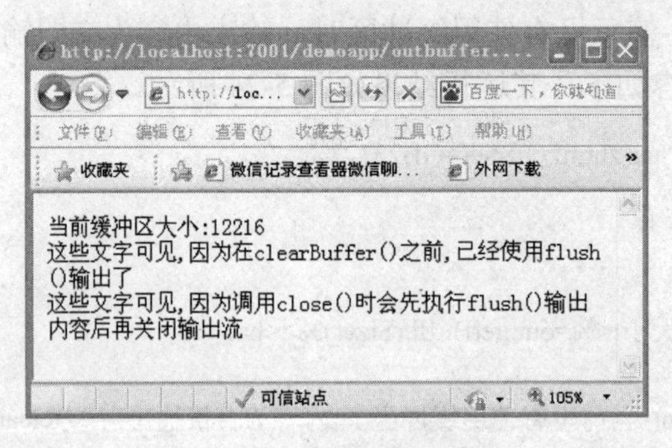

图 5-25　使用缓冲区界面

5.6　application 应用

5.6.1　application 对象的功能

application 对象实现了用户间数据的共享，可存放全局变量。它开始于服务器的启动，直到服务器的关闭，在此期间，此对象将一直存在；这样在用户的前后连接或不同用户之间的连接中，可以对此对象的同一属性进行操作；在任何地方对此对象属性的操作，都将影响到其他用户对此的访问。服务器的启动和关闭决定了 application 对象的生命。

5.6.2 application 对象的常用方法

application.setAttribute(String name,Object object)：在 application 中以 name 为关键字存入一个对象。

application.getAbbribute(String name)：从 application 中获取关键字为 name 的对象。

application.removeAttribute(String name)：从 application 中移除关键字为 name 的对象。

5.6.3 application 对象的应用案例

下面的示例 application.jsp 演示将 application 用于网站访问计数器，其运行结果如图 5-26 所示。

```
<%@ page contentType="text/html;charset=gb2312"%>
<html>
    <body>
        <%
            String str = "";
            int i = 0;
            if (application.getAttribute("count") == null) {
                application.setAttribute("count", "1");
            } else {
               str=application.getAttribute("count").toString();
                i = Integer.parseInt(str);
                application.setAttribute("count", Integer.toString(i + 1));
            }
        %>
        你是本站第<%=application.getAttribute("count")%>位访问者
    </body>
</html>
```

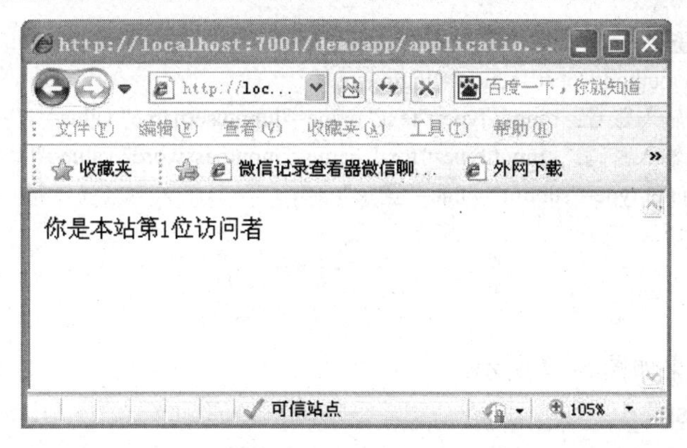

图 5-26 application 运行结果

5.7 项目案例

5.7.1 本章知识点的综合项目案例

需求：在实际应用中，session 对象经常用来保存当前用户的基本登录信息，以便用来进行用户身份验证等操作。请编写一个用户登录页面 login.jsp 来收集和验证用户登录信息，当用户名称为“系统管理员”，密码为“123456”时，则用户身份验证通过，重定向到主页面 index.jsp，在 index.jsp 页面中如果从 session 中检测到用户已经登录，则正常显示，如果没检测到用户登录信息，自动重定向 login.jsp。

1. 编写 login.jsp

```
<%@page contentType="text/html;charset=GB2312"%>
<%
        session.setAttribute("username","");
        String username;
        String password;
        request.setCharacterEncoding("GB2312");
        if (request.getMethod().equals("POST")){
            username=request.getParameter("inputusername").trim();
            password=request.getParameter("inputpassword").trim();
            if (username.equals("系统管理员") && password.equals("123456")){
                session.setAttribute("username",username);
                response.sendRedirect("index.jsp");
            }
        }
%>
<html>
        <body>
            系统登录<br/>
            <form method="post" action="login.jsp">
                请输入账号：<input type="text" name="inputusername" value=""/><br/>
                请输入密码：<input type="text" name="inputpassword" value=""/><br/>
                <input type="submit" value="登录">
            </form>
        </body>
</html>
```

login.jsp 运行结果如图 5-27 所示。

2. 编写 index.jsp

```
<%@page contentType="text/html;charset=GB2312"%>
<%@page buffer="1kb"%>

<%
```

```
        if (session.getAttribute("username")==null){
            response.sendRedirect("login.jsp");
        }else{
                String username = session.getAttribute("username").toString();
                out.println("<html>");
                out.println("<body>");
                if (username.equals("系统管理员")) {
                    out.println("祝贺你,登录成功<br/>");
                    out.println("你的登录账号是:" + username);
                    out.println("</html>");
                    out.println("</body>");
                }else{
                    out.clearBuffer();
                    response.sendRedirect("login.jsp");
                }
        }
    %>
```

index.jsp 运行结果如图 5-28 所示。

图 5-27 登录界面

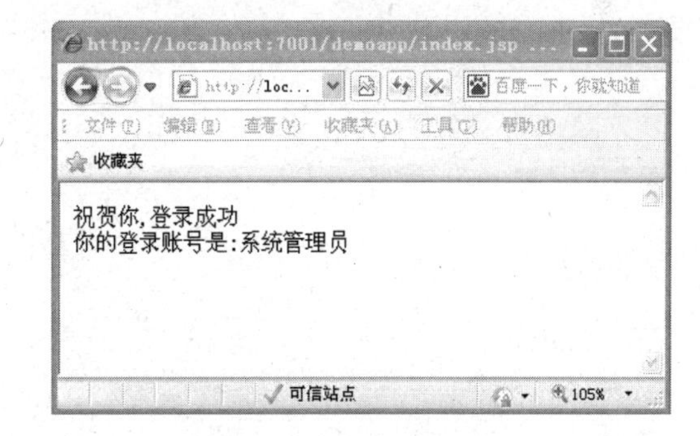

图 5-28 登录成功界面

5.7.2 本章知识点在网上购书系统中的应用

网上购书系统中一个比较重要的功能就是购物车，在 servlet 中将创建好的购物车对象放入 session 中便于其他 servlet 或者 JSP 页面调用。其中，在 JSP 页面中需要采用内置对象 sesssion 获取购物车对象，然后对购物车对象进行操作，比如清空购物车信息等。现在以用户在网上购书系统中完成下订单功能后需要清空购物车信息为例讲解 JSP 内置对象 session 的使用，部分代码如下：

```
<div id="showdata">
    下订单成功！
  <%
  //采用内置对象 session 获取购物车对象
   Cart c=(Cart)session.getAttribute("cart");
   //对购物进行清空
      c.clear();
```

```
    %>
</div>
```

习　　题

1．JSP 内置对象有哪些？

2．JSP 网页中文乱码原因有哪些？分别该怎样处理？

3．session 对象与 application 对象有什么区别？

实训操作

请充分利用 session 和 application 的特点，实现一个小应用，禁止用户使用同一用户名登录账号同时在不同的客户端登录系统。

第6章 JSP的自定义标签

课程目标

- 了解 JSP 自定义标签概念
- 了解标签库的组成结构
- 掌握自定义标签开发步骤

在 JavaWeb 开发中，为了分离表示逻辑和业务逻辑，将 Java 代码从 HTML 中剥离，便于美工维护页面，并且提高代码的重用率，从而提高工程的开发效率，可采用 JSP 自定义标签实现。

6.1 JSP 扩展标签介绍

JSP 技术提供了一种封装其他动态类型的机制，即自定义标签，它扩展了 JSP 语言。它的主要作用是用来调用 JavaBean 组件，处理定向请求以简化 JSP 页面开发与维护。自定义标签通常发布在标签库中，该库定义了一个自定义标签集并包含实现标签的对象。从本质上讲，自定义 JSP 标签把需要显示的信息逻辑封装在一个单独的 Java 类中，在 JSP 页面被转换成 Servlet 期间，当 Servlet 容器遇到标签，就用预先定义的对应于该标签的 Java 代码来代替这段标签，从而完成相应的功能。自定义标签有着丰富的特点，内容包括：

（1）能够通过自定义标签访问 JSP 页面中的相关对象。

（2）能够获取页面传递的属性值和修改页面属性值。

（3）在 Java 类中，能够创建 JavaBean 组件，并定义一个变量引用标签中的 bean，而在其他的标签中也可以引用该 bean，从而达到了数据共享。

（4）自定义标签可以嵌套，从而实现在 JSP 页面中进行复杂的交互。

6.2 标签库的结构

开发一个完整的自定义标签库应该包含如下内容。

1. JavaBean

为了提高代码的可重用性，可以将可重用的代码放到一个独立的代码容器中，也就是JavaBean。这些 JavaBean 并不是标签库必不可少的一部分，而是标签库用来执行所分配的任务的基础代码模块。

2. 标签处理器

标签处理器是标签库的核心内容。一个标签处理器可以通过 PageContext 对象获取 JSP 页面上的标签属性和标签体中的内容，当标签处理器完成业务功能后又通过 PageContext 对象把处理后的输出结果返回给 JSP 页面，从而完成一次 JSP 页面与标签处理器的交互过程。

3. 标签库描述符（TLD 文件）

TLD 文件是一个简单的 XML 文件，它描述和说明了属性、信息和标签处理器文件位置等信息。JSP 容器使用这一文件来映射被调用标签库的位置和用法。

4. web.xml 文件

这是 Web 站点的初始化文件，它定义了 Web 站点中用到的自定义标签以及用来描述每个自定义标签的 TLD 文件的位置等相关信息。

5. JSP 页面上的标签库声明

如果要在 JSP 页面中使用某个自定义标签，就需要在 JSP 页面中使用标签库的声明命令 @taglib 在页面上进行声明。

6.3 JSP 自定义标签的使用

开发一个自定义标签库需要进行如下步骤。

6.3.1 创建标签处理类

标签处理类的本质是一个继承了 javax.servlet.jsp.tagext.TagSupport 或者 BodyTagSupport 接口的 Java 类。通过这个类可以实现自定义 JSP 标签的具体业务功能。TagSupport 类主要包括 parent 和 pageContext 两个属性。其中，parent 属性代表嵌套了当前标签的上层标签的处理类，pageContext 属性代表 Web 应用中的 javax.servlet.jsp.PageContext 对象。

TagSupport 提供了两个处理标签的方法：

（1）public int doStartTag() throws JspException：当 JSP 容器遇到自定义标签的起始标志时调用该方法。此方法将会返回一个整数值，用来决定程序的后续执行流程。整数值内容如下：

- Tag.SKIP_BODY　不显示标签间的文字。
- Tag.EVAL_BODY_INCLUDE　显示标签间的文字。

（2）public int doEndTag() throws JspException：当 JSP 容器遇到自定义标签的结束标志时

调用该方法。此方法也会返回一个整数值，用来决定程序的后续执行流程。整数值内容如下：

- Tag.SKIP_PAGE 表示不处理接下来的 JSP 网页上的静态内容和 JSP 程序，而是直接将已经处理的 JSP 网页内容输出到浏览器。
- Tag.EVAL_PAGE 表示按照正常的程序继续执行 JSP 的内容。

TagSupport 标签使用的案例如下：

```
import java.io.*;
import javax.servlet.jsp.*;
import javax.servlet.jsp.tagext.*;
public class TestTag extends TagSupport {
private long startTime;
private long endTime;
   public int doStartTag() throws JspException {
   startTime=System.currentTimeMillis();
   return EVAL_BODY_INCLUDE;
      }
 public int doEndTag()throws JspException
 {
     endTime=System.currentTimeMillis();
      long time=endTime-startTime;
   try{
   JspWriter out=pageContext.getOut();
     out.println("时间差为:"+time);
   }catch(IOException e){}
   return EVAL_PAGE;
   }
}
```

6.3.2 创建标签库描述文件

标签库描述文件，简称 TLD，采用 XML 文件格式，定义了用户的标签库。该文件一般放在 WEB-INF 下或者 WEB-INF 下的某一个子文件夹下。TLD 文件中的元素可以分为 3 类。

（1）标签库元素：该元素用来设定标签库的相关信息。它常用的属性包括：

- shortname 指定 Tag Library 默认的前缀名。
- uri 设定 Tag Library 的唯一访问表示符。

（2）标签元素：该元素用来定义一个标签。它常用的属性包括：

- name 设定标签的名称。
- tagclass 设定标签的处理类。
- bodycontent 设定标签的主体内容。

（3）标签属性元素：该元素用来定义标签的属性。它常用的属性包括：

- name 表示属性名称。
- required 属性是否是必需的，默认为 false。
- rtexprvalue 属性值是否可以为 request-time 表达式，通常情况下都是 true。

标签库文件案例如下：

```
<?xml version="1.0" encoding="UTF-8"?>
<!DOCTYPE taglib
    PUBLIC "-//Sun Microsystems, Inc.//DTD JSP Tag Library 1.1//EN"
    "http://java.sun.com/j2ee/dtds/web-jsptaglib_1_1.dtd">
<taglib>
    <tlibversion>1.0</tlibversion>
    <jspversion>1.2</jspversion>
    <shortname>test</shortname>
    <tag>
        <name>out</name>
        <tagclass>com.test.outPutTag</tagclass>
        <bodycontent>empty</bodycontent>
        <attribute>
            <name>value</name>
            <required>false</required>
            < rtexprvalue>false</ rtexprvalue >
        </attribute>
    </tag>
</taglib>
```

在该文件中，<shortname>属性表示标签库的名称，也称为前缀，如“c:out value=”“/”中 shortname 为 c。<name>属性表示标签的名字，如“c:out value=”“/”中的 out。<tagclass>表示完整的 tag 组件路径。<bodycontent>表示标签起始和关闭之间的内容。由于没有处理 bodycontent，所以设置为 empty，否则就是 JSP 内容了。<attribute>内的 name 属性表示属性的名字，如“c:out value=”“/”中的 value。属性名字可以随便取，只要类里面提供相应的 set 方法即可。<required>表示是否为必要属性，数据类型为布尔类型。<rtexprvalue>表示是否支持运行时表达式取值，如是否可以用<%=%>或者${}方式传值。

6.3.3 在 web.xml 文件中配置自定义标签库

所有自定义标签库都需要在 Web 应用程序的配置文件 web.xml 中定义后，才可以在 JSP 中使用，内容如下：

```
<?xml version="1.0" encoding="UTF-8"?>
<web-app version="2.5"
    xmlns="http://java.sun.com/xml/ns/javaee"
    xmlns:xsi="http://www.w3.org/2001/XMLSchema-instance"
    xsi:schemaLocation="http://java.sun.com/xml/ns/javaee
    http://java.sun.com/xml/ns/javaee/web-app_2_5.xsd">
      …
    <taglib>
      <taglib-uri>/myTag.tld</taglib-uri>
      <taglib-location>/WEB-INF/tlds/tag.tld</taglib-location>
    </taglib>
```

```
    ...
</web-app>
```

在该文件中，<taglib-uri>标签指定了 JSP 页面访问标签库的一个路径。<taglib-location>标签指定了自定义标签库文件的完整路径。

6.3.4 在 JSP 文件中引入自定义标签库

要想在 JSP 页面中使用自定义标签库，需要在 JSP 开头使用 Taglib 指令引入标签库，内容如下：

```
<%@ page language="java" import="java.util.*" pageEncoding="UTF-8"%>
<%@ taglib uri="/myTag.tld" prefix="myTag"%>
<html>
    <body>
     <myTag:out value="test">
    </body>
</html>
```

在 taglib 指令中，uri 表示标签库的位置，对应于 web.xml 中<taglib>标签中的<taglib-uri>标签所包含的内容。prefix 表示当前 JSP 页面中以 prefix 作为命名空间的节点，避免两个标签库中有相同名字的标签。

6.4 项目案例

6.4.1 本章知识点的综合项目案例

需求：采用 JSP tag 标签实现个人信息展示。

1. 新建个人信息 tag 处理类

```
package com.test.tag;
import javax.servlet.jsp.tagext.BodyTagSupport;
import java.io.IOException;
import java.util.List;
import javax.servlet.jsp.JspTagException;
public class UserInfoTag extends BodyTagSupport {
        private static final long serialVersionUID = 1L;
        //标签需要迭代的集合对象名
        private String users;
        //集合对象的元素
        private String item;
        //集合的当前索引
        private int i = 0;
        private int size;
        private List<String> itemList;
```

```
    // bean 属性的 setter 方法
    public String getUsers() {
        return users;
    }
    public void setUsers(String users) {
        this.users = users;
    }
    //item 属性的 setter 方法
    public void setItem(String item) {
        this.item = item;
    }

    public String getItem() {
        return item;
    }
    //开始处理标签时，调用该方法
    public int doStartTag() throws JspTagException {
        //从配置中获取 List 对象
        itemList = (List<String>) pageContext.getAttribute(users);
        //获取 List 的长度
        size = itemList.size();
        //返回值为 EVAL_BODY_BUFFERED，表明需要计算标签体
        return EVAL_BODY_BUFFERED;
    }

    //每次标签体处理完后调用该方法
    public int doAfterBody() throws JspTagException {
        //移动 List 对象的索引位置
        if (i > size - 1) {
            //将索引归零
            i = 0;
            //不再计算标签体，直接调用 doEndTag 方法
            return SKIP_BODY;
        }
        pageContext.setAttribute(item, itemList.get(i));
        //循环计算标签体
        i++;
        return EVAL_BODY_AGAIN;
    }

    //标签体结束时调用该方法
    public int doEndTag() throws JspTagException {
        try {
            //输出标签体内容
            bodyContent.writeOut(pageContext.getOut());
        } catch (Exception ex) {
```

```
                throw new JspTagException("错误");
            }
            return EVAL_PAGE;
        }
}
```

2. 新建用于显示个人信息的 tag 标签处理类

```
    package com.test.tag;
import java.io.IOException;
import javax.servlet.jsp.JspTagException;
import javax.servlet.jsp.tagext.TagSupport;
public class ShowInfoTag extends TagSupport {
        private static final long serialVersionUID = 1L;
        //tem 属性，该标签从 page 中查找 item 属性，并输出属性值
        private String item;
        public void setItem(String item) {
                this.item = item;
        }
        public String getItem() {
                return item;
        }
        int len = 0;
        //开始处理标签时调用该方法
        public int doStartTag() throws JspTagException {
                try {
                        //从 page 范围内搜索 item 的属性
                        if (pageContext.getAttribute(item) != null) {
                                pageContext.getOut().write(
                                (String) pageContext.getAttribute(item));
                        }
                        len++;
                } catch (IOException ex) {
                        throw new JspTagException("错误");
                }
                //返回 EVAL_PAGE，继续计算页面输出
                return EVAL_PAGE;
        }
}
```

3. 在 WEB-INF/tlds/目录下新建 tld 文件，内容如下

```
    <?xml version="1.0" encoding="UTF-8"?>
<!DOCTYPE taglib
        PUBLIC "-//Sun Microsystems, Inc.//DTD JSP Tag Library 1.1//EN"
        "http://java.sun.com/j2ee/dtds/web-jsptaglib_1_1.dtd">
<taglib>
        <tlibversion>1.0</tlibversion>
```

```
		<jspversion>1.2</jspversion>
		<shortname>Tag</shortname>
		<tag>
			<name>tag</name>
			<tagclass>com.test.tag.UserInfoTag</tagclass>
			<bodycontent>JSP</bodycontent>
			<info>myTag1.0</info>
			<attribute>
				<name>users</name>
				<required>true</required>
			</attribute>
			<attribute>
				<name>item</name>
				<required>true</required>
			</attribute>
		</tag>
		<tag>
			<name>innerTag</name>
			<tagclass>com.test.tag.ShowInfoTag</tagclass>
			<info>innerTag1.0</info>
			<attribute>
				<name>item</name>
				<required>true</required>
			</attribute>
		</tag>
</taglib>
```

4. 在 web.xml 文件中配置 tag 信息，内容如下

```
 <taglib>
    <taglib-uri>/myTag.tld</taglib-uri>
    <taglib-location>/WEB-INF/tlds/tag.tld</taglib-location>
  </taglib>
```

5. 新建显示个人信息的 JSP 页面

```
  <%@ page language="java" import="java.util.*" pageEncoding="UTF-8"%>
<%@ taglib uri="/myTag.tld" prefix="myTag"%>
<!DOCTYPE HTML PUBLIC "-//W3C//DTD HTML 4.01 Transitional//EN">
<html>
	<body>
			用 tag 标签显示个人信息
		<br>
		<%
			//创建 List 对象
			List<String> infoList = new ArrayList<String>();
			infoList.add("罗国涛");
			infoList.add("性别");
```

```
            infoList.add("男");
            //将 List 放入 Page 范围的属性 pinfo
            pageContext.setAttribute("pinfo", infoList);
        %>
        <%
            out.print("--------------------------------<br />");
        %>
        <table>
            <tr>
                <td>
                    <myTag:tag users="pinfo" item="item">
                        <myTag:innerTag item="item"></myTag:innerTag>
                    </myTag:tag>

                </td>
            </tr>
        </table>
    </body>
</html>
```

6. 测试运行

用 tag 标签显示个人信息如图 6-1 所示。

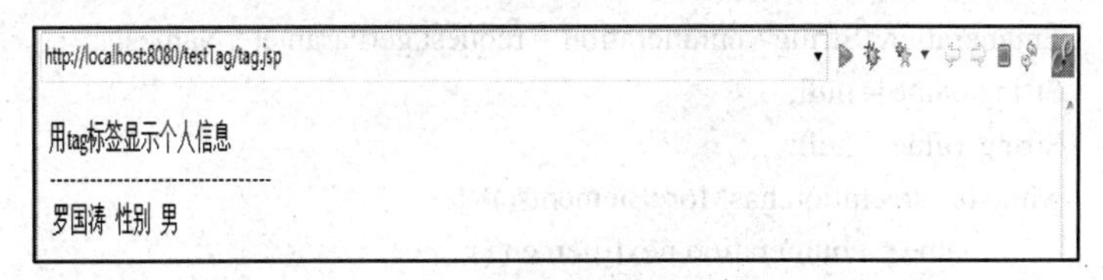

图 6-1 用 tag 标签显示个人信息界面

6.4.2 本章知识点在网上购书系统中的应用

本章知识点在网上购书系统中主要用于分页显示，特别是在购书主页显示图书列表时需要进行分页显示。在项目中实现分页功能的代码如下。

1. 实现分页处理的 Tag 处理类

```
package com.scmpi.book.util;
import java.io.IOException;
import java.util.Enumeration;
import javax.servlet.http.HttpServletRequest;
import javax.servlet.jsp.JspException;
import javax.servlet.jsp.tagext.Tag;
import javax.servlet.jsp.tagext.TagSupport;

public class PagerTag extends TagSupport {
```

```
private static final long serialVersionUID = 1L;
private String url;
private int pageSize = 10;
private int pageNo = 1;
private int recordCount;
public int doStartTag() throws JspException {
    int pageCount = (recordCount + pageSize - 1) / pageSize;
    StringBuilder sb = new StringBuilder();
    sb.append("\r\n<div class='pagination'>\r\n");
    if (recordCount == 0) {
        sb.append("没有可以显示的项目");
    } else {
        if (pageNo > pageCount) {
            pageNo = pageCount;
        }
        if (pageNo < 1) {
            pageNo = 1;
        }
        sb.append("<form method='post' action='' name='qPagerForm'>\r\n");

        HttpServletRequest request = (HttpServletRequest) pageContext
                .getRequest();
        Enumeration<String> enumeration = request.getParameterNames();
        String name = null;
        String value = null;
        while (enumeration.hasMoreElements()) {
            name = enumeration.nextElement();
            value = request.getParameter(name);

            if (name.equals("pageNo")) {
                if (value != null && !value.equals("")) {
                    pageNo = Integer.parseInt(value);
                }
                continue;
            }
            sb.append("<input type='hidden' name='" + name + "' value='"
                    + value + "'/>\r\n");
        }

        sb.append("<input type='hidden' name='" + "pageNo" + "' value='"
                + pageNo + "'/>\r\n");
        sb.append(" 共<strong>" + recordCount + "</strong>项，<strong>"
                + pageCount + "</strong>页: \r\n");

        if (pageNo == 1) {
            sb.append("<span class='disabled'>&laquo; 上一页</span>\r\n");
```

```
} else {
        sb.append("<a href='javascript:turnOverPage(" + (pageNo - 1)
                    + ")'>&laquo;  上一页</a>\r\n");
}

int start = 1;
if (this.pageNo > 4) {
        start = this.pageNo - 1;
        sb.append("<a href='javascript:turnOverPage(1)'>1</a>\r\n");
        sb.append("<a href='javascript:turnOverPage(2)'>2</a>\r\n");
        sb.append("&hellip;\r\n");
}

int end = this.pageNo + 1;
if (end > pageCount) {
        end = pageCount;
}
for (int i = start; i <= end; i++) {
        if (pageNo == i) {
                sb.append("<span class='current'>" + i + "</span>\r\n");
        } else {
                sb.append("<a href='javascript:turnOverPage(" + i + ")'>"
                            + i + "</a>\r\n");
        }
}

if (end < pageCount - 2) {
        sb.append("&hellip;\r\n");
}
if (end < pageCount - 1) {
        sb.append("<a href='javascript:turnOverPage(" + (pageCount - 1)
                    + ")'>" + (pageCount - 1) + "</a>\r\n");
}
if (end < pageCount) {
        sb.append("<a href='javascript:turnOverPage(" + pageCount
                    + ")'>" + pageCount + "</a>\r\n");
}

if (pageNo == pageCount) {
        sb
                    .append("<span class='disabled'>下一页 &raquo; </span>\r\n");
} else {
        sb.append("<a href='javascript:turnOverPage(" + (pageNo + 1)
                    + ")'>&laquo;  下一页</a>\r\n");
}
sb.append("</form>\r\n");
```

```
                sb.append("<script language='javascript'>\r\n");
                sb.append("function turnOverPage(no){\r\n");
                sb.append("var qForm=document.qPagerForm;\r\n");
                sb.append("if(no>" + pageCount + "){no=" + pageCount + ";}");
                sb.append("if(no<1){no=1;}");
                sb.append("qForm.pageNo.value=no;\r\n");
                sb.append("qForm.action='" + url + "'\r\n");
                sb.append("qForm.submit();\r\n}</script>\r\n");
            }
            sb.append("</div>\r\n");
            try {
                pageContext.getOut().println(sb.toString());
            } catch (IOException e) {
                // TODO Auto-generated catch block
                e.printStackTrace();
            }
            return Tag.SKIP_BODY;
        }

        public void setUrl(String url) {

            this.url = url;
        }

        public void setPageSize(int pageSize) {

            this.pageSize = pageSize;
        }

        public void setPageNo(int pageNo) {

            this.pageNo = pageNo;
        }

        public void setRecordCount(int recordCount) {

            this.recordCount = recordCount;
        }
    }
```

2. 用于分页显示的 tld 文件

```
    <?xml version="1.0" encoding="UTF-8" ?>
    <taglib xmlns="http://java.sun.com/xml/ns/j2ee" xmlns:xsi="http://www.w3.org/2001/XMLSchema-instance"
        xsi:schemaLocation="http://java.sun.com/xml/ns/j2ee
http://java.sun.com/xml/ns/j2ee/web-jsptaglibrary_2_0.xsd"
        version="2.0">
```

```
    <description>A tag library exercising SimpleTag handlers.</description>
    <tlib-version>1.0</tlib-version>
    <short-name>g</short-name>
    <uri>http://scmpi/pageTag</uri>
    <tag>
        <name>pager</name>
        <tag-class>com.scmpi.book.util.PagerTag</tag-class>
        <body-content>empty</body-content>
        <attribute>
            <name>pageNo</name>
            <required>true</required>
            <rtexprvalue>true</rtexprvalue>
        </attribute>
        <attribute>
            <name>pageSize</name>
            <required>true</required>
            <rtexprvalue>true</rtexprvalue>
        </attribute>
        <attribute>
            <name>recordCount</name>
            <required>true</required>
            <rtexprvalue>true</rtexprvalue>
        </attribute>
        <attribute>
            <name>url</name>
            <required>true</required>
            <rtexprvalue>true</rtexprvalue>
        </attribute>
    </tag>
</taglib>
```

3. 在 web.xml 文件配置 tag 信息

```
<jsp-config>
    <taglib>
        <taglib-uri>http://scmpi/pageTag</taglib-uri>
        <taglib-location>/WEB-INF/page.tld</taglib-location>
    </taglib>
</jsp-config>
```

4. 显示分页功能在 JSP 页面中的应用

```
<%@ page language="java" import="java.util.*" pageEncoding="utf-8"%>
<%@ taglib uri="http://java.sun.com/jsp/jstl/core" prefix="c"%>
<%@ taglib uri="http://scmpi/pageTag" prefix="p"%>
<%
    String path = request.getContextPath();
    String basePath = request.getScheme() + "://"
```

```
                        + request.getServerName() + ":" + request.getServerPort()
                        + path + "/";
%>
<!DOCTYPE>
<html lang="en">
        <head>
              <meta charset="UTF-8">
            <meta http-equiv="pragma" content="no-cache">
             <meta http-equiv="cache-control" content="no-cache">
              <link rel="stylesheet" href="<%=path%>/css/cssreset-min.css">
              <link rel="stylesheet" href="<%=path%>/css/index.css">
              <link rel="stylesheet" href="<%=path%>/css/global.css">
              <style type="text/css">
/* 分页标签样式 */
.pagination {
        text-align: center;
        padding: 5px;
        margin: 0 auto;
}

.pagination a,.pagination a:link,.pagination a:visited {
        padding: 2px 5px 2px 5px;
        margin: 2px;
        border: 1px solid #aaaadd;
        text-decoration: none;
        color: #006699;
}

.pagination a:hover,.pagination a:active {
        border: 1px solid #ff0000;
        color: #000;
        text-decoration: none;
}

.pagination span.current {
        padding: 2px 5px 2px 5px;
        margin: 2px;
        border: 1px solid #ff0000;
        font-weight: bold;
        background-color: #ff0000;
        color: #FFF;
}

.pagination span.disabled {
        padding: 2px 5px 2px 5px;
        margin: 2px;
```

```
        border: 1px solid #eee;
        color: #ddd;
    }
    </style>

            <title>网上书店系统</title>
        </head>
        <body>
            <!-- 头部 -->
            <header>
            <nav>
            <div id="topNav">
                <ul>
                    <li class="welcome">
                        您好${user.name}，欢迎光临网上书店系统！请
                    </li>
                    <li>
                        <a href="<%=path%>/login.jsp">[登录]</a>
                    </li>
                    <li>
                       <a href="<%=path%>/register.jsp">[免费注册]</a>
                    </li>
                    <li>
                        <a href="<%=path%>/cart.jsp">[查看购物车]</a>
                    </li>
                    <li>
                        <a href="<%=path%>/order.jsp">[去购物车结算]</a>
                    </li>
                </ul>
            </div>
            </nav>
            </header>
            <div id="logo"></div>
            <div id="main">
                <div id="bookType">
                    <div class="bookTypeTitle">
                        <span>图书类别</span>
                    </div>
                    <div class="bookTypeCon">
                        <span>本系统所有图书列表</span>
                    </div>
                </div>
                <div id="buy">
                    <!-- 导航 -->
                    <div id="buyNav">
                        <ul>
```

```
                    <c:forEach var="pt" items="${ptlist}">
                        <li>
                            <a
href="<%=path%>/ProductTypeServlet?ptid=${pt.id}">${pt.typeName}</a>
                        </li>
                    </c:forEach>
                        </ul>
                    </div>
                    <!-- 详细  信息-->
                    <div class="detailed">
                        <ul>
                            <c:forEach var="pi" items="${datas}">
                                <li class="row">
                                    <div class="imgDri">
                                        <img src="<%=path%>/img/${pi.img}" class="imgPro">
                                    </div>
                                    <div class="bookProperty">
                                        <ul>
                                            <li>
                                                <span class="bookLabel">名称：
</span>${pi.name}
                                            </li>
                                            <li>
                                                <span class="bookLabel">价格：
</span>${pi.price}
                                            </li>
                                            <li >
                                                <span  class="bookLabel">描述：</span><div
class="overFlow">${pi.descw}</div>
                                            </li>
                                        </ul>
                                    </div>
                                    <div class="joinShopCar">
                                        <a
href="<%=path%>/addCart?pname=${pi.name}"><img
                                                src="<%=path%>/img/buy.gif">
                                        </a>
                                    </div>
                                </li>
                            </c:forEach>
                        </ul>
                    </div>
                </div>
                <div id="page">
                    <p:pager pageNo="${pageNo}" pageSize="${pageSize}"
                        recordCount="${recordCount}" url="/online_book/servlet/PageServlet" />
```

```
                </div>
            </div>
            <!-- 脚部 -->
            <footer>
            <div class="copyright">
                四川管理职业学院 ？2013. All Rights Reserved.
            </div>
            </footer>
        </body>
</html>
```

运行具有分页功能的 JSP 页面，用自定义 tag 标签实现分页功能后的界面如图 6-2 所示。

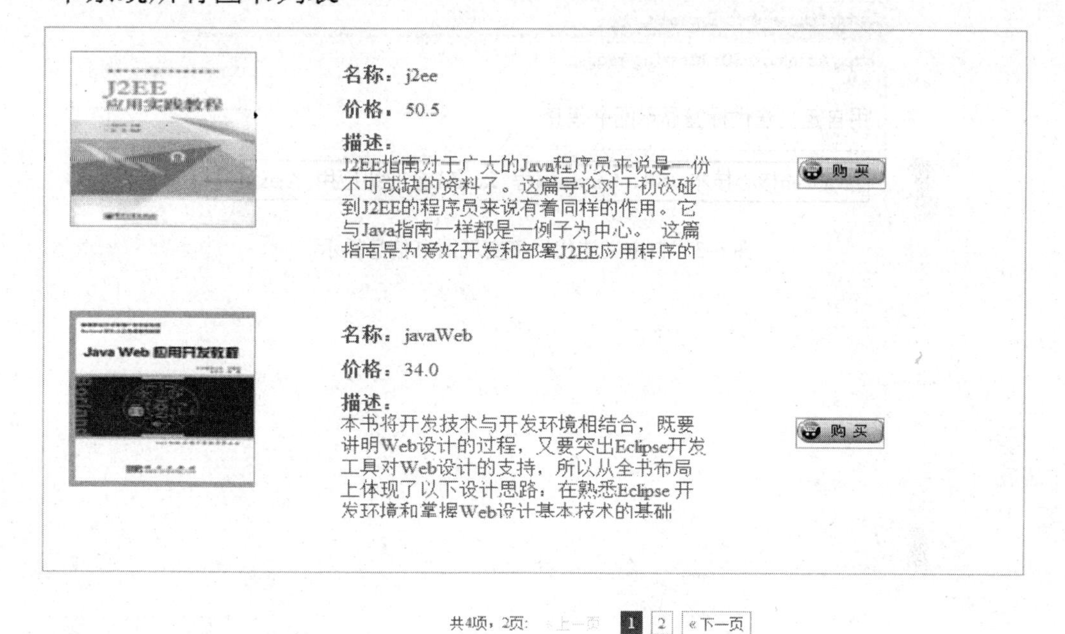

图 6-2　用 tag 标签实现分页功能界面

习　题

1．实现一个自定义标签，判断一个 YYYY-MM-DD 格式的日期修改为下面格式输出

年：YYYY

月：MM

日：DD

2．自定义 tag 标签需要哪几个步骤？

3．简述 TagSupport 标签与 BodyTagSupport 标签的区别。

实训操作

对于集合对象的Iterator类对象，在JSP的Java代码中需要用while循环或for循环来输出，难以维护，且可复用性不好，这时可以考虑用迭代的标签来开发，需要输出数据时只需在JSP页面中声明标签即可。请用自定义迭代标签显示图书信息，运行结果内容如下：

开发一个迭代的标签，输出结果：

输出一个值：王强

输出一个值：马浩

输出一个值：邓军

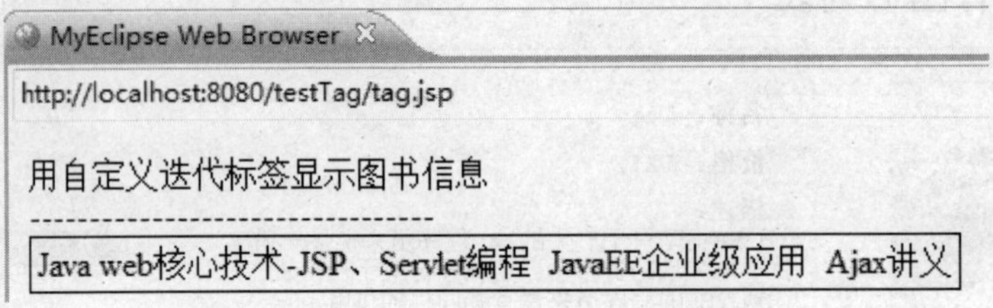

MyEclipse Web Browser

http://localhost:8080/testTag/tag.jsp

用自定义迭代标签显示图书信息

Java web核心技术-JSP、Servlet编程 JavaEE企业级应用 Ajax讲义

图 6-3　自定义迭代标签实现图书信息显示

第7章

EL 表达式与 JSTL

课程目标

- 理解并使用 EL 表达式
- 理解并使用常用的 JSTL 标签

本章将向大家介绍如何使用 EL 表达式和 JSTL 标签，实现无 Java 代码嵌入的 JSP 页面开发。

7.1 表达式语言 EL

7.1.1 EL 表达式和 JSP 脚本表达式

1. 为什么要使用 EL 表达式

在早期的 JSP 页面中，为了实现与用户的动态交互，或者控制页面输出，需要在 JSP 页面中嵌入大量的 Java 代码。例如在展示登录页面时，需要先用 Java 代码判断用户是否已经登录，如果用户已经登录则显示登录成功的消息，否则显示登录框，提示用户登录。代码如示例 7-1 所示。

示例 7-1：

```
…//其他内容省略
<%
        String userId = (String)session.getAttribute("userId");
        if (userId == null) {
    %>
        <form id="login" method="post" action="login_do.jsp">
```

```
            <label for="userName">Username:</label>
            <input id="userName" name="userName" type="text"><br>
            <label for="password">Password:</lable>
            <input id="passWord" name="passWord" type="password"><br>
            <input type="submit" value="Login">
        </form>
    <%
        } else {
    %>
        Logined Success.
    <%
        }
    %>
...//其他内容省略
```

另外，在 JSP 页面中如果用嵌入 Java 代码的方式访问一个 JavaBean 属性，需要调用该属性的 getter 方法。如果访问的属性是 String 类型或者其他的基本数据类型，可以比较方便地达到目的。但是如果该属性是另外一个 JavaBean 的对象，就需要多次调用 getter 方法，而且有时还需要作强制类型转换，代码如示例 7-2 所示。

示例 7-2：

```
/**
 * 图书类型
 * @author：cxw
 */
public class Category{
    //类型编号
    Private int id;
    //类型名
    private String name;
    //类型描述
    private String description;
    ...//属性的 getter 和 setter 方法
}

/**
 * 图书类
 * @author：cxw
 */
public class Book{
    //书名
    private String title;
    //每本书都有所属图书类型
    private Catetory category;
    ...//属性的 getter 和 setter 方法
}
```

在示例 7-2 中，图书类（Book）中有一个图书类型类（Category）的引用。如果需要在 JSP 中显示某本书的所属类型名称，就必须先调用 Book 对象的 getCategory()方法得到图书类型对象，然后再调用图书类型对象的 getName()方法，才能得到图书类型名称的信息，代码如示例 7-3 所示。

示例 7-3：

```
<%
    …//省略其他内容
    Book book = (Book)request.getAttribute("book");
    //获取图书类型对象
    Category category = book.getCategory();
    //获取图书类型名称
    String categoryName = category.getName();
    …//省略其他内容
%>
```

通过以上示例不难发现，在 JSP 中嵌入 Java 代码不仅看起来结构混乱，而且导致程序可读性差，不易维护。那么有没有一种方法，使程序员免于 Java 代码之苦呢？为了解决这个问题，JSP 2.0 引入了 EL 表达式。使用 EL 表达式可以将示例 7-3 中的代码大大简化为：

```
${requestScope.book.category.name}
```

使问题变得十分简单。

2. 什么是 EL 表达式

EL 定义了一系列的隐式对象和操作符，使开发人员能够很方便地访问页面的上下文，以及不同作用域内的对象，而无须在 JSP 页面嵌入 Java 代码，从而使开发人员即使不懂 Java 也能轻松地编写 JSP 程序。

3. EL 表达式的特点和使用范围

EL 表达式提供了在 Java 代码之外，访问和处理应用程序数据的功能，通常用于在某个作用域（page、request、session、application 等）内取得属性值，或者作简单的运算和判断，EL 表达式有以下特点。

（1）自动类型转换。

EL 表达式借鉴了 JavaScript 多种类型转换无关性的特点，在使用 EL 得到某个数据时可以自动转换类型，因此对于类型的限制更加宽松。

（2）使用简单。

与 JSP 页面内嵌入的 Java 代码相比，EL 表达式使用起来非常简单。在示例 7-2 中，每本书都有所属类型，如果要得到图书类型的名称，只需要把图书对象放在某个作用域（此处以 request 为例）中，然后在 JSP 页面中调用${requestScope.book.category.name}即可，使用十分方便。

4. EL 的语法

下面具体介绍 EL 表达式的语法。

语法：${EL 表达式}

EL 表达式的语法有两个要素——$和{}，二者缺一不可。

（1）点操作符。

EL 表达式通常由两部分组成：对象和属性。就像在 Java 代码中一样，在 EL 表达式中也可以使用点操作符（.）来访问对象的某个属性，例如：通过${book.category}可以访问 book 对象的 category 属性；而通过${book.category.name}则可以访问某本书所属类型的名称。

（2）[]操作符。

与点操作符（.）类似，[]操作符也可以访问对象的某个属性，如${book["category"]}可以访问 book 对象的 category 属性；${category["name"]}可以访问图书类型名称属性。但是除此以外，[]操作符还提供了更加强大的功能。

当属性中包含了特殊字符如“.”或“-”等的情况下，就不能使用点操作符来访问，这时只能使用[]操作符。

访问数组，如果有一个对象名为 array 的数组，那么可以根据索引值来访问其中的元素，如${array[0]}、${array[1]}等。

如果使用[]操作符访问对象的属性时，别忘了给属性名加上双引号（""）。如示例 7-4 所示。

示例 7-4：

```
<body>
    <%
        Map names = new HashMap();
        names.put("user name","Chen Xiwei");
        names.put("two","Jack");
        request.setAttribute("names",names);
    %>
    姓名：${names["user name"]}<br />
    姓名：${names.two}<br />
</body>
```

在示例 7-4 的代码中，使用了 Map 集合存储姓名的集合，在 JSP 页面中则分别调用了 EL 表达式的两种运算进行姓名的输出显示，运行效果如图 7-1 所示。

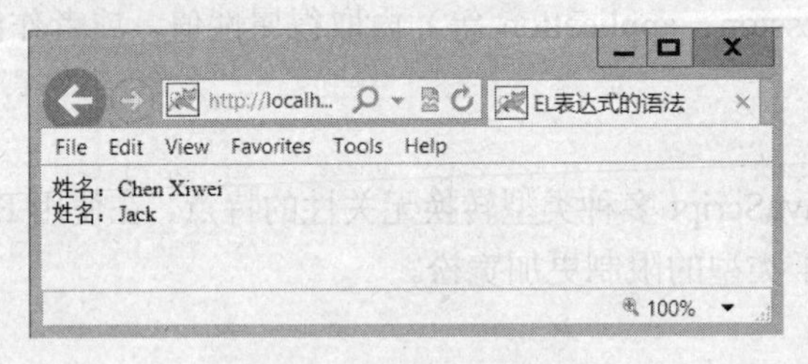

图 7-1 EL 表达式的语法

7.1.2 在 EL 表达式中使用隐式变量

JSP 提供了 page、request、session、application、pageContext 等若干隐式对象，这些隐式对象无须声明就可以很方便地在 JSP 页面脚本（Scriptlet）中使用。相应地在 EL 表达式语言中也提供了一系列可以直接使用的隐式对象。EL 隐式对象按照使用途径的不同分为作用域访问对象、参数访问对象和 JSP 隐式对象，如图 7-2 所示。

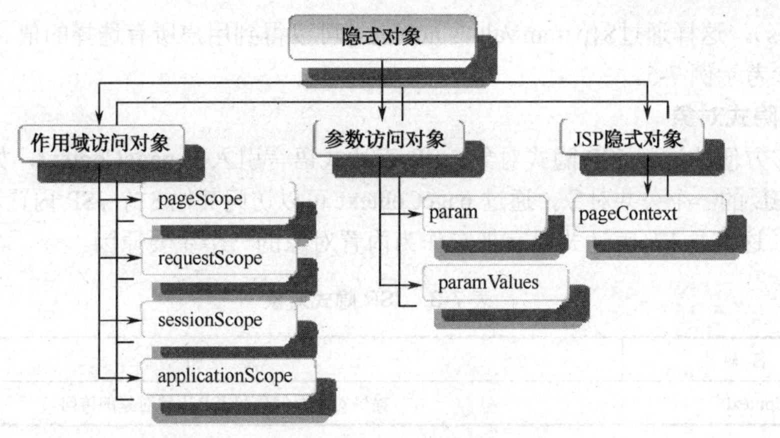

图 7-2 EL 的隐式对象

1. 作用域访问对象

在 JSP 页面中定义和设置一个变量，应该同时指定该变量的作用域，作用域共有 4 个选项：page、request、session 和 application。

在 EL 表达式中，为了访问这 4 个作用域内的变量和属性，提供了 4 个作用域访问对象，如表 7-1 所示。

表 7-1 作用域访问对象

对象名称	说明
pageScope	与页面作用域（page）中的属性相关联的 Map 类
requestScope	与请求作用域（request）中的属性相关联的 Map 类
sessionScope	与会话作用域（session）中的属性相关联的 Map 类
applicationScope	与应用程序作用域（application）中的属性相关联的 Map 类

当使用 EL 表达式访问某个属性值时，应该指定查找的范围，如${requestScope.book}，即在请求（request）范围内查找属性 book 的值。如果程序中不指定查找范围，则系统就会按照 page→request→session→application 的顺序查找。

2. 参数访问对象

参数访问对象是与页面输入参数有关的隐式对象，通过它们可以得到用户的请求参数。参数访问对象的内容如表 7-2 所示。

表 7-2 参数访问对象

对象名称	说明
param	按照参数名称访问单一请求值的 Map 对象
paramValues	按照参数名称访问数组请求值的 Map 对象

二者之间的不同之处在于：param 对象用于得到请求中单一名称的参数，而 paramValues 对象用于得到请求中的多个值。例如，在用户注册时，通常只填写一个参数名为 username 的参数，那么就可以用${param.username}来访问此参数；而在用户注册时，也可以选择多个业余

爱好（hobbies），这样通过${paramValues.hobbies}可以得到用户所有选择的值。这两个对象的具体应用请参考示例 7-5。

3. JSP 隐式对象

为了能够方便地访问 JSP 隐式对象，EL 表达式语言引入了 pageContext，如表 7-3 所示。它是 JSP 和 EL 的一个公共对象，通过 pageContext 可以访问其他 8 个 JSP 内置对象（request、response 等），这也是 EL 表达式语言把它作为内置对象的一个主要原因。

表 7-3　JSP 隐式对象

对 象 名 称	说　明
pageContext	提供对页面信息和 JSP 内置对象的访问

要掌握 EL 在 JSP 中具体怎样使用，可通过一个示例加以说明。下面以用户注册功能为例，制作一个注册页面，注册项包括用户名、密码和业余爱好（可以多选），提交注册以后，用 EL 表达式展示注册信息。如示例 7-5 所示。

示例 7-5：

注册页面（register.jsp）的代码如下：

```
<%@ page language="java" import="java.util.*" pageEncoding="UTF-8"%>
<!DOCTYPE HTML>
<html>
  <head>
    <title>用户注册</title>
    <meta charset="UTF-8" />
  </head>
  <body>
    <form id="regForm" action="regSuccess.jsp" method="post">
        <table>
            <tr>
                <td>
                    用户名:
                </td>
                <td>
                    <input id="userName" name="userName" type="text">
                </td>
            </tr>
            <tr>
                <td>
                    密码:
                </td>
                <td>
                    <input id="password" name="password" type="password">
                </td>
            </tr>
            <tr>
```

```
                    <td>
                    业余爱好：
                    </td>
                    <td>
                        <input name="hobby" type="checkbox" value="Reading">看书
                         <input name=" hobby" type="checkbox" value="Game">玩游戏
                         <input name=" hobby" type="checkbox" value="Travelling">旅游
                         <input name=" hobby" type="checkbox" value="Sport">运动
                    </td>
                </tr>
                <tr>
                    <td colspan="2">
                        <input type="submit" value="提交">
                    </td>
                </tr>
            </table>
        </form>
    </body>
</html>
```

运行效果如图 7-3 所示。

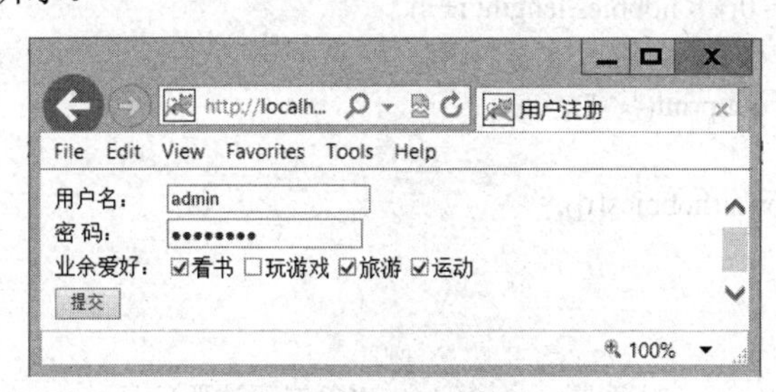

图 7-3 用户注册页面效果图

用户单击“提交”按钮后提交表单，弹出注册成功页面。注册成功页面（regSuccess.jsp）的代码如示例 7-6 所示。

示例 7-6：

```
<%@ page language="java" import="java.util.*" pageEncoding="UTF-8"%>
<%@ page import="org.learningit.bean.User" %>
<%@ taglib uri="http://java.sun.com/jsp/jstl/core" prefix="c"%>
<%
        request.setCharacterEncoding("UTF-8");
        //从请求参数中取得用户名
        String userName = request.getParameter("userName");
        //密码
        String password = request.getParameter("password");
        //业余爱好
        String[] hobbies = request.getParameterValues("bobby");
```

```
        //此处生成一个 user 对象，以便展示 EL 访问某个作用域内的对象
        User user = new User();
        user.setUserName(userName);
        user.setPassword(password);
        user.setHobbies(hobbies);
        //把此 user 对象设置为 request 范围内的一个属性
        request.setAttribute("userObj", user);
%>
<!DOCTYPE HTML>
<html>
  <head>
    <title>用 EL 展示注册信息</title>
    <meta charset="UTF-8" />
  </head>
  <body>
        ====使用 request 作用域内的 userObj 对象展示注册信息====<br>
        注册成功，您的注册信息是：<br>
        用户名：${requestScope.userObj.userName }<br>
        业余爱好：
        <%
            for (int i = 0; i < hobbies.length; i++) {
                if (i > 0) {
                    out.print("、");
                }
                out.print(hobbies[i]);
            }
        %>
        <hr />
        ====使用 param 对象与 paramValues 对象展示注册信息====<br>
        用户名：${param.userName }<br>
        业余爱好：

    <%
        for (int i = 0; i < hobbies.length; i++) {
            if (i > 0) {
                out.print("、");
            }
            out.print(hobbies[i]);
        }
    %>
  </body>
</html>
```

该页面的运行效果如图 7-4 所示。

如图 7-4 所示，使用 EL 表达式成功地输出了用户信息。因此，EL 表达式能达到和 Java 代码一样的显示效果，而且使用起来更加简便。

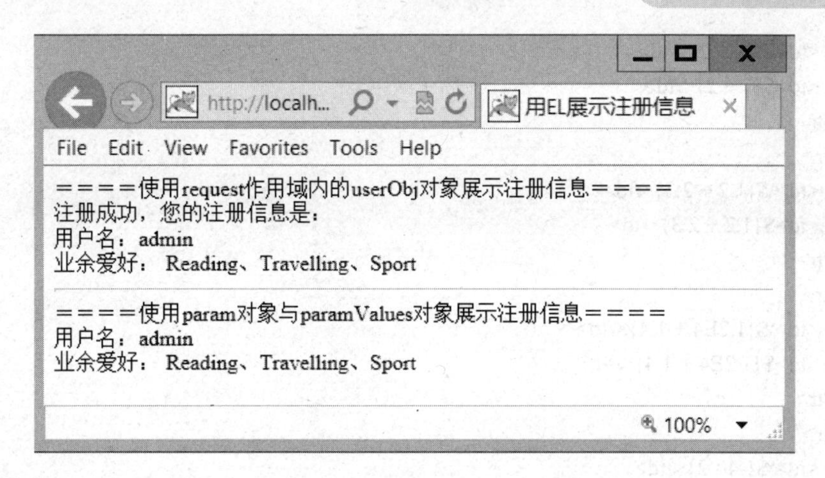

图 7-4　用户注册成功页面效果

7.1.3　运算符

使用 EL 可以直接执行一些算术运算、逻辑运算与关系运算操作，就如同在一般常见的程序语言中的运算。

算术运算符：有加法（+）、减法（-）、乘法（*）、除法（/或 div）和求余（%或 mod）。示例 7-7 是算术运算的一些操作。

示例 7-7：

```
<html>
  <head>
    <title>JSP 2.0 EL 表达式 – 算术运算符</title>
  </head>
  <body>
    <h1> JSP 2.0 EL 表达式 – 算术运算符</h1>
    <hr>
    有加法（+）、减法（-）、乘法（*）、除法（/或 div）和求系（%或 mod）。以下是算术运算的一些操作。
    <br>
    <blockquote>
      <code>
        <table width="400px" border="1">
          <thead>
        <td><b>EL Expression</b></td>
        <td><b>Result</b></td>
      </thead>
      <tr>
        <td>\${1}</td>
        <td>${1}</td>
      </tr>
      <tr>
```

```
            <td>\${1 + 2}</td>
            <td>${1 + 2}</td>
        </tr>
        <tr>
            <td>\${1.2 + 2.3}</td>
            <td>${1.2 + 2.3}</td>
        </tr>
        <tr>
            <td>\${1.2E4 + 1.4}</td>
            <td>${1.2E4 + 1.4}</td>
        </tr>
        <tr>
            <td>\${-4 - 2}</td>
            <td>${-4 - 2}</td>
        </tr>
        <tr>
            <td>\${21 * 2}</td>
            <td>${21 * 2}</td>
        </tr>
        <tr>
            <td>\${3/4}  或  \${3 div 4}</td>
            <td>${3/4}</td>
        </tr>
        <tr>
            <td>\${3/0}</td>
            <td>${3/0}</td>
        </tr>
        <tr>
            <td>\${10%4}或  \${10 mod 4}</td>
            <td>${10 mod 4}</td>
        </tr>
      <tr>
         <td>\${(1==2) ? 3 : 4}</td>
         <td>${(1==2) ? 3 : 4}</td>
      </tr>
      </table>
         </code>
      </blockquote>
   </body>
</html>
```

该页面的运行效果如图 7-5 所示。

注意：?:是个三元运算符，如图 7-5 所示最后一个运算${(1==2)?3:4}，?前为 true 结果返回前的值 3，为 false 就返回后面的值 4。

逻辑运算符：有逻辑与（and）、逻辑或（or）和逻辑非（not）。示例 7-8 是逻辑运算符的一些操作。

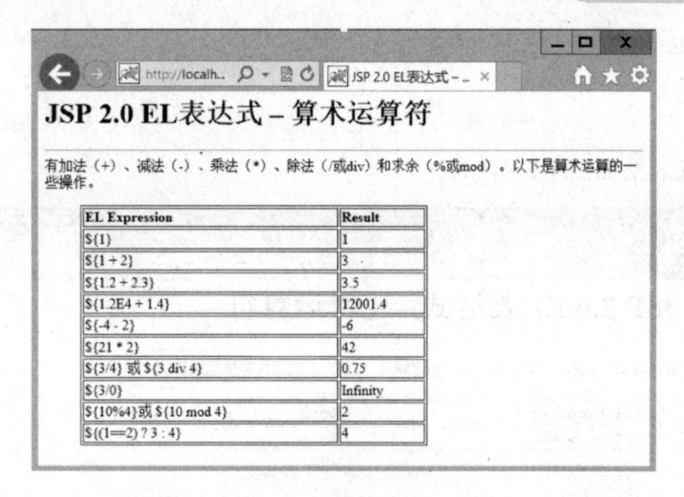

EL Expression	Result
${1}	1
${1 + 2}	3
${1.2 + 2.3}	3.5
${1.2E4 + 1.4}	12001.4
${-4 - 2}	-6
${21 * 2}	42
${3/4} 或 ${3 div 4}	0.75
${3/0}	Infinity
${10%4}或 ${10 mod 4}	2
${(1==2) ? 3 : 4}	4

图 7-5　EL 表达式算术运算符运行效果

示例 7-8：

```
<html>
  <head>
    <title>JSP 2.0 EL 表达式 – 逻辑运算符</title>
  </head>
  <body>
    <h1> JSP 2.0 EL 表达式 –逻辑运算符</h1>
    <hr>
    有逻辑与（and）、逻辑或（or）和逻辑非（not）。以下是逻辑运算符的一些操作。
    <br>
    <blockquote>
      <code>
        <table width="400px" border="1">
          <thead>
        <td><b>EL Expression</b></td>
        <td><b>Result</b></td>
      </thead>
      <tr>
        <td>\${true and false}</td>
        <td>${true and false}</td>
      </tr>
      <tr>
        <td>\${true or false}</td>
        <td>${true and false}</td>
      </tr>
      <tr>
        <td>\${not true}</td>
        <td>${not true}</td>
      </tr>
    </table>
      </code>
```

```
        </blockquote>
    </body>
</html>
```

该页面的运行效果如图 7-6 所示。

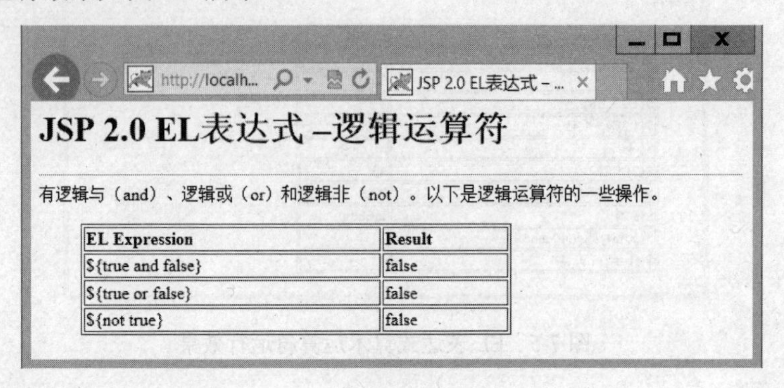

图 7-6　EL 表达式逻辑运算符运行效果

关系运算符：有表示小于的<及 lt（Less-than），表示大于的>及 gt（Greater-than），表示小于或等于的<=及 le（Less-than-or-equal），表示大于或等于的>=及 ge（Greater-than-or-equal），表示等于的==及 eq（Equal），表示不等于的!=及 ne（Not-equal）。关系运算也可以用来比较字符或字符串，而==、eq 与!=、ne 也可以用来判断取得的值是否为 null。示例 7-9 所示为关系运算符的一些操作。

示例 7-9：

```
<html>
  <head>
    <title>JSP 2.0 EL 表达式 － 比较运算符</title>
  </head>
  <body>
    <h1> JSP 2.0 EL 表达式 － 比较运算符</h1>
    <hr />
    以下为比较运算符：
    <ul>
      <li>Less-than (&lt; or lt)</li>
      <li>Greater-than (&gt; or gt)</li>
      <li>Less-than-or-equal (&lt;= or le)</li>
      <li>Greater-than-or-equal (&gt;= or ge)</li>
      <li>Equal (== or eq)</li>
      <li>Not Equal (!= or ne)</li>
    </ul>
    <blockquote>
      <code>
        <table width="400px" border="1">
          <thead>
            <td><b>EL Expression</b></td>
            <td><b>Result</b></td>
```

```
        </thead>
        <tr>
          <td>\${1 &lt; 2} 或 \${1 lt 2}</td>
          <td>${1 < 2}</td>
        </tr>
        <tr>
          <td>\${1 &gt; (4/2)} 或 \${1 gt (4/2)}</td>
          <td>${1 > (4/2)}</td>
        </tr>
        <tr>
          <td>\${4.0 &gt;= 3} 或 \${4.0 ge 3}</td>
          <td>${4.0 >= 3}</td>
        </tr>
        <tr>
          <td>\${4 &lt;= 3} 或 \${4 le 3}</td>
          <td>${4 <= 3}</td>
        </tr>
        <tr>
          <td>\${100.0 == 100} 或 \${100.0 eq 100}</td>
          <td>${100.0 == 100}</td>
        </tr>
        <tr>
          <td>\${(10*10) != 100} 或 \${(10*10) ne 100}</td>
          <td>${(10*10) != 100}</td>
        </tr>
        <tr>
          <td>\${'a' &lt; 'b'}</td>
          <td>${'a' < 'b'}</td>
        </tr>
        <tr>
          <td>\${'hip' &gt; 'hit'}</td>
          <td>${'hip' > 'hit'}</td>
        </tr>
        <tr>
          <td>\${'4' &gt; 3}</td>
          <td>${'4' > 3}</td>
        </tr>
      </table>
    </code>
  </blockquote>
</body>
</html>
```

该页面的运行效果如图 7-7 所示。

注意：EL 运算符的执行优先顺序与 Java 程序运算符相对应，也可以使用括号()来自行决定先后顺序。

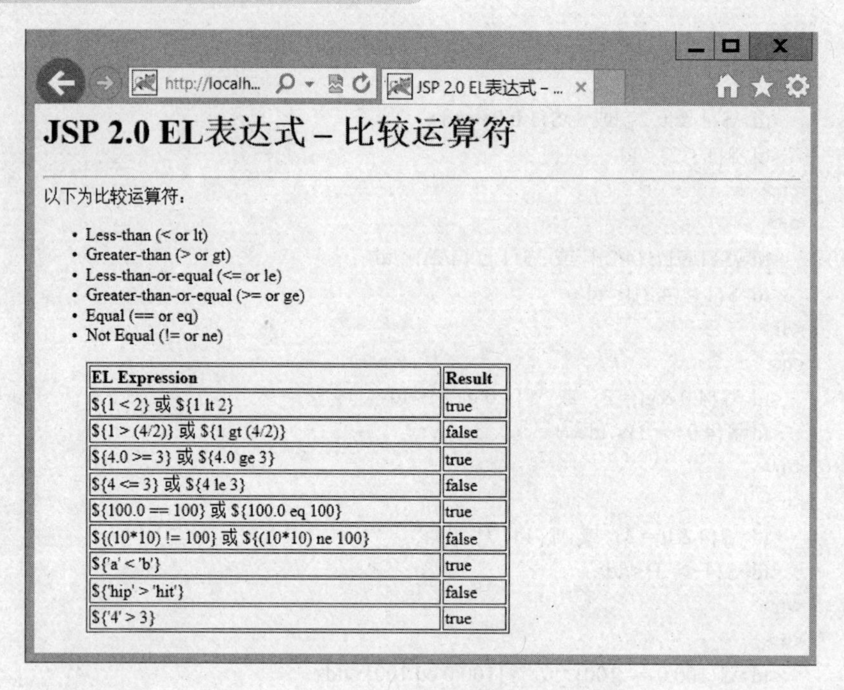

图 7-7　EL 表达式关系运算符运行效果

7.1.4　EL 函数

如果你设计了一个 Util 类，当中有个 length()静态方法可以将所传入的 Collection 对象的长度返回。例如原先可以这样使用它：

```
<%= Util.length(request.getAttribute("someList")) %>
```

如果 someList 实际上是 List 接口操作，而其长度为 10，就会返回结果 10。

如果函数的部分也可以使用 EL 来调用，以下也许是读者想要的编写方式：

```
${util:length(requestScope.someList) }
```

这样的写法着实简单许多。自定义 EL 函数的第一步是编写一个类，它必须是个公共（public）类，而想要调用的方法必须是分共的且为静态方法。例如读者的 Util 类可能是这样编写的：

```
package org.learningit;
import java.util.Collection;
public class Util{
    public static int length(Collection collection){
        return collection.size();
    }
}
```

Web 容器必须知道如何将这个类中的 length()方法当作 EL 函数来使用，所以必须编写一个标签程序描述（TLD）文件，这个配置文件是个 XML 文件，后缀名为*.tld。例如：

```
<?xml version="1.0" encoding="UTF-8"?>
<taglib version="2.1" xmlns="http://java.sun.com/xml/ns/javaee"xmlns:xsi="http://www.w3.org/2001/
XMLSchema-instance"xsi:schemaLocation="http://java.sun.com/xml/ns/javaee http://java.sun.com/xml/ns/javaee/
web-jsptaglibrary_2_1.xsd">
    <tlib-version>1.0</tlib-version>
    <short-name>learningit</short-name>
    <uri>http://learningit.org/util</uri>
    <function>
        <description>Collection Length</description>
        <name>length</name>
        <function-class>
            org.learningit.Util
        </function-class>
        <function-signature>
            int length(java.util.Collection)
        </function-signature>
    </function>
</taglib>
```

在 TLD 配置文件中，重要的部分已经在程序代码中直接标出。${util.length(…) }的例子中，length 名称就对应于<name>标签的设定，而实际上 length 名称背后执行的类与真正的静态方法，则分别由<function-class>与<function-signature>来设定。至于<url>标签在 JSP 网页中会使用到，稍后就会了解其使用。

将这个 TLD 配置文件直接放在 WEB-INF 目录下，容器会自动找到 TLD 配置文件并载入。下面编写一个 JSP 页面来使用这个自定义的 EL 函数。例如（el-function.jsp）：

```
<%@page contentType="text/html" pageEncoding="UTF-8"%>
<%@taglib prefix="util" uri="http://learningit.org/util"%>
<!DOCTYPE HTML>
<html>
    <head>
        <meta http-equiv="Content-Type" content="text/html; charset=UTF-8">
        <title>自定义 EL 函数</title>
    </head>
    <body>
        ${ util:length(requestScope.someList) }
    </body>
</html>
```

在这里使用 taglib 指令告诉容器，在编译这个 JSP 页面时，会用到 uri 属性的自定义 EL 函数，容器会寻找载入的 TLD 配置文件，<uri>标签设定中有对应的 uri 属性的名称，这就是刚才在 learningit.tld 中定义<uri>标签的目的。至于 prefix 属性则是设置前缀名称，如此若 JSP 页面中有多个来自不同设计者的 EL 自定义函数时，就可以避免名称冲突的问题，所以要使用这个自定义 EL 函数时，就可以用${util:length(…)}的方式。

7.2 标准标记库 JSTL

由于 EL 表达式不能实现复杂逻辑的处理，在 JSP 页面中依然存在用 Java 代码处理表示层逻辑的现象。那么有没有一种技术，既不用嵌入 Java 代码，又能在 JSP 中控制程序流程呢？答案是肯定的，那就是 JSTL 标记。

JSTL 即 JSP 标准标记库。它包含了开发 JSP 页面时经常用到的一级标准标记，这些标记提供了一种不用嵌入 Java 代码，就可以开发复杂的 JSP 页面的途径。JSTL 标签库包含了各种标记，如通用标记、流程控制标记、条件判断标记和迭代标记等。

7.2.1 通用标记

通用标记用于在 JSP 页面内设置、删除和显示变量，它包含三个标记：<c:set>、<c:out>和<c:remove>，接下来我们一一介绍。

1. <c:set>标记

<c:set>标记用于定义变量，并将变量存储在 JSP 范围中或者 JavaBean 属性中，其语法格式分为如下两种。

（1）将 value 值存储到范围为 scope 的变量 variable 中。

语法：

```
<c:set var="variable" value="v" scope="scope" />
```

① var 属性的值是设置的变量名。

② value 属性的值是赋予变量的值。

③ scope 属性对应的是变量的作用域，可选值有 page、request、session 和 application。

例如，在请求范围内将变量 currentIndex 设置为 8，用<c:set>标记可以写成：

```
<c:set var="currentIndex" value="8" scope="request" />
```

（2）将 value 值存储到 target 对象的属性中。

语法：

```
<c:set value="value" target="target" property="property" />
```

① target 属性是操作的对象，可以使用 EL 表达式表示。

② property 属性对应对象的属性名。

③ value 属性是赋予对象属性的值。

2. <c:out>标记

<c:out>标记用来显示数据的内容，类似于 JSP 中的<%= %>。但是功能更加强大，代码也更加简洁，方便页面维护。其语法格式分为不指定默认值和指定默认值两种形式。

（1）不指定默认值。

语法如下：

```
<c:out value="value" />
```

value 属性指需要输出的值，可以用 EL 表达式输出某个变量。

（2）指定默认值。

语法如下：

```
<c:out value="value" default="default" />
```

default 属性是 value 属性的值为空时输出的默认值。

下面用一个示例来加深对<c:set>和<c:out>标记的理解，代码如示例 7-10 所示。

示例 7-10：

```
<%
    User user = new User();
    request.setAttribute("user",user);
%>
<c:set target="${user}" property="name" value="defaultName"></c:set>
<c:out value="${user.name}" default="无名"></c:out>
```

在该示例中，User 类是一个 JavaBean，首先使用<c:set>标记为 user 对象的 name 属性设置一个值，然后使用<c:out>标记输出该属性的值，如果该属性值为空，则显示“无名”。

3. <c:remove>标记

与<c:set>标记的作用相反，<c:remove>用于移除指定范围的变量，语法格式如下：

```
<c:remove var="value" scope="scope" />
```

（1）var 属性是指待删除的变量的名称。

（2）scope 属性是指删除的变量所在的范围，可选项有 page、request、session 和 application，如果没有指定，则默认为 page。

接下来通过一个示例，从语法的角度看一下如何在 JSP 中应用 JSTL 通用标记。在该示例中，首先使用<c:set>标记在 page 范围内设置一个值，通过<c:out>标记把该变量显示在页面上，然后用<c:remove>标记在 page 范围内删除该变量，并使用<c:out>标记检查该变量是否已经删除，代码如示例 7-11 所示。

示例 7-11：

```
<%@ page language="java" import="java.util.*" pageEncoding="UTF-8"%>
<%@ taglib uri="http://java.sun.com/jsp/jstl/core" prefix="c"%>
<!DOCTYPE HTML>
<html>
  <head>
    <title>使用 JSTL 的通用标记</title>
  </head>
  <body>
        <!-- 设置之前应该是空值 -->
      设置变量之前的值是：msg=<c:out value="${msg}" default="null"/><br>
      <!-- 给变量 msg 设值 -->
      <c:set var="msg" value="Hello JSTL!" scope="page"></c:set>
      <!-- 此时 msg 的值应该是上面设置的"已经不是空值了" -->
      设置新值以后：msg=<c:out value="${msg}"></c:out><br>
```

```
        <!-- 把 msg 变量从 page 范围内移除-->
        <c:remove var="msg" scope="page"/>
        <!-- 此时 msg 的值应该显示 null -->
        移除变量 msg 以后：msg=<c:out value="${msg}" default="null"></c:out>
    </body>
</html>
```

该示例的显示效果如图 7-8 所示。

图 7-8　JSTL 的通用标记

7.2.2　流程控制标记

流程控制标记在JSP页面中进行流程控制，它包含4个标记：<c:if>、<c:choose>、<c:forEach>和<c:forTokens>。接下来介绍前 3 个。

1. 条件标记<c:if>

对于包含动态内容的 Web 页面，用户可能希望不同类别的用户看到不同形式的内容，例如：对于一个资料下载网站，经常会根据用户的积分多少，判断是否可以看到下载链接，这时就要用到 JSTL 的另外一个常用的标记：<c:if>条件标记。<c:if>标记用来执行流程的控制，其功能和 Java 语言中的 if 完全相同，其语法结构为：

```
<c:if test="condition" var="varName" scope="scope">
    下载链接
</c:if>
```

（1）test 属性是此条件标记的判断条件，当 test 中表达式的结果为 true 时，会执行下载链接，如果为 false 则不会执行。

（2）var 属性定义变量，该变量存放判断以后的结果，该属性可以省略。

（3）scope 属性是指 var 定义变量的存储范围，可选值有 page、request、session 和 application，该属性可以省略。

在示例 7-1 中，用了嵌入 Java 代码的方式，根据用户是否登录显示不同的内容。下面使用<c:if>标记完成相同的功能，然后比较一下二者的优点与缺点，代码如示例 7-12 所示。

示例 7-12：

```
<%@ page language="java" import="java.util.*" pageEncoding="UTF-8"%>
<%@ taglib uri="http://java.sun.com/jsp/jstl/core" prefix="c"%>
<!DOCTYPE HTML>
<html>
  <head>
    <title>使用 JSTL 的条件标记</title>
```

```
    </head>
    <body>
      <h1>User Login</h1>
      <c:set var="isLogin" value="${not empty sessionScope.user}" />
      <c:if test="${not isLogin}">
            <form id="login" method="post" action="login.jsp">
                  <p>
                        <label for="userName">Username:</label>
                        <input id="userName" name="userName" type="text">
                  </p>
                  <p>
                        <label for="password">Password:</lable>
                        <input id="passWord" name="passWord" type="password">
                  </p>
                  <p>
                        <input type="submit" value="Login" />
                  </p>
            </form>
      </c:if>
      <c:if test="${isLogin}">
            Logined Success.
  </c:if>
  </body>
  </html>
```

如果用户尚未登录，则运行效果如图 7-9 所示。

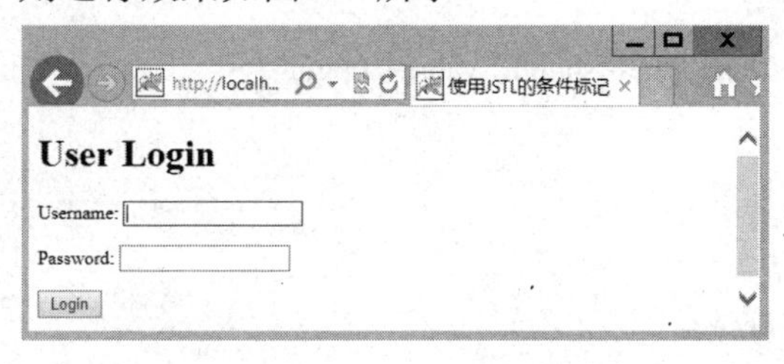

图 7-9　使用<c:if>判断是否登录

显而易见，<c:if>标记不仅简化了用户的工作量，而且代码的结构看起来也更加清晰，使代码变得易于维护和管理。

2. 条件标记<c:choose>

<c:choose>标记主要用于多路分支结构，其语法结构为：

```
<c:choose>
    <c:when   test="${条件表达式 1}">
          …标记体 1
    </c:when>
    …其他的<c:when>标记…
    <c:otherwise>
          …标记体 n…
```

```
        </c:otherwise>
    </c:choose>
```

修改示例 7-12，代码如下：

```
<%@ page language="java" import="java.util.*" pageEncoding="UTF-8"%>
<%@ taglib uri="http://java.sun.com/jsp/jstl/core" prefix="c"%>
<!DOCTYPE HTML>
<html>
  <head>
    <title>使用 JSTL 的条件标记</title>
  </head>
  <body>
    <h1>User Login</h1>
    <c:set var="isLogin" value="${not empty sessionScope.user}" />
    <c:choose>
    <c:when test="${not isLogin}">
        <form id="login" method="post" action="login.jsp">
            <p>
                <label for="userName">Username:</label>
                <input id="userName" name="userName" type="text">
            </p>
            <p>
                <label for="password">Password:</lable>
                <input id="passWord" name="passWord" type="password">
            </p>
            <p>
                <input type="submit" value="Login" />
            </p>
        </form>
    </c:when>
    <c:otherwise>
        Logined Success.
    </c:otherwise>
   </c:choose>
  </body>
</html>
```

此示例实现效果与示例 7-12 实现效果相同。

3. 迭代标记<c:forEach>

在 JSP 的开发中，迭代是经常要使用到的操作，例如，列表显示查询结果等。在早期的 JSP 中，通常使用 Java 代码来实现集合对象（如 List、Iterator 等）的遍历。现在通过 JSTL 的<c:forEach>标记，能在很大程序上简化迭代操作。

<c:forEach>标记有两种语法格式，一种用来遍历集合对象的成员，一种用来使用语句循环执行指定的次数。

（1）遍历集合对象的成员。

语法格式如下：

```
<c:forEach var="varName" items="collectionName" varStatus="varStatusName" begin="beginIndex"
end="endIndex" step="step">
    //本题内容
</c:forEach>
```

① var 属性是对当前成员的引用，即如果当前循环到第一个成员，那么 var 就引用第一个成员，如果当前循环到第二个成员，它就引用第二个成员，依此类推。

② items 指被迭代的集合对象。

③ varStatus 属性用于存放 var 引用的成员的相关信息，如索引等。

④ begin 属性表示开始位置，默认为 0，该属性可以省略。

⑤ end 属性表示结束位置，该属性可以省略。

⑥ step 表示循环的步长，默认为 1，该属性可以省略。

（2）指定语句的执行次数。

语法格式如下：

```
<c:forEach var="varName" varStatus="varStatusName" begin="beginIndex" end="endIndex" step="step">
    //本题内容
</c:forEach>
```

① var 属性是对当前成员的引用。

② varStatus 属性用于存放 var 引用的成员的相关信息，如索引等。

③ begin 属性表示开始位置，默认为 0，该属性可以省略。

④ end 属性表示结束位置，该属性可以省略。

⑤ step 属性表示循环的步长，默认为 1，该属性可以省略。

格式 2 与格式 1 的区别是：格式 2 不是对一个集合对象遍历，而是根据指定的 begin 属性，end 属性以及 step 属性执行本题内容固定的次数。

迭代标记在实际开发中的应用非常广泛，例如在 ERP 的开发中，要提供数据查询和显示报表的功能，就要用到迭代标记，而在网站开发过程中，例如我们正在开发的网上购书系统，要显示图书分类、图书列表也需要用到迭代标记。下面就以一个图书分类的显示为例来体会一个迭代标记给我们带来的便利之处。代码如示例 7-13（categorylist.jsp）所示。

示例 7-13：

```
<%@ page language="java" import="java.util.*" pageEncoding="UTF-8"%>
<%@ taglib uri="http://java.sun.com/jsp/jstl/core" prefix="c"%>
<%@ page import="org.learningit.service.impl.CategoryManagerImpl" %>
<%@ page import="org.learningit.bean.Category" %>
<%
    CategoryManagerImpl categoryManager = new CategoryManagerImpl();
    List<Category> categories = categoryManager.getAllCategories();
    request.setAttribute("categories", categories);
%>
<!DOCTYPE HTML>
```

```
<html>
  <head>
    <title>图书分类列表</title>
  </head>
  <body>
   <div style="width:600px;">
       <table border="1" width="80%">
               <!-- 表头信息 -->
               <tr>
                   <th>类型编号</th>
                   <th>类型名称</th>
                   <th>操作</th>
               </tr>
               <!-- 循环输出图书类型信息 -->
               <c:forEach var="category" items="${requestScope.categories}" varStatus="status">
                   <!-- 如果是偶数行，为该行换背景颜色 -->
                   <tr <c:if test="${status.index % 2 == 1 }"> style="background-color:rgb(219,241,212);
"</c:if>>
                       <!-- 类型编号 -->
                       <td>      ${category.id }</td>
                       <!-- 类型名称 -->
                       <td>${category.name }</td>
                       <!--操作 -->
                       <td><a  href="#">查看</a>  <a  href="#">编辑</a>  <a
href="#">删除</a></td>
                   </tr>
               </c:forEach>
       </table>
   </div>
  </body>
</html>
```

示例 7-13 的运行效果如图 7-10 所示。

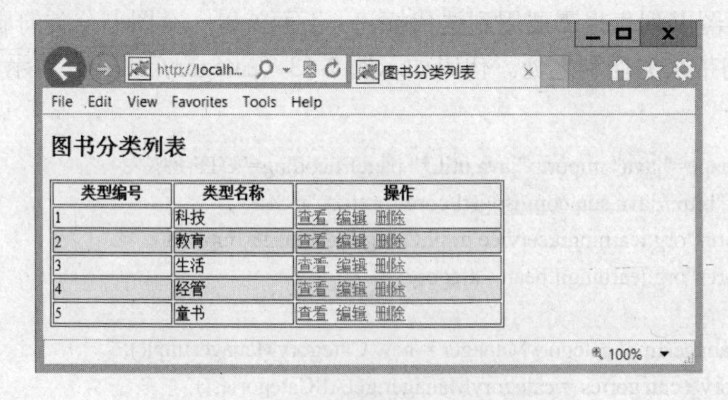

图 7-10 用迭代标记显示图书分类列表

7.2.3 使用 JSTL 访问 URL 信息

JSTL 访问 URL 信息的标记有<c:import>、<c:redirect>、<c:url>。接下来一一介绍。

1. <c:import>标记

<c:import> 把其他静态或动态文件包含到 JSP 页面。与<jsp:include>的区别是后者只能包含同一个 Web 应用中的文件，前者可以包含其他 Web 应用中的文件，甚至是网络上的资源。语法格式如下：

```
<c:import url="url" context="context" var="value"
scope="scope" charEncoding="encoding"></c:import>
```

（1）url 属性表示要导入的资源路径。

（2）context 属性表示本地 Web 应用程序的名称，该属性可以省略。

（3）var 属性代表当前对象的引用，该属性可以省略。

（4）scope 属性是指 var 定义变量的存储范围，可选值有 page、request、session 和 application，该属性可以省略。

（5）charEncoding 属性用来指定载入网页的编码，该属性可以省略。

示例：

```
<c:import url="http://learningit.org" charEncoding="UTF-8" />
```

2. <c:redirect>标记

<c:redirect>标记用来实现请求的重定向。例如，对用户输入的用户名和密码进行验证，不成功则重定向到登录页面，或者实现 Web 应用不同模块之间的衔接。语法格式如下：

```
<c:redirect url="url" context="context">
    <c:param name="name1" value="value1" />
</c:redirect>
```

（1）url 属性表示重定向的 URL。

（2）context 属性表示本地 Web 应用程序的名称，该属性可以省略。

（3）<c:param>节点表示重定向的 URL 所带的参数，该节点可以省略。

示例：

```
<c:redirect url="http://learningit.org/index.jsp">
    <c:param name="name" value="cxw" />
</c:redirect>
```

运行后，页面跳转为：http://learningit.org/index.jsp?name=cxw。

3. <c:url>标记

<c:url>标记用于动态生成一个 String 类型的 URL，可以同上个标签共同使用，也可以使用 HTML 的<a>标签实现超链接。语法格式如下：

```
<c:url value="value" var="varName" scope="scope" context="context">
    <c:param name="name1" value="value1">
</c:url>
```

（1）value 属性表示 URL 的值，必须填写值。

（2）var 代表当前对象的引用，该属性可以省略。

（3）scope 属性是指 var 定义变量的存储范围，可选值有 page、request、session 和 application，该属性可以省略。

（4）context 属性表示本地 Web 应用程序的名称，该属性可以省略。

（5）<c:param>节点表示 URL 所带的参数，该节点可以省略。

示例：

```
<c:url value="http://learngingit.org" var="url" scope="session"></c:url>
<a href="${url}">在线学 IT 技术</a>
```

7.3 项目案例

7.3.1 本章知识点的综合项目案例

需求：使用 JSTL 和 EL 显示图书列表。

1. 创建关联实体模型

图书类型（Category.java）：

```
package org.learningit.bean;
public class Category{
        public Category(){}
        public Category(int id,String name){
            this.id = id;
            this.name = name;
        }
        private int id;                    //类型编号
        private String name;               //类型名称
        private String description;        //类型描述
        ...//getter 方法、setter 方法省略
}
```

图书类（Book.java）：

```
package org.learningit.bean;
import java.util.Date;
public class Book{
    public Book(){}
    public Book(int id,String title,String isbn){
        this.id = id;
        this.title = title;
        this. isbn = isbn;
    }
        private int id;                    //编号
        private string title;              //图书名称
```

```
        private string author;              //作者
        private Date publishDate;           //出版日期
        private string isbn;                //图书编号  图书封面的名称与图书编号相同
        private decimal unitPrice;          //价格
        private string contentDescription;  //内容描述
        private int clicks;                 //点击率
        private Category category;          //所属类别  处理外键
        …//getter 方法、setter 方法省略
}
```

2. 创建数据操作类

图书类型的操作类（CategoryDao.java）：

```
package org.learningit.dao;
import org.learningit.bean.Category;
import java.util.List;
import java.uitl.ArrayList;
public class CategoryDao{
        //获取所有类型
        public List<Category> getAllCategories() {
        List<Category> categories = new ArrayList<Category>();
categories.add(new Category(1,"科技"));
        categories.add(new Category(2,"教育"));
        categories.add(new Category(3,"生活"));
        categories.add(new Category(4,"经管"));
        categories.add(new Category(5,"童书"));
        return categories;
        }
        //根据类型编号获取类型对象
        public Category getCategoryById(int id){
        List<Category> categories = getAllCategories();
        Category category = null;
        for(Category temp : categories){
            if(temp.getId() == id){
                category = temp;
                break;
            }
        }
        return category;
        }
}
```

图书类的操作类（BookDao.java）：

```
package org.learningit.dao;
import org.learningit.bean.Category;
import org.learningit.bean.Book;
import java.util.List;
import java.uitl.ArrayList;
```

```
public class BookDao{
        public List<Book> getAllBooks(){
            List<Book> books = new ArrayList<Book>();
            CategoryDao categoryDao = new CategoryDao();
            Category category1 = categoryDao.getCategoryById(1);
            Category category2 = categoryDao.getCategoryById(2);
            Book book1 = new Book(1,"程序员密码学","7030177169");
        book1.setCategory(category1);
        Book book2 = new Book(2,"Effective Java 中文版","7111113853");
        book2.setCategory(category2);
        Book book3 = new Book(3,"Effective Enterprise Java 中文版","711171144");
        book3.setCategory(category2);
            Book book4 = new Book(4,"单元测试之道","7121006650");
        book4.setCategory(category1);
        Book book5 = new Book(5,"精通 JavaWeb 动态图表编程","7121014882");
        book5.setCategory(category2);
        Book book6 = new Book(6,"Ajax 修炼之道","7121024586");
        book6.setCategory(category2);
        books.add(book1);
        books.add(book2);
        books.add(book3);
        books.add(book4);
        books.add(book5);
        books.add(book6);
            return books;
        }
}
```

3. 创建图书列表页面 booklist.jsp

```
<%@ page language="java" import="java.util.*" pageEncoding="UTF-8"%>
<%@ taglib uri="http://java.sun.com/jsp/jstl/core" prefix="c"%>
<%@ page import="org.learningit.dao.BookDao"%>
<%@ page import="org.learningit.bean.*"%>
<%
    BookDao bookDao = new BookDao();
    List<Book> books = bookDao.getAllBooks();
    request.setAttribute("books", books);
%>
<!DOCTYPE HTML>
<html>
<head>
    <title>图书列表</title>
    <style type="text/css">
        #content{width:800px;margin:0 auto;}
        ul li{list-style:none;float:left;}
        ul.book li { padding:5px;width:172px; height:300px; line-height:22px; font-size:14px; overflow:
hidden; }
```

```
            ul.book li dl dt img { width:170px; height:200px; border:1px solid #ccc; }
            ul.book li dl dd.title { height:44px; }
            ul.book li dl dd.type { color:#c30; font-weight:bold; text-align:center;}
        </style>
    </head>
    <body>
        <div id="content">
            <h2>图书列表</h2>
            <ul class="book">
                <c:forEach items="${books}" var="book">
                    <li>
                        <dl>
                            <dt>
                                <a href="#"
                                    target="_blank"><img src="images/${book.isbn}.jpg" />
                                </a>
                            </dt>
                            <dd class="title">
                                <a href="bookView.jsp?id=${book.id}"
                                    target="_blank">${book.title}</a>
                            </dd>
                            <dd class="type">
                                类型[${book.category.name }]
                            </dd>
                        </dl>
                    </li>
                </c:forEach>
            </ul>
        </div>
    </body>
    </html>
```

案例运行效果如图 7-11 所示。

图 7-11　图书列表

7.3.2 本章知识点在网上购书系统中的应用

本章知识点在网上购书系统中主要使用 JSTL 在 JSP 中显示所有图书信息，在使用 JSTL 显示所有图书信息之前先引入标签库文件<%@ taglib uri="http://java.sun.com/jsp/jstl/core" prefix="c"%>，然后用<c:forEach var="pt" items="${ptlist}">显示所有图书类型，用<c:forEach var="pi" items="${datas}">显示所有图书信息。显示图书信息代码如下：

```
<%@ page language="java" import="java.util.*" pageEncoding="utf-8"%>
<%@ taglib uri="http://java.sun.com/jsp/jstl/core" prefix="c"%>
<%@ taglib uri="http://scmpi/pageTag" prefix="p"%>
<%
    String path = request.getContextPath();
    String basePath = request.getScheme() + "://"
            + request.getServerName() + ":" + request.getServerPort()
            + path + "/";
%>

<!DOCTYPE>
<html lang="en">
    <head>
        <meta charset="UTF-8">
        <meta http-equiv="pragma" content="no-cache">
        <meta http-equiv="cache-control" content="no-cache">
        <link rel="stylesheet" href="<%=path%>/css/cssreset-min.css">
        <link rel="stylesheet" href="<%=path%>/css/index.css">
        <link rel="stylesheet" href="<%=path%>/css/global.css">
        <style type="text/css">
/* 分页标签样式 */
.pagination {
    text-align: center;
    padding: 5px;
    margin: 0 auto;
}

.pagination a,.pagination a:link,.pagination a:visited {
    padding: 2px 5px 2px 5px;
    margin: 2px;
    border: 1px solid #aaaadd;
    text-decoration: none;
    color: #006699;
}

.pagination a:hover,.pagination a:active {
    border: 1px solid #ff0000;
    color: #000;
    text-decoration: none;
```

```
}

.pagination span.current {
    padding: 2px 5px 2px 5px;
    margin: 2px;
    border: 1px solid #ff0000;
    font-weight: bold;
    background-color: #ff0000;
    color: #FFF;
}

.pagination span.disabled {
    padding: 2px 5px 2px 5px;
    margin: 2px;
    border: 1px solid #eee;
    color: #ddd;
}
</style>
        <!-- IE6、7、8 支持 HTML5 标签 -->
        <!--[if lte IE 8]><script src="js/html5.js"></script><![endif]-->
        <!-- IE6、7、8 支持 CSS3 特效 -->
        <!--[if lte IE 8]><script src="js/PIE.js"></script><![endif]-->
        <!--[if lt IE 9]><script type="text/javascript" src="selectivizr-min.js"></script><![endif]-->
        <title>网上书店系统</title>
    </head>
    <body>
        <!-- 头部 -->
        <header>
        <nav>
        <div id="topNav">
            <ul>
                <li class="welcome">
                    您好${user.name}，欢迎光临网上书店系统！请
                </li>
                <li>
                    <a href="<%=path%>/login.jsp">[登录]</a>
                </li>
                <li>
                    <a href="<%=path%>/register.jsp">[免费注册]</a>
                </li>
                <li>
                    <a href="<%=path%>/cart.jsp">[查看购物车]</a>
                </li>
                <li>
                    <a href="<%=path%>/order.jsp">[去购物车结算]</a>
                </li>
            </ul>
```

```
        </div>
        </nav>
        </header>
        <div id="logo"></div>
        <div id="main">
            <div id="bookType">
                <div class="bookTypeTitle">
                    <span>图书类别</span>
                </div>
                <div class="bookTypeCon">
                    <span>本系统所有图书列表</span>
                </div>
            </div>
            <div id="buy">
                <!-- 导航 -->
                <div id="buyNav">
                    <ul>
                    <c:forEach var="pt" items="${ptlist}">
                        <li>
                        <a href="<%=path%>/BookTypeServlet?ptid=${pt.id}">${pt.typeName}</a>
                        </li>
                    </c:forEach>
                    </ul>
                </div>
                <!-- 详细 信息-->
                <div class="detailed">
                    <ul>
                        <c:forEach var="pi" items="${datas}">
                            <li class="row">
                                <div class="imgDri">
                                    <img src="<%=path%>/img/${pi.img}" class="imgPro">
                                </div>
                                <div class="bookProperty">
                                    <ul>
                                        <li>
                                            <span class="bookLabel">名称：</span>${pi.name}
                                        </li>
                                        <li>
                                            <span class="bookLabel">价格：</span>${pi.price}
                                        </li>
                                        <li >
                                            <span class="bookLabel">描述：</span><div class=
"overFlow">${pi.descw}</div>
                                        </li>
                                    </ul>
                                </div>
                                <div class="joinShopCar">
```

```
                    <a href="<%=path%>/addCart?pname=${pi.name}"><img
                         src="<%=path%>/img/buy.gif">
                    </a>
                </div>
            </li>
        </c:forEach>
        </ul>
    </div>
  </div>
  <div id="page">
      <p:pager pageNo="${pageNo}" pageSize="${pageSize}"
          recordCount="${recordCount}" url="/online_book/servlet/PageServlet" />
  </div>
</div>
<!-- 脚部 -->
<footer>
<div class="copyright">
    四川管理职业学院 ?2013. All Rights Reserved.
</div>
</footer>
</body>
</html>
```

习　题

1．什么是 EL 表达式？请描述 EL 表达式的语法。
2．EL 表达式中提供了哪几个隐式对象？分别有什么作用。
3．什么是 JSTL？在 JSP 页面使用 JSTL 需要作哪些准备？
4．请描述你知道的 JSTL 常用标签有哪些。分别具有什么作用。

实训操作

留言板是一个公开的交流平台，可以通过在留言板发表和回复留言实现信息交流。主要功能包括发表留言、留言回复、留言的翻页查看。

附：表结构

表　名		TBL_Message	实体名称	留言表		
序　号	字段名称	字段说明	类　型	位　数	属　性	备　注
1	id	留言 id	Number	4	非空	主键
2	message	留言信息	Varchar2	50	非空	
3	author	留言作者	Varchar2	50	非空	
4	postTime	留言时间	Date		非空	

第8章 Servlet技术

课程目标

- 了解什么是Servlet及其处理流程
- 了解Servlet的相关类和接口
- 掌握Servlet的开发步骤

8.1 Servlet介绍

Servlet技术是JSP技术的基础，本书对Java Web开发技术的介绍是从JSP开始的，这是因为JSP比较简单一些，很多Servlet可以完成的任务可以使用Jsp+JavaBean的方式来完成，但是Servlet技术也有其独特的优势，例如效率和安全性都比较高，这使得Servlet技术在实际的开发中得到了广泛的应用。本章将介绍Servlet技术，了解Servlet技术对于Web开发的理解也会更进一步。

8.1.1 Servlet的概念

Servlet是一种用在服务器端且使用应用程序设计接口（API）及相关类和方法的Java程序，具有独立于平台和协议的特性，可以生成动态的Web页面。实际应用中经常将它放在客户请求（Web浏览器或其他HTTP客户程序）与服务器响应（HTTP服务器上的数据库或应用程序）的中间层。Servlet是位于Web服务器内部的服务器端的Java应用程序，与传统的从命令行启动的Java应用程序不同，Servlet由服务器端的Web容器进行加载。

Servlet看起来像是通常的Java程序。但Servlet导入特定的属于Java Servlet API的包并实现其相应方法。因为是对象字节码，可动态地从网络加载，可以说Servlet对Server就如同Applet对Client一样。但是，由于Servlet运行在Server中，它们并不需要一个图形用户界面，从这个角度讲，Servlet 也被称为 FacelessObject。

一个 Servlet 就是 Java 编程语言中的一个类，虽然 Servlet 可以对任何类型的请求产生响应，但通常只用来扩展 Web 服务器的应用程序。

8.1.2 Servlet 的功能

Servlet 通过创建一个框架来扩展服务器的能力，以提供在 Web 上进行请求和响应服务。当客户机发送请求至服务器时，服务器可以将请求信息发送给 Servlet，并让 Servlet 建立起服务器返回给客户机的响应。当启动 Web 服务器或客户机第一次请求服务时，可以自动装入 Servlet。装入后，Servlet 继续运行直到其他客户机发出请求。Servlet 的功能涉及范围很广。例如，Servlet 可完成如下功能：

- 创建并返回一个包含基于客户请求性质的动态内容的完整的 HTML 页面。
- 创建可嵌入到现有 HTML 页面中的一部分 HTML 页面（HTML 片段）。
- 与其他服务器资源（包括数据库和基于 Java 的应用程序）进行通信。
- 用多个客户机处理连接，接收多个客户机的输入，并将结果广播到多个客户机上。例如，Servlet 可以是多参与者的游戏服务器。
- 当允许在单连接方式下传送数据时，在浏览器上打开服务器至 applet 的新连接，并将该连接保持在打开状态。当允许客户机和服务器简单、高效地执行会话的情况下，applet 也可以启动客户浏览器和服务器之间的连接。可以通过定制协议或标准（如 IIOP）进行通信。
- 对特殊的处理采用 MIME 类型过滤数据，例如图像转换和服务器端包括（SSI）。
- 将定制的处理提供给所有服务器的标准例行程序。例如，Servlet 可以修改如何认证用户。

8.1.3 Servlet 的生命周期

Servlet 程序本身不是直接在 Java 虚拟机上运行的，它需要 Web 容器程序控制其载入和运行过程。

Web 容器控制整个 Servlet 的生命周期，它一般分为如图 8-1 所示的几种状态。

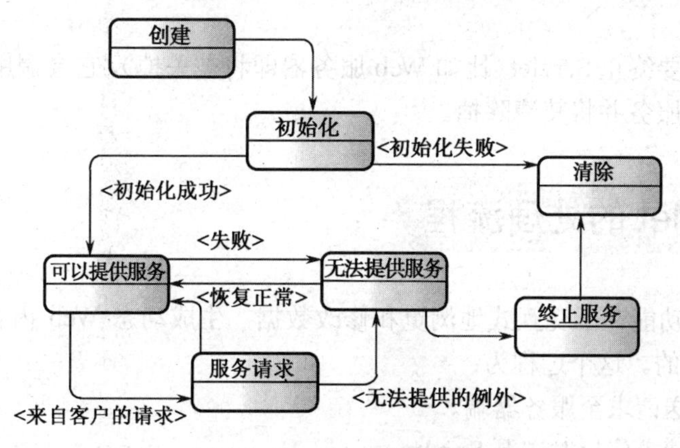

图 8-1 Servlet 的生命周期

● 加载和实例化 Servlet

Web 容器在如下时刻加载和实例化 Servlet：

① 如果配置自动装入选项，则在启动服务器时自动装入。

② 在服务器启动后，客户机首次向 Servlet 发出请求时。

③ 重新装入 Servlet 时。

当启动 Web 容器时，容器首先要去查找一个配置文件（也称为部署文件）web.xml，在这个配置文件中记录了可以提供服务的 Servlet。每个 Servlet 被指定一个 Servlet 名和这个 Servlet 实际对应的 Java 的完整 class 文件名。Web 容器会为每个配置自动装入项（在配置文件中使用了 load-on-startup 标签）的 Servlet 创建一个实例。

● 初始化 Servlet

当 Servlet 被实例化后，Web 容器将调用每个 Servlet 的 init(ServletConfig cfg)方法来初始化 Servlet 实例。ServletConfig 类型的参数是由 Web 容器创建并传递给 Servlet 的，这个 ServletConfig 设置对象在初始化后会一直在内存中存在，直到 Servlet 被清除（destroy）。如果初始化没有问题，Servlet 在 Web 容器中会成为可以提供服务的状态（available for service）；如果初始化失败，Web 容器会从运行环境中清除掉该实例。当 Servlet 程序出错时，Web 容器会使 Servlet 变为不能服务状态（unavailable for service）。Web 程序维护人员可以设置 Servlet，使其成为不能服务状态，或者从不能服务状态恢复成可以提供服务状态。

注意： init 方法对于一个 Servlet 只可以被调用一次。

● 处理 Web 请求

对于到达服务器的客户机请求，服务器创建特定于请求的一个“请求”对象和一个“响应”对象并调用 Service 方法，这个方法可以调用其他方法来处理请求。Service 方法会在服务器被访问时调用，在 Servlet 对象的生命周期中，Service 方法可能被多次调用。由于 Web 容器启动后，服务器中公开的部分资源将处于网络中，当网络中的不同主机（客户端）并发访问服务器中的同一资源，服务器将开设多个线程处理不同的请求，多线程同时处理同一对象时，有可能出现数据并发访问的错误。

注意： 多线程难免同时处理同一变量且有读/写操作时，必须考虑是否加上同步，同步添加时，添加范围不要过大，有可能使程序变为纯粹的单线程，大大削弱了系统性能，只需要做到多个线程安全地访问相同的对象就可以了。

● 终止服务

当 Web 容器需要终止 Servlet（比如 Web 服务器即将被关掉），它会调用 Servlet 的 destroy() 方法使 Servlet 停止服务并将其清除掉。

8.2　Servlet 的处理流程

Servlet 的主要功能在于交互式地浏览和修改数据，生成动态 Web 内容，这也是程序员编写 Servlet 的主要目的。这个过程为：

（1）客户端发送请求至服务器端。

（2）服务器将请求信息发送至 Servlet。

（3）Servlet 生成响应内容并将其传给 Server。响应内容动态生成，通常取决于客户端的请求。

（4）服务器将响应返回给客户端。

在上述过程中，Servlet 接收到的由服务器转发过来的信息包括一个“请求”对象和一个“响应”对象，这两个对象会作为 Servlet 的 service()方法的参数被传入 Servlet。其中“请求”对象封装了客户端的请求信息，而“响应”对象是 Servlet 向客户端返回信息的主要工具。程序员应该操作“请求”对象来获得来自客户端的请求信息，并根据相应信息来操作“响应”对象。

当 Web 容器创建和初始化 Servlet 之后，Servlet 对象实例就可以对外提供服务了。一般的 Web 容器可以支持一个 Servlet 服务多个客户的 Http 请求，当这些请求几乎同时到达 Web 服务器时，Web 容器可以让 Servlet 在 service()方法上使用多线程，这样可以并行处理多个 Web 请求。对客户来讲，由于请求处理的等待时间减少，Web 服务器的速度更高。另外一种方法是由 Web 容器创建一个 Servlet 的多个对象实例，每个 Servlet 实例可以使用其 service()方法单独处理 Http 请求，但是这样会消耗更多内存资源。具体是哪一种方案，不同的 Web 容器处理是不一样的。

Servlet 的运行过程如图 8-2 所示。

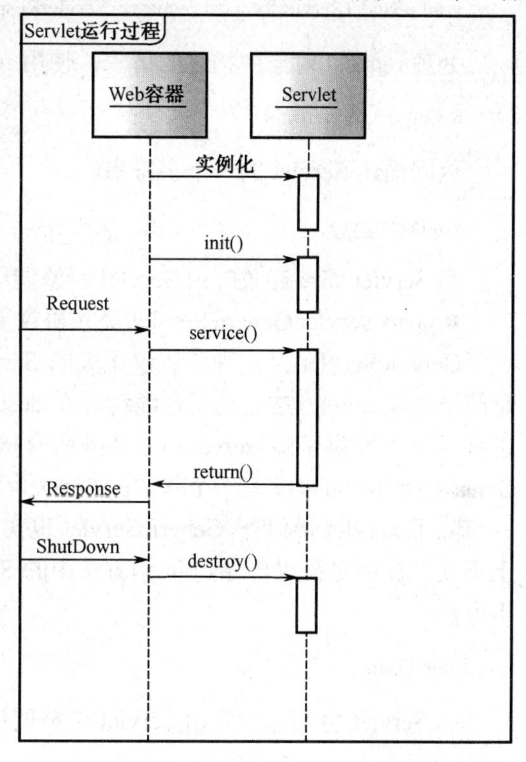

图 8-2 Servlet 的运行过程

8.3 Servlet 的核心类和接口

在 JavaEE 规范中，每个与 Servlet 有关的类或接口都与 Servlet 的状态有一定的关系。而 Servlet API 有两个软件包：javax.servlet 和 javax.servlet.http。前者所在的软件包主要提供了 Web 容器能够使用的 Servlet 基本类和接口，后者则包括和 Http 协议相关的 Servlet 类和接口。程序员所要做的工作就是根据需要，继承这些类并实现需要的功能。下面介绍一下这两个包中的核心类及其部分重要接口。

● javax.servlet.servlet 接口

javax.servlet.servlet 接口规定了必须由 Servlet 类实现并由 Servlet 引擎识别和管理的方法集。Servlet 接口的基本目标是提供与生命周期相关的方法 init()、service()和 destroy()等。Servlet 接口包含下面一些主要方法：

```
void init(ServletConfit config) throws ServletException
```

在 Servlet 被载入后和提供服务前由 Servlet 引擎进行一次性调用。如果 init()产生 UnavailableException，则 Servlet 退出服务。

ServletConfig getServletConfig()

返回传递到 Servlet 的 init()方法的 ServletConfig 对象。

void service(ServletRequest request，ServletResponse response)throws ServletException，IOException

处理 request 对象中描述的请求，使用 response 对象返回请求结果。

String getServletInfo()

返回描述 Servlet 的一个字符串。

void destory()

当 Servlet 将要卸载时由 Servlet 引擎调用。

● javax.servlet.GenericServlet 类（协议无关版本）

GenericServlet 是一种与协议无关的 Servlet，是一种根本不对请求提供服务的 Servlet，而是简单地从 init()方法启动后台线程并在 destory()中杀死。它可以用于模拟操作系统的端口监控进程。此类提供了除 service()方法外所有接口中方法的默认实现。这意味着通过简单地扩展 GenericServlet 可以编写一个基本的 Servlet。

除了 Servlet 接口外，GenericServlet 也实现了 ServletConfig 接口，处理初始化参数和 Servlet 上下文，提供对授权传递到 init()方法中的 ServletConfig 对象的方法。GenericServlet 类包括以下方法：

void destory()

当 Servlet 将要卸载时由 Servlet 引擎调用。

String getInitParameter(String name)

返回具有指定名称的初始化参数值。通过调用 config.getInitParameter(name)实现。

Enumeration getInitParameterNames()

返回此 Servlet 已编码所有初始化参数的一个枚举类型值。调用 config.getInitParameterNames()获得列表。如果未提供初始化参数，则返回一个空的枚举类型值（但不是 null）。

ServletConfig getServletConfig()

返回传递到 init()方法的 ServletConfig 对象。

ServletContext getServletContext()

返回在 config 对象中引用的 ServletContext。

String getServletInfo()

返回描述 Servlet 的信息，默认为空字符串。

void log(String msg)

将特定的消息写入 Servlet 的日志文件。

void log(String msg，Throwable t)

将相应的异常和信息写入日志文件。

```
abstract void service(Request request,Response response)throws ServletException,IOException
```

由 Servlet 引擎调用为请求对象描述的请求提供服务。这是 GenericServlet 中唯一的抽象方法。因此它也是唯一必须被子类所覆盖的方法。

```
String getServletName()
```

返回在 Web 应用发布描述器（web.xml）中指定的 Servlet 的名字。

● javax.servlet.http.HttpServlet 类（HTTP 版本）

虽然 Servlet API 允许扩展到其他协议，但最终所有的 Servlet 均在 Web 环境下实施操作，只有几种 Servlet 直接扩展了 GenericServlet。HttpServlet 类通过调用指定的 HTTP 请求方法来实现 service()，亦即对 DELETE、HEAD、GET、OPTIONS、POST、PUT 和 TRACE，分别调用 doDelete()、doHead()、doGet()、doOptions()、doPost()、doPut()和 doTrace()方法，将请求和响应对象置入其 HTTP 指定子类。HttpServlet 类中的方法如下：

```
void doGet(HttpServletRequest request,HttpServletResponse response)throws ServletException,IOException
```

由 Servlet 引擎调用，用于处理一个 HTTP GET 请求。

```
void doPost(HttpServletRequest request,HttpServletResponse response)throws ServletException,IOException
```

由 Servlet 引擎调用，用于处理一个 HTTP POST 请求。

```
void service(HttpServletRequest request,HttpServletResponse response)throws ServletException,IOException
```

由下面的 service 方法调用的一个立即方法，带有指定 HTTP 请求和响应。此方法实际上将请求导向到 doGet()、doPost()等，不应该覆盖此方法。

```
void service(ServletRequest request,ServletResponse response)throws ServletException,IOException
```

将请求和响应对象置入其指定的 HTTP 子类，并调用指定 HTTP 的 service()方法。

● javax.servlet.ServletRequest 类（协议无关版本）

ServletRequest 接口封装了客户端请求的细节。它与协议无关，并有一个指定 HTTP 协议的子接口。

ServletRequest 主要处理：①找到客户端的主机名和 IP 地址；②检索请求参数；③取得和设置属性；④取得输入和输出流。

ServletRequest 类中的方法：

```
Object getAttribute(String name)
```

返回具有指定名字的请求属性，如果不存在则返回 null。此属性可由 Servlet 引擎设置或使用 setAttribute()显式加入。

```
Enumeration getAttributeName()
```

返回请求中所有属性名的枚举。如果不存在属性，则返回一个空的枚举。

```
String getCharacteEncoding()
```

返回请求所用的字符编码。

Int getContentLength()

指定输入流的长度，如果未知则返回-1。

ServletInputStream getInputStream()throws IOException

返回与请求相关的（二进制）输入流。可以调用 getInputStream()或 getReader()方法之一。

String getParameter(String name)

返回指定输入参数，如果不存在，则返回 null。

Enumeration getParameterName()

返回请求中所有参数名的一个可能为空的枚举。

String[] getParameterValues(String name)

返回指定输入参数名的取值数组，如果取值不存在，则返回 null。它在参数具有多个取值的情况下十分有用。

String getProtocol()

返回请求使用协议的名称和版本。

String getScheme()

返回请求 URI 的子串，但不包含第一个冒号前的内容。

String getServerName()

返回处理请求的服务器的主机名。

String getServerPort()

返回接收主机正在侦听的端口号。

BufferedReader getReader()throws IOException

返回与请求相关输入数据的一个字符解读器。此方法与 getInputStream()只可分别调用，不能同时使用。

String getRemoteAddr()

返回客户端主机的 IP 地址。

String getRemoteHost()

如果知道，返回客户端主机名。

void setAttribute(String name,Object obj)

以指定名称设置请求中指定的对象。

void removeAttribute(String name)

从请求中删除指定属性。

Locale getLocale()

如果已知，返回客户端的语言环境等相关的 Locale 或者为 null。

Enumeration getLocales()

如果已知，返回客户端的第一语言环境等相关的 Locale 的一个枚举，否则返回服务器 Locale。

boolean isSecure()

如果请求使用了如 HTTPS 安全隧道，返回 true。

RequestDispatcher getRequestDispatcher(String name)

返回指定源名称的 RequsetDispatcher 对象。

● javax.servlet.http.HttpServletRequest 接口（HTTP 版本）

HttpServletRequest 类主要处理：①读取和写入 HTTP 头标；②取得和设置 Cookie；③取得路径信息；④标识 HTTP 会话。

HttpServletRequest 接口中的方法：

String getAuthType()

如果 Servlet 由一个鉴定方案所保护，如 HTTP 基本鉴定，则返回方案名称。

String getContextPath()

返回指定 Servlet 上下文（Web 应用）的 URL 的前缀。

Cookie[] getCookies()

返回与请求相关 cookie 的一个数组。

Long getDateHeader(String name)

将输出转换成适合构建 Date 对象的 long 类型取值的 getHeader()的简化版。

String getHeader(String name)

返回指定的 HTTP 头标名称。如果其由请求给出，则名字应为不区分大小写。

Enumeration getHeaderNames()

返回请求给出的所有 HTTP 头标名称的枚举值。

Enumeration getHeaders(String name)

返回请求给出的指定类型的所有 HTTP 头标的名称的枚举值，它对具有多取值的头标非常有用。

int getIntHeader(String name)

将输出转换为 int 取值的 getHeader()的简化版。

String getMethod()

返回 HTTP 请求方法（如 GET、POST 等）。

String getPathInfo()

返回在 URL 中指定的任意附加路径信息。

String getPathTranslated()

返回在 URL 中指定的任意附加路径信息，被转换成一个实际路径。

String getQueryString()

返回查询字符串，即 URL 中“?”后面的部分。

String getRemoteUser()

如果用户通过鉴定，返回远程用户名，否则为 null。

String getRequestedSessionId()

返回客户端的会话 ID。

String getRequestURI()

返回 URL 中一部分，从“/”开始，包括上下文，但不包括任意查询字符串。

String getServletPath()

返回请求 URL 上下文后的子串。

HttpSession getSession()

调用 getSession(true)的简化版。

HttpSession getSession(boolean create)

返回当前 HTTP 会话，如果不存在，则创建一个新的会话，create 参数为 true。

Principal getPrincipal()

如果用户通过鉴定，返回代表当前用户的 java.security.Principal 对象，否则为 null。

boolean isRequestedSessionIdFromCookie()

如果请求的会话 ID 由一个 Cookie 对象提供，则返回 true，否则为 false。

boolean isRequestedSessionIdFromURL()

如果请求的会话 ID 在请求 URL 中解码，返回 true，否则为 false。

boolean isRequestedSessionIdValid()

如果客户端返回的会话 ID 仍然有效，则返回 true。

boolean isUserInRole(String role)

如果当前已通过鉴定用户与指定角色相关，则返回 true，如果不是或用户未通过鉴定，则返回 false。

● javax.servlet.ServletResponse 接口（协议无关版本）

ServletResponse 对象将一个 Servlet 生成的结果传到发出请求的客户端。ServletResponse 操作主要是作为输出流及其内容类型和长度的包容器，它由 Servlet 引擎创建。

ServletResponse 接口中的方法：

void flushBuffer()throws IOException

发送缓存到客户端的输出内容。因为 HTTP 需要头标在内容前被发送，调用此方法发送状态行和响应头标，以确认请求。

int getBufferSize()

返回响应使用的缓存大小。如果缓存无效则返回 0。

String getCharacterEncoding()

返回响应使用的字符解码的名字。除非显式设置，否则为 ISO-8859-1。

Locale getLocale()

返回响应使用的语言环境等相关的 Locale。除非用 setLocale()修改，否则默认为服务器的语言环境等相关的 Locale。

OutputStream getOutputStream()throws IOException

返回用于将返回的二进制输出写入客户端的流，此方法和 getWrite()方法二者只能调用其一。

Writer getWriter()throws IOException

返回用于将返回的文本输出写入客户端的一个字符写入器，此方法和 getOutputStream()二者只能调用其一。

boolean isCommitted()

如果状态和响应头标已经被发回客户端，则返回 true，在响应被确认后发送响应头标毫无作用。

void reset()

清除输出缓存及任何响应头标。如果响应已得到确认，则引发事件 IllegalStateException。

void setBufferSize(int nBytes)

设置响应的最小缓存大小。实际缓存大小可以更大，可以通过调用 getBufferSize()得到。如果输出已被写入，则产生 IllegalStateException。

void setContentLength(int length)

设置内容体的长度。

void setContentType(String type)

设置内容类型。在 HTTP servlet 中即设置 Content-Type 头标。

```
void setLocale(Locale locale)
```

设置响应使用的语言环境等相关的 Locale。在 HTTP Servlet 中，将对 Content-Type 头标取值产生影响。

● javax.servlet.http.HttpServletResponse 接口（HTTP 版本）

HttpServletResponse 加入表示状态码、状态信息和响应头标的方法，它还负责对 URL 中写入一个 Web 页面的 HTTP 会话 ID 进行解码。

HttpServletResponse 接口中的方法：

```
void addCookie(Cookie cookie)
```

将一个 Set-Cookie 头标加入到响应。

```
void addDateHeader(String name,long date)
```

使用指定日期值加入带有指定名字（或代换所有此名字头标）的响应头标的方法。

```
void setHeader(String name,String value)
```

设置具有指定名字和取值的一个响应头标。

```
void addIntHeader(String name,int value)
```

使用指定整型值加入带有指定名字的响应头标（或代换此名字的所有头标）。

```
boolean containsHeader(String name)
```

如果响应已包含此名字的头标，则返回 true。

```
String encodeRedirectURL(String url)
```

如果客户端不知道接受 cookies id，则向 URL 加入会话 ID。第一种形式只对在 sendRedirect() 中使用的 URL 进行调用。

```
void sendError(int status)
```

设置响应状态码为指定值（可选的状态信息）。

```
void setStatus(int status)
```

设置响应状态码为指定值。

```
javax.servlet.ServletContext 接口
```

一个 Servlet 上下文是 Servlet 引擎提供用来服务于 Web 应用的接口。Servlet 上下文具有名字（属于 Web 应用的名字）唯一映射到文件系统的一个目录。Servlet 可以通过 ServletConfig 对象的 getServletContext()方法得到 Servlet 上下文的引用，如果 Servlet 直接或间接调用子类 GenericServlet，则可以使用 getServletContext()方法。

Web 应用中，Servlet 可以使用 Servlet 上下文得到：①在调用期间保存和检索属性的功能，并与其他 Servlet 共享这些属性；②读取 Web 应用中文件内容和其他静态资源的功能；③互相发送请求的方式；④记录错误和信息化消息的功能。

ServletContext 接口中的方法包括：

```
Object getAttribute(String name)
```

返回 Servlet 上下文中具有指定名字的对象，或使用已指定名捆绑一个对象。从 Web 应用的标准观点看，这样的对象是全局对象，因为它们可以被同一 Servlet 在另一时刻访问。或上下文中任意其他 Servlet 访问。

```
void setAttribute(String name,Object obj)
```

设置 Servlet 上下文中具有指定名字的对象。

```
Enumeration getAttributeNames()
```

返回保存在 Servlet 上下文中所有属性名字的枚举。

```
ServletContext getContext(String uripath)
```

返回映射到另一 URL 的 Servlet 上下文。在同一服务器中，URL 必须是以“/”开头的绝对路径。

```
String getInitParameter(String name)
```

返回指定上下文范围的初始化参数值。此方法与 ServletConfig 方法名称不一样，后者只应用于已编码的指定 Servlet。此方法应用于上下文中所有的参数。

```
Enumeration    getInitParameterNames()
```

返回（可能为空）指定上下文范围的初始化参数值名字的枚举值。

```
int getMajorVersion()
```

返回此上下文中支持的 Servlet API 的主版本号。

```
int getMinorVersion()
```

返回此上下文中支持的 Servlet API 的次版本号。

```
String getMimeType(String fileName)
```

返回指定文件名的 MIME 类型。典型情况是基于文件扩展名，而不是文件本身的内容（它可以不必存在）。如果 MIME 类型未知，可以返回 null。

```
RequestDispatcher getNameDispatcher(String name)
```

返回具有指定名字或路径的 Servlet 或 JSP 的 RequestDispatcher。如果不能创建 RequestDispatch，返回 null。指定路径，必须以“/”开头，并且相对于 Servlet 上下文的顶部。

```
String getRealPath(String path)
```

给定一个 URL，返回文件系统中 URL 对应的绝对路径。如果不能进行映射，返回 null。

```
URL getResource(String path)
```

返回相对于 Servlet 上下文或读取 URL 的输入流的指定绝对路径相对应的 URL，如果资源不存在则返回 null。

String getServerInfo()

返回 Servlet 引擎的名称和版本号。

void log(String message,Throwable t)

将一个消息写入 Servlet 的 log 文件中，如果给出 Throwable 参数，则在 log 信息中包含栈跟踪。

void removeAttribute(String name) 从 Servlet 上下文中删除指定属性。

● javax.servlet.http.HttpSession 接口

HttpSession 类似于哈希表的接口，它提供了 setAttribute()和 getAttribute()方法存储和检索对象。HttpSession 提供了一个会话 ID 关键字，一个参与会话行为的客户端在同一会话的请求中存储和返回它。Servlet 引擎查找适当的会话对象，并使之对当前请求可用。

HttpSession 接口中的方法：

Object getAttribute(String name)

返回保存在 session 中的指定名称的对象。

void setAttribute(String name,Object value)

将指定名称的对象设置为 value。

void removeAttribute(String name)

从 session 中移出指定名称的属性。

Enumeration getAttributeName()

返回捆绑到当前会话的所有属性名的枚举值。

long getCreationTime()

返回表示会话创建的日期和时间的一个长整型，该整型形式为 java.util.Date()构造器中使用的形式。

long getLastAccessedTime()

返回表示会话最后访问日期和时间的一个长整型，该整型形式为 java.util.Date()构造器中使用的形式。

String getId()

返回会话 ID，Servlet 引擎设置的一个唯一关键字。

int getMaxInactiveInterval()

返回一个秒数，这个秒数表示客户端在不发出请求时，session 被 Servlet 引擎维持的最长时间。

void setMasInactiveInterval(int seconds)

设置一个秒数，这个秒数表示客户端在不发出请求时，session 被 Servlet 引擎维持的最长时间。

```
void invalidate()
```

调用该方法会使得会话被终止，释放其中任意对象。

```
boolean isNew()
```

返回一个布尔值以判断这个 session 是不是新的。如果一个 session 已经被服务器建立，但是还没有收到相应的客户端的请求，则该 session 将被认为是新的。这意味着，这个客户端还没有加入会话或没有被会话公认。在它发出下一个请求时还不能返回适当的 session 认证信息。当 session 无效后再调用这个方法会抛出一个 IllegalStateException。

8.4 Servlet 的编写、配置与调用

编写 Servlet 可以借助 IDE 工具或采用纯手工的方式。但不管采用哪种方式，基本上都是继承或实现现有的 Servlet 类或接口，根据程序所要实现的功能改写相应的方法，而这些方法中比较重要的是 Service 方法或 doGet/doPost 方法。一个 Servlet 的基本结构如下：

```
import java.io.*;
import javax.servlet.*;
import javax.servlet.http.*;
public class SomeServlet extends HttpServlet {
    public void init() throws ServletException{} //初始化方法
    public void doGet(HttpServletRequest request, HttpServletResponse response) throws ServletException,
IOException {
    //使用"request"读取和请求有关的信息（比如字符集） 和表单数据
    //使用"response"指定 HTTP 应答状态代码和应答头
    PrintWriter out = response.getWriter();
  //使用"out"把应答内容发送到浏览器
    out.println("内容");
    }
}
```

8.4.1 编写第一个 Servlet

下面以一个简单的向客户端浏览器返回"Hello World！"字符串的 Servlet 为例介绍如何通过 MyEclipse 8.5 开发 Servlet。

（1）在 MyEclipse 中新建 Web 项目。

打开 MyEclipse，选择 File→New→Web Project 菜单命令后，会出现如图 8-3 所示的新建 Web 项目窗口。

在新建窗口中的 Project Name 中输入项目的名称，比如 sample，然后单击 Finish 按钮完成项目的创建。这时 MyEclipse 会自动创建相应的文件夹并引入相关的包，其结果如图 8-4 所示。

（2）在项目中创建 Servlet。

在图 8-4 所示的项目目录结构中，src 文件夹是专门用来存放项目的 Java 源文件的，可以在其中根据需要创建相应的包，并在包中创建 Java 类。在本示例中，创建了 cn.edu.servlet.test

包。在包上右击会出现相应的菜单，选择 New→Servlet 命令，弹出新建 Servlet 窗口，如图 8-5 所示。

图 8-3　新建 Web Project

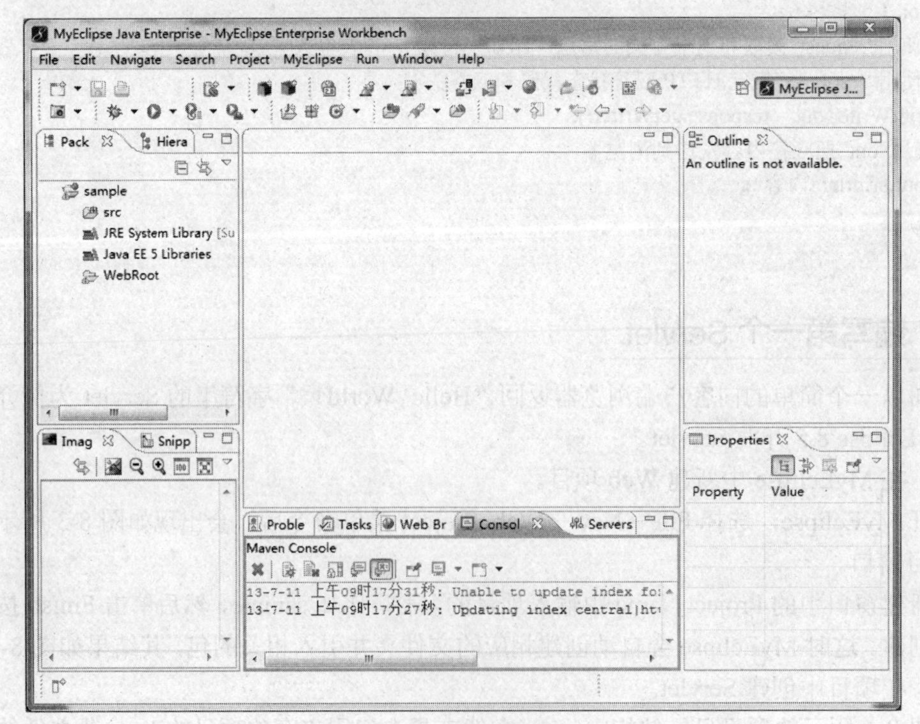

图 8-4　创建项目后的视图

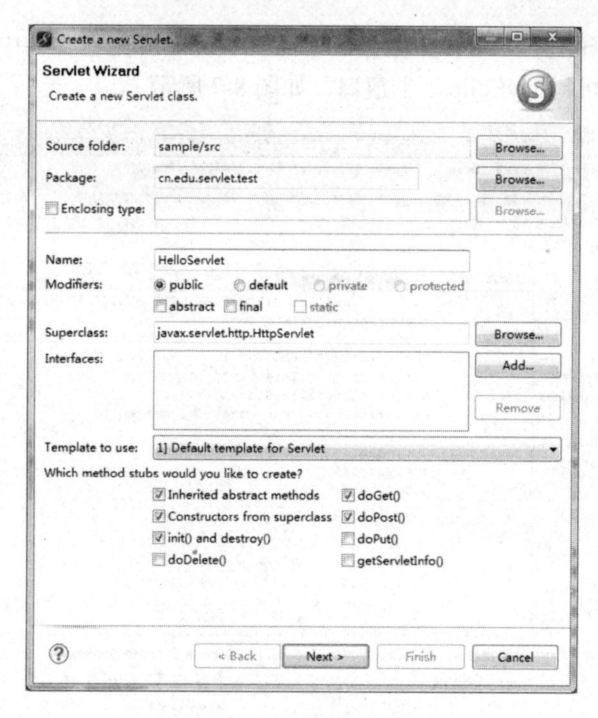

图 8-5　新建 Servlet 窗口

在新建 Servlet 窗口的 Name 中输入 Servlet 类名称，本例为 HelloServlet，其所在的包为 cn.edu.servlet.test。然后单击 Next 按钮，弹出如图 8-6 所示的 Servlet 配置窗口。

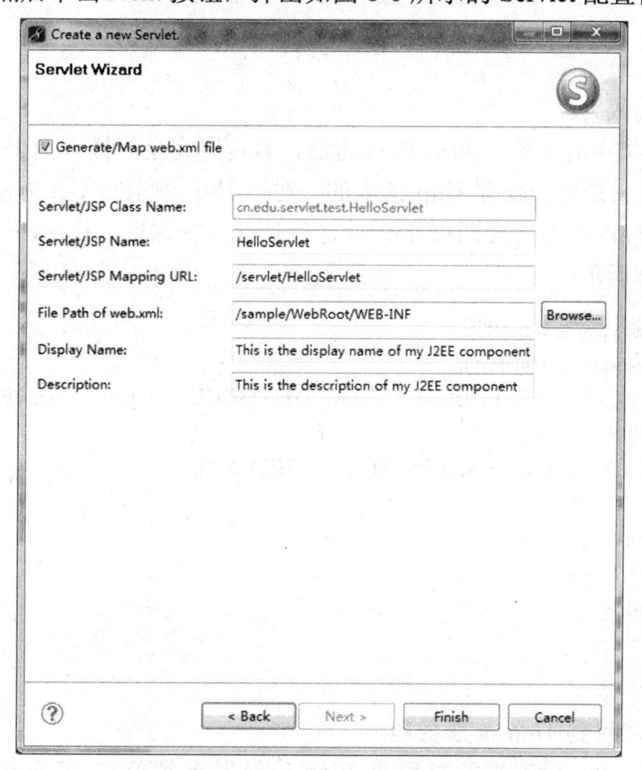

图 8-6　Servlet 配置窗口

此窗口主要是用于配置 Servlet 并保存在项目的 Web.xml 配置文件中。单击 Finish 按钮完成 Servlet 的创建并返回到 MyEclipse 主窗口，如图 8-7 所示。

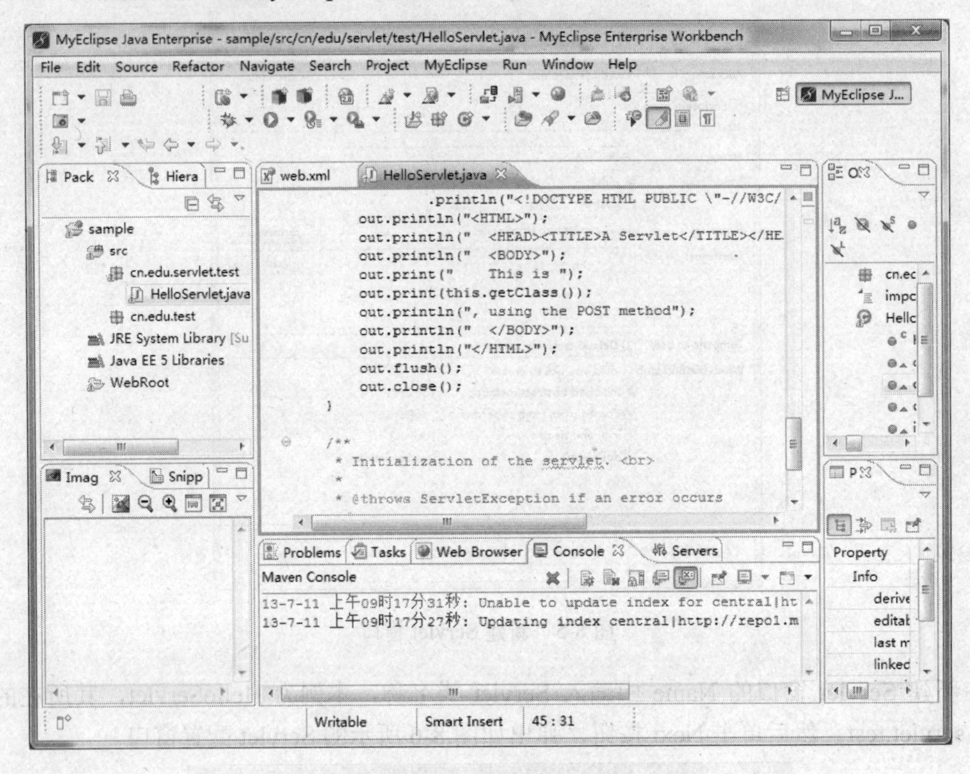

图 8-7　创建完成后的 Servlet

（3）修改相应的代码。

在 HelloServlet 类中有 doGet 和 doPost 方法，且内容完全一样。由于 HelloServlet 是继承自 HttpServlet，因此它是用于处理 Http 请求的。对于 Http 请求的 Get 方法会调用 doGet 进行处理，而 Http 请求的 Post 方法会调用 doPost 进行处理。在这里，将这两个方法的内部处理代码修改成一样，如下所示：

```
response.setContentType("text/html");
PrintWriter out = response.getWriter();
out.println("<!DOCTYPE HTML PUBLIC \"-//W3C//DTD HTML 4.01 Transitional//EN\">");
out.println("<HTML>");
out.println("  <HEAD><TITLE>A Servlet</TITLE></HEAD>");
out.println("  <BODY>");
out.print("Hello World!");
out.println("  </BODY>");
out.println("</HTML>");
out.flush();
out.close();
```

（4）发布 Web 项目到 Tomcat 服务器。

编写完所有 Servlet 后就需要将整个 Web 项目发布到 Web 容器来运行。在发布时，

MyEclipse 会对所有的 Java 源文件进行编译并将相应的文件复制到 Web 容器的相应目录。

注意：如果不借助 MyEclipse 建立 Servlet，在编译时需要将相应的类引入类路径，否则会出现编译错误。

8.4.2　Servlet 的配置

Servlet 的配置主要是告诉 Web 容器项目中有哪些 Servlet，它们对应的 Java 类，有哪些初始化参数需要传入，每一个 Servlet 类对应哪一个 URL，等等。这些信息都记录在 Web 项目的配置文件 web.xml 中。此文件位于项目的 WEB-INF 文件夹中，其内容遵循 XML 语法格式。每一个 Servlet 在 web.xml 中都对应<servlet></servlet>和<servlet-mapping></servlet-mapping>配置元素。前面的 HelloServlet 在 web.xml 中的配置内容如下：

```
<servlet>
    <description>This is the description of my J2EE component</description>
    <display-name>This is the display name of my J2EE component</display-name>
    <servlet-name>HelloServlet</servlet-name>
    <servlet-class>cn.edu.servlet.test.HelloServlet</servlet-class>
</servlet>
<servlet-mapping>
    <servlet-name>HelloServlet</servlet-name>
    <url-pattern>/servlet/HelloServlet</url-pattern>
</servlet-mapping>
```

在上面的代码中，description 用于描述 Servlet，display-name 用于定义 Servlet 的显示名称，而 servlet-name 指定了这个 Servlet 的名称，在一个 Web 项目中，它应该是唯一的，servlet-class 指定此 Servlet 对应哪一个类。

在 servlet-mapping 中，servlet-name 指定前面已经定义过的一个 Servlet，url-pattern 用于指定当客户端访问什么 URL 时交由此 Servlet 处理。在本例中，客户端访问应用的/servlet/HelloServlet 时由 HelloServlet 进行处理，完整的 URL 为：http://localhost:8080/sample/servlet/HelloServlet。其中 localhost 是服务器的名称或 IP 地址，8080 是服务器的端口，sample 是此 Web 应用的名称。

除了上面的基本配置外，对于一个 Servlet 还可以为其指定初始化参数，这些初始化参数是放在<servlet></servlet>配置元素中的，形式如下：

```
<init-param>
  <param-name>driver</param-name>
  <param-value>aaaaaa-8</param-value>
</init-param>
<init-param>
  <param-name>url</param-name>
  <param-value>127.1.1.1</param-value>
</init-param>
```

一个 Servlet 可以指定多个初始化参数，每个参数具有参数名（由 param-name 指定）和参数值（由 param-value 指定）。在 Servlet 中，读取这些初始化参数是通过 getInitParameter 和

getInitParameterNames 来进行的。

另外，一个 Servlet 可以映射到多个 URL，也就是说，对多个不同的 URL 的访问可以由同一个 Servlet 进行处理，方法是使用多个 servlet-mapping 配置元素，在 servlet-mapping 配置元素中的 url-pattern 子元素中使用不同的值就可以了。

8.4.3 Servlet 的调用

当将 Servlet 配置好并发布到服务器后，接下来就可以对此 Servlet 进行调用了，从客户端浏览器对 Servlet 进行访问时输入的地址是根据 url-pattern 中指定的内容来决定的，本例中访问地址是 http://localhost:8080/sample/servlet/HelloServlet。其结果如图 8-8 所示。

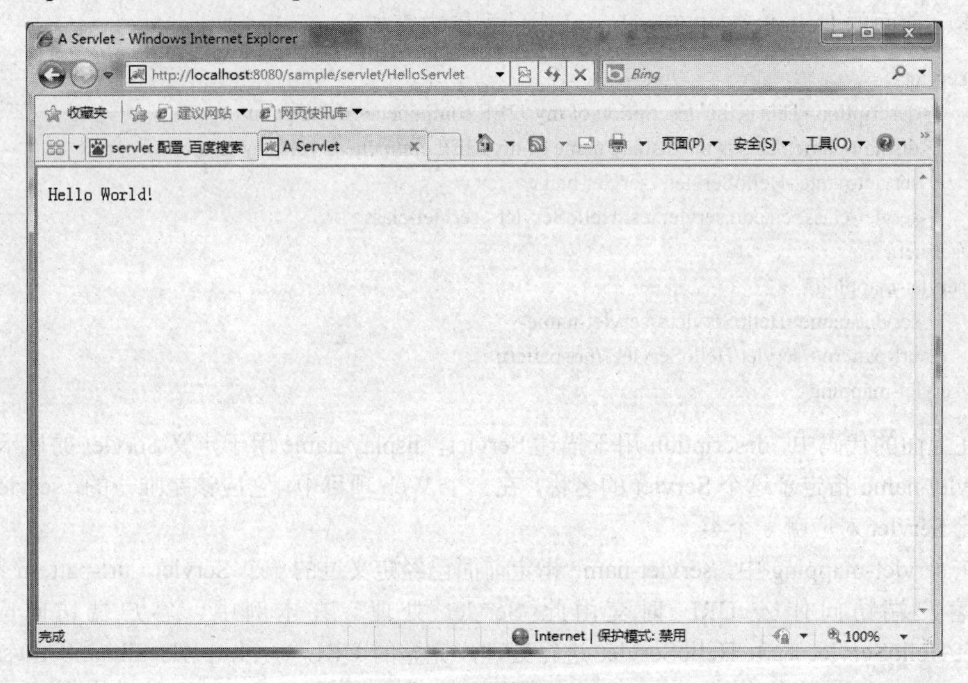

图 8-8 访问 Servlet

8.5 Servlet 的典型应用

Servlet 应用广泛，特别是在服务器端处理一些与界面无关的任务时更是常用。当用户的请求到达 Servlet 容器时，请求将被容器转换为 ServletRequest 对象，如果用户请求使用的是 Http 协议，请求还将被进一步包装成为 HttpServletRequest 对象。按照 Servlet API 规范，如果使用 Http 协议，用户的所有请求都会被容器封装成 HttpServletRequest 对象并传递进 Servlet，Servlet 对客户端的响应是通过 HttpServletResponse 对象来完成的。

8.5.1 Servlet 处理表单数据

在 Web 应用中，对于客户端数据的收集常会使用表单来进行。当客户端请求到达服务器时，Servlet 主要通过 HttpServletRequest 对象的三种方法来获取用户请求的参数：

- Public String getParameter(String name)

返回由 name 指定的用户请求参数的值。

- Public Enumeration getParameterNames()

返回所有客户请求的参数名。

- Public String[] getParameterValues(String name)

返回所有客户请求的参数值。

下面以一个简单的收集用户请求信息的 HTML 表单及处理请求的 Servlet 来演示相关方法的使用。HTML 表单如图 8-9 所示。

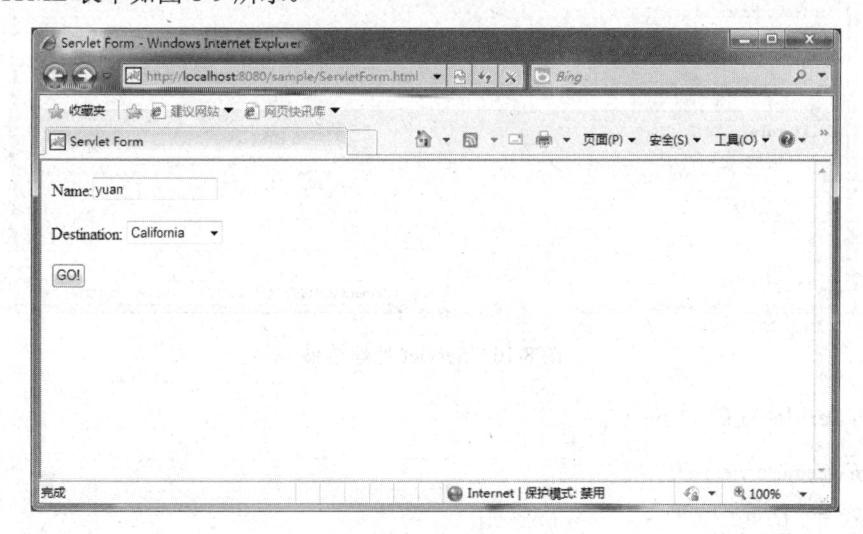

图 8-9 收集用户信息的简单 HTML 表单

HTML 代码如下：

```
<html>
<head>
<meta http-equiv="Content-Type" content="text/html; charset=UTF-8">
<title>Servlet Form</title>
</head>
<body>
<form method="post" action="getdataservlet">
<p>Name:<input type="text" size="15" name="UserName" /></p>
<p>Destination:
<select name="location">
  <option value="California">California</option>
  <option value="">Washington</option>
  <option value="New York">New York</option>
```

```
    <option value="Florida">Florida</option>
  </select>
  </p>
  <p><input type="submit" value="GO!" /></p>
  </form>
  </body>
  </html>
```

Servlet 处理结果如图 8-10 所示。

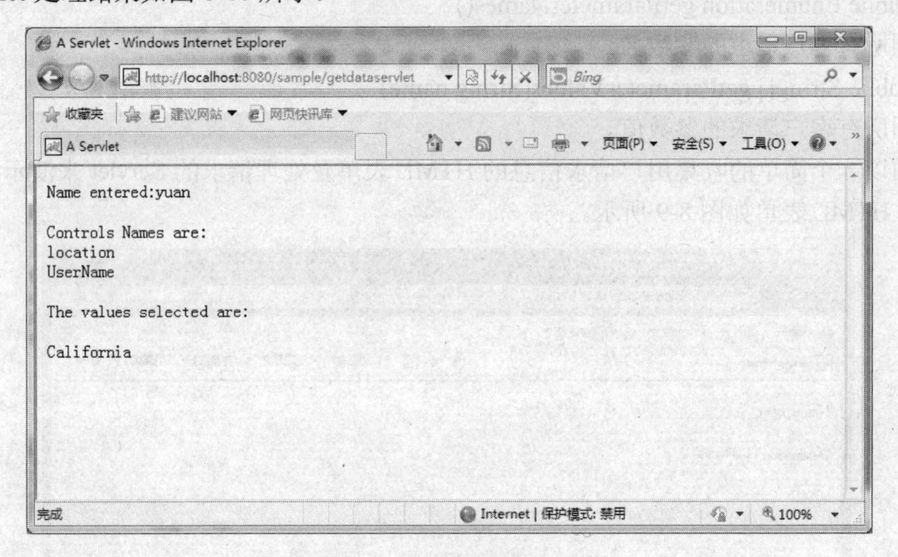

图 8-10 Servlet 处理结果

相应的 Servlet 代码如下：

```
package cn.edu.servlet.test;
import java.io.IOException;
import java.io.PrintWriter;
import java.util.Enumeration;
import javax.servlet.ServletException;
import javax.servlet.http.HttpServlet;
import javax.servlet.http.HttpServletRequest;
import javax.servlet.http.HttpServletResponse;

public class GetDataServlet extends HttpServlet {
    public GetDataServlet() {
        super();
    }
    public void destroy() {
        super.destroy();
    }
    public void doGet(HttpServletRequest request, HttpServletResponse response)
            throws ServletException, IOException {
        doPost(request,response);
```

```
    }
    public void doPost(HttpServletRequest request, HttpServletResponse response)
            throws ServletException, IOException {
        String name=request.getParameter("UserName");
        Enumeration e=request.getParameterNames();
        String[] locations=request.getParameterValues("location");
        response.setContentType("text/html");
        PrintWriter out = response.getWriter();
        out.println("<!DOCTYPE HTML PUBLIC \"-//W3C//DTD HTML 4.01 Transitional//EN\">");
        out.println("<HTML>");
        out.println("  <HEAD><TITLE>A Servlet</TITLE></HEAD>");
        out.println("  <BODY>");
        out.println("<p>Name entered:" + name +"</p>");
        out.println("<p>Controls Names are:<BR>");
        while(e.hasMoreElements())
        {
            out.println((String)e.nextElement()+ "<BR>");
        }
        out.println("</p><p>The values selected are:</p>");
        for(int i=0;i<locations.length;i++)
        {
            out.println(locations[i]+"<BR>");
        }
        out.println("  </BODY>");
        out.println("</HTML>");
        out.flush();
        out.close();
    }
    public void init() throws ServletException {
    }
}
```

8.5.2 Servlet 处理 Session 数据

在 Servlet 中，会话的维护是通过 HttpSession 对象进行的，每一个 Http 会话都会自动被赋予一个唯一的“会话编号”，而无须程序员编程实现。

会话维护的就是同一用户的一组请求序列之间的关联性。因此，HttpServletRequest 对象与 HttpSession 对象之间必然存在一定的关系。HttpServletRequest 对象提供了 getSession()方法，通过这个方法，Servlet 就可以获得当前用户的会话对象的引用。getSession()方法共有两种形式。

- HttpSession getSession()

返回与当前请求相关联的会话，如果当前请求还没有一个相关联的会话，就创建一个并返回。

- HttpSession getSession(boolean create)

返回与当前请求相关联的会话对象，如果没有，且参数 create 的值为 true，则创建一个新的会话并返回；如果 create 的值为 false，且请求没有相关联的会话对象，将返回 null。

HttpSession 对象提供了核心的会话管理功能，其最重要的是会话属性的管理方法。

● void setAttribute(String name,Object value)

将一个对象绑定到 HttpSession 对象，使之成为 HttpSession 对象的一个会话属性。调用时由 value 指定的对象将变成其 name 属性。如果 name 属性已经存在，它原来对应的对象将由 value 指定的对象转换掉。

● Object getAttribute(String name)

返回由 name 指定的会话属性，如果 name 指定的属性不存在将返回 null。

● void removeAttribute(String name)

删除由 name 指定的会话属性，如果 name 指定的属性不存在，方法直接返回。

下面的示例演示了通过会话来管理用户的访问计数，其代码如下：

```
package cn.edu.servlet.test;
import java.io.IOException;
import java.io.PrintWriter;
import javax.servlet.ServletException;
import javax.servlet.http.HttpServlet;
import javax.servlet.http.HttpServletRequest;
import javax.servlet.http.HttpServletResponse;
import javax.servlet.http.HttpSession;
public class HttpSessionServlet extends HttpServlet {
    public HttpSessionServlet() {
        super();
    }
    public void destroy() {
        super.destroy();
    }
    public void doGet(HttpServletRequest request, HttpServletResponse response)
            throws ServletException, IOException {
        int visitCount;
        HttpSession session=request.getSession(false);
        if(session==null)
        {
            visitCount=1;
            session=request.getSession(true);
            session.setAttribute("visitCount", new Integer(visitCount));
        }else
        {
            visitCount=((Integer)session.getAttribute("visitCount")).intValue();
            visitCount++;
            session.setAttribute("visitCount", new Integer(visitCount));
        }
        response.setContentType("text/html");
        PrintWriter out = response.getWriter();
        out.println("<!DOCTYPE HTML PUBLIC \"-//W3C//DTD HTML 4.01 Transitional//EN\">");
```

```
            out.println("<HTML>");
            out.println("    <HEAD><TITLE>HttpSession Servlet</TITLE></HEAD>");
            out.println("    <BODY>");
            out.println("Session ID="+session.getId());
            out.println("<br/>No. of times visited=" + visitCount);
            String url=response.encodeURL(request.getRequestURI());
            out.println("<br>Click <a href=\"" + url + "\">here</a> to visit servlet again.");
            out.println("    </BODY>");
            out.println("</HTML>");
            out.flush();
            out.close();
        }
        public void doPost(HttpServletRequest request, HttpServletResponse response)
                throws ServletException, IOException {
            doGet(request,response);
        }
        public void init() throws ServletException {
        }
    }
```

其运行结果如图 8-11 所示。

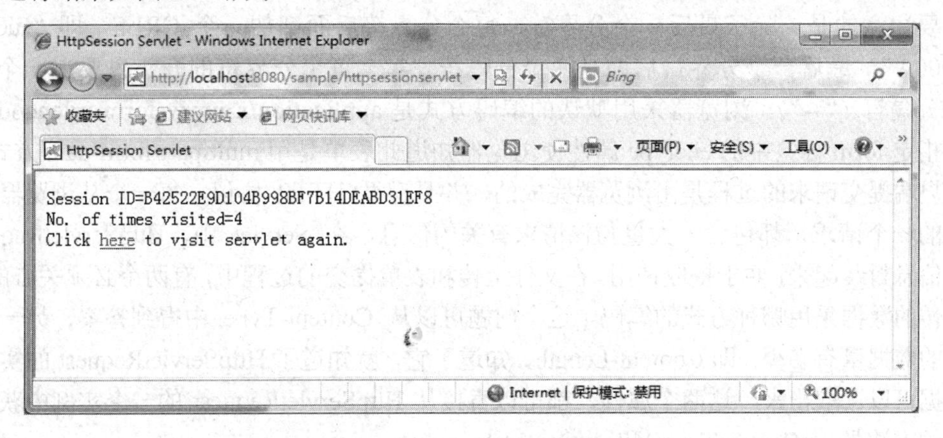

图 8-11　HttpSession 结果

8.5.3　Servlet 上传与下载文件

在 Java Web 应用中，经常会遇到文件上传与下载的需求，比如上传照片，下载附件等，这可以利用 Servlet 来进行解决。

● Servlet 上传文件

通过 HTML 上传文件时，浏览器端提供了供用户选择提交内容的界面（通常是一个表单），在用户提交请求后，将文件数据和其他表单信息编码上传至服务器端，服务器端将上传的内容进行解码，提取出 HTML 表单中的信息，将文件数据存入磁盘或数据库。在向服务器端提交请求时，浏览器需要将大量的数据一同提交给 Server 端，而提交前，浏览器需要按照 Server

端可以识别的方式进行编码，对于普通的表单数据，这种编码方式很简单，但对于传输大块的二进制数据显得力不从心，对于传输这类数据，浏览器采用了另一种编码方式，即“multipart/form-data”的编码方式，采用这种方式，浏览器可以很容易地将表单内的数据和文件一起传送。这种编码方式先定义好一个不可能在数据中出现的字符串作为分界符，然后用它将各个数据段分开，而对于每个数据段都对应着 HTML 页面表单中的一个 Input 区，包括一个 content-disposition 属性，说明了这个数据段的一些信息，如果这个数据段的内容是一个文件，还会有 Content-Type 属性，然后就是数据本身。

一个完整的以 multipart/form-data 编码的请求内容可能如下例所示：

```
-----------------------------7dda0c203f4
Content-Disposition: form-data; name="name"

ygx
-----------------------------7dda0c203f4
Content-Disposition: form-data; name="filename"; filename="sn.txt"
Content-Type: text/plain

file upload test!
-----------------------------7dda0c203f4--
```

需要注意的是，除了最后一个分界符，每个分界符后面都加一个 CRLF，即“\u000D”和“\u000A”，最后一个分界符后面是两个分隔符“--”，每个分界符的开头也要加一个 CRLF 和两个分隔符（“--”）。浏览器采用默认的编码方式是 application/x-www-form-urlencoded，可以通过指定 form 标签中的 enctype 属性使浏览器知道此表单是用 multipart/form-data 方式编码。

客户端提交请求的过程是由浏览器完成的，并且遵循 HTTP 协议，每一个从浏览器端到服务器端的一个请求，都包含了大量与该请求有关的信息，在 Servlet 中，HttpServletRequest 类将这些信息封装起来，便于提取使用。在文件上传和表单提交的过程中，有两个必须关心的问题，一是上传的数据采用哪种方式的编码，这个问题可以从 Content-Type 中得到答案，另一个问题是上传的数据量有多少，即 Content-Length，知道了它，就知道了 HttpServletRequest 的实例中有多少数据可以读取出来。这两个属性，都可以直接从 HttpServletRequest 的一个实例中获得，具体调用的方法是 getContentType()和 getContentLength()。

Content-Type 是一个字符串，形如：multipart/form-data；boundary=“--”7d137a26e18，不同的浏览器不一样，前半段是编码方式，而后半段是分界符，通过 String 类中的方法，可以把这个字符串分解，提取出分界符。代码片段如下：

```
String contentType=request.getContentType();
int start=contentType.indexOf("boundary=");
int boundaryLen=new String("boundary=").length();
String boundary=contentType.substring(start+boundaryLen);
boundary="--"+boundary;
```

而编码方式可以直接用 String 类中的 startsWith 方法判断，如：if(contentType==null || !contentType.startsWith("multipart/form-data"))。

这样，在解码前就可以知道：①编码的方式是否是 multipart/form-data；②数据内容的分界符；③数据的长度。

接下来可以将上传的数据分解成数据段，每个数据段对应着表单中的一个 Input 区。对每个数据段，再进行分解，就可以得到表单中的各个字段以及对应的值，如果表单中有 file 控件，并且用户选择了上传文件，则需要分析出字段的名称、文件在浏览器端的名字、文件的 Content-Type 和文件的内容。

将上传的数据分解成数据段的操作类似于 String 类中的 indexOf 的功能，而对于每一个数据段，可以通过类似于 String 的 subString 分解出另一个数组。为此，可以定义如下方法：

```
int byteIndexOf (byte[] source,String search,int start)
```

以一个 String 作为搜索对象参数。

```
String subBytesString(byte[] source,int from,int end)
```

直接返回一个 String。

```
int bytcsLen(String s)
```

返回字符串转化为字节数组后，字节数组的长度。

这样就可以根据一定的标记提取出另一个数组，因此，还需要定义另一个标记数组：

```
String[] tokens={"name=\"",
      "\"; filename=\"",
      "\"\r\n",
      "Content-Type: ",
      "\r\n\r\n"
      }
```

对于一个不是文件的数据段，只可能有 tokens 中的第一个元素和最后一个元素，如果是一个文件数据段，则包含所有的元素。

第一步先得到 tokens 中每个元素在这个数据段中的位置，代码如下：

```
int[] position=new int[tokens.length];
         for (int i=0;i < tokens.length ;i++ )
         {
              position[i]=byteIndexOf(buffer,tokens[i],0);
         }
```

第二步判断是否是一个文件数据段，如果是一个文件数据段则 position[1] 应该大于 0，并且 postion[1] 应该小于 postion[2]，即表达式“position[1] > 0 && position[1] < position[2]”为真，则为一个文件数据段，接下来可进行如下操作。

1. 得到字段名

```
String name =subBytesString(buffer,position[0]+bytesLen(tokens[0]),position[1]);
```

2. 得到文件名

```
String file= subBytesString(buffer,position[1]+bytesLen(tokens[1]),position[2]);
```

3. 得到 Content-Type

```
String contentType=subBytesString(buffer,position[3]+bytesLen(tokens[3]),position[4]);
```

4. 得到文件内容

```
byte[] b=subBytes(buffer,position[4]+bytesLen(tokens[4]),buffer.length);
```

否则，说明数据段是一个 name/value 型的数据段，且 name 在 tokens[0] 和 tokens[2] 之间，value 在 tokens[4]之后。

```
String name =subBytesString(buffer,position[0]+bytesLen(tokens[0]),position[2]);
String value= subBytesString(buffer,position[4]+bytesLen(tokens[4]),buffer.length);
```

文件上传的全部代码如下。

（1）定义一个保存文件的类：FileHolder.java。

```
package cn.edu.servlet.test;
import java.io.BufferedOutputStream;
import java.io.File;
import java.io.FileOutputStream;
import java.io.IOException;
public class FileHolder {
        String contentType;
        byte[] buffer;
        String fileName;
        String parameterName;
        FileHolder(byte[] buffer,String contentType,String fileName,String parameterName)
        {
            this.buffer=buffer;
            this.contentType=contentType;
            this.fileName=fileName;
            this.parameterName=parameterName;
        }
        public void saveTo(File file) throws IOException
        {
            BufferedOutputStream out=new BufferedOutputStream(new FileOutputStream(file));
            out.write(buffer);
            out.close();
        }
        public void saveTo(String name) throws IOException
        {
            saveTo(new File(name));
        }
        public byte[] getBytes()
        {
            return buffer;
        }
        public String getFileName()
```

```
        {
            return fileName;
        }
        public String getContentType()
        {
            return contentType;
        }
        public String getParameterName()
        {
            return parameterName;
        }
}
```

（2）定义一个获取内容的工厂类：ContentFactory.java。

```
package cn.edu.servlet.test;
import java.io.DataInputStream;
import java.io.File;
import java.io.IOException;
import java.util.Enumeration;
import java.util.Vector;
import javax.servlet.http.HttpServletRequest;
import com.sun.org.apache.xalan.internal.xsltc.runtime.Hashtable;
public class ContentFactory {
    private Hashtable values;
    private Hashtable files;
    private ContentFactory(Hashtable values,Hashtable files)
    {
        this.values=values;
        this.files=files;
    }
    public String getParameter(String name)
    {
        Vector v=(Vector)values.get(name);
        if(v!=null)
            return (String)v.elementAt(0);
        return null;
    }
    public Enumeration getParameterNames()
    {
        return values.keys();
    }
    public String[] getParameterValues(String name)
    {
        Vector v=(Vector)values.get(name);
        if(v!=null)
        {
            String[] result=new String[v.size()];
```

```
                v.toArray(result);
                return result;
            }

            return new String[0];
        }

        public FileHolder getFileParameter(String name)
        {
            Vector v=(Vector)files.get(name);
            if(v!=null)
                return (FileHolder)v.elementAt(0);
            return null;
        }
        public Enumeration getFileParameterNames()
        {
            return files.keys();
        }
        public FileHolder[] getFileParameterValues(String name)
        {
            Vector v=(Vector)files.get(name);
            if(v!=null)
            {
                FileHolder[] result=new FileHolder[v.size()];
                v.toArray(result);
                return result;
            }
            return new FileHolder[0];
        }
        public static ContentFactory getContentFactory(HttpServletRequest request) throws ContentFactoryException,
IOException
        {
                    return getContentFactory(request,1024*1024);
        }
        public static ContentFactory getContentFactory(HttpServletRequest request,int maxLength) throws
ContentFactoryException,IOException
        {
            Hashtable values=new Hashtable();
            Hashtable files=new Hashtable();
            String contentType=request.getContentType();
            int contentLength = request.getContentLength();
            if (contentLength>maxLength)
            {
                ContentFactoryException e=new ContentFactoryException("上传数据太多，请不要选择太大的
文件");
                throw e;
```

```
        }
        if(contentType==null || !contentType.startsWith("multipart/form-data")) {
            return null;
        }
        int start=contentType.indexOf("boundary=");
        int boundaryLen=new String("boundary=").length();
        String boundary=contentType.substring(start+boundaryLen);
        boundary="--"+boundary;
        boundaryLen=bytesLen(boundary);
        byte buffer[] = new byte[contentLength];
        int once = 0;
        int total = 0;
        DataInputStream in = new DataInputStream(request.getInputStream());
        while ((total<contentLength) && (once>=0)) {
            once = in.read(buffer,total,contentLength);
            total += once;
        }
        int pos1=0;
        int     pos0=byteIndexOf(buffer,boundary,0);
        do
        {
            pos0+=boundaryLen;                          pos1=byteIndexOf(buffer,boundary,pos0);
            if (pos1==-1)
                break;
            pos0+=2;
            parse(subBytes(buffer,pos0,pos1-2),values,files);          pos0=pos1;
        }while(true);
        return new ContentFactory(values,files);
    }
    private static void parse(byte[] buffer,Hashtable values,Hashtable files)
    {

        String[] tokens={"name=\"","\"; filename=\"", "\"\r\n","Content-Type: ","\r\n\r\n"};
        int[] position=new int[tokens.length];
        for (int i=0;i<tokens.length ;i++ )
        {
            position[i]=byteIndexOf(buffer,tokens[i],0);
        }
        if (position[1]>0 && position[1]<position[2])
        {
            String name =subBytesString(buffer,position[0]+bytesLen(tokens[0]),position[1]);
            String file= subBytesString(buffer,position[1]+bytesLen(tokens[1]),position[2]);
            if (file.equals("")) return;
            file=new File(file).getName();
            String contentType=subBytesString(buffer,position[3]+bytesLen(tokens[3]),position[4]);
            byte[] b=subBytes(buffer,position[4]+bytesLen(tokens[4]),buffer.length);
```

```
                FileHolder f=new FileHolder(b,contentType,file,name);
                Vector v=(Vector)files.get(name);
                if (v==null)
                {
                    v=new Vector();
                }
                if (!v.contains(f))
                {
                    v.add(f);
                }
                files.put(name,v);
                v=(Vector)values.get(name);
                if (v==null)
                {
                    v=new Vector();
                }
                if (!v.contains(file))
                {
                    v.add(file);
                }
                values.put(name,v);
            }else
            {
                String name =subBytesString(buffer,position[0]+bytesLen(tokens[0]),position[2]);
                String value= subBytesString(buffer,position[4]+bytesLen(tokens[4]),buffer.length);
                Vector v=(Vector)values.get(name);
                if (v==null)
                {
                    v=new Vector();
                }
                if (!v.contains(value))
                {
                    v.add(value);
                }
                values.put(name,v);
            }
        }
        private static int byteIndexOf (byte[] source,String search,int start)
        {
            return byteIndexOf(source,search.getBytes(),start);
        }

        private static int byteIndexOf (byte[] source,byte[] search,int start)
        {
            int i;
            if (search.length==0)
```

```
        {
            return 0;
        }
        int max=source.length-search.length;
        if (max<0)
            return -1;
        if (start>max)
            return -1;
        if (start<0)
            start=0;
      searchForFirst:
        for (i=start;i<=max ; i++)
        {
            if (source[i]==search[0])
            {
                int k=1;
                while(k<search.length)
                {
                    if (source[k+i]!=search[k])
                    {
                        continue searchForFirst;
                    }
                    k++;
                }
                return i;
            }
        }
        return -1;
    }

    private static byte[] subBytes(byte[] source,int from,int end)
    {
        byte[] result=new byte[end-from];
        System.arraycopy(source,from,result,0,end-from);
        return result;
    }

    private static String subBytesString(byte[] source,int from,int end)
    {
        return new String(subBytes(source,from,end));
    }
    private static int bytesLen(String s)
    {
        return s.getBytes().length;
    }
}
```

（3）定义上面工厂类用到的自定义异常类:ContentFactoryException.java。

```
package cn.edu.servlet.test;
public class ContentFactoryException extends Exception {
    ContentFactoryException()
        {
            super();
        }
        ContentFactoryException(String s)
        {
            super(s);
        }
}
```

（4）在上传文件的 Servlet 类中引用上面定义的各种类，比如典型的一个上传文件的 Servlet 的 doPost 方法代码如下：

```
public void doPost(HttpServletRequest request, HttpServletResponse response)
            throws ServletException, IOException {
            response.setContentType("text/html;charset=UTF-8");
            PrintWriter out = response.getWriter();
            request.setCharacterEncoding("UTF-8");
            //这里设定允许上传的文件大小
            try{
                ContentFactory holder=ContentFactory.getContentFactory(request,(1024*1024*2));
                if (holder==null)
                {
                    //可能不是 multipart/form-data 形式编码，或浏览器不支持
                    out.println("请确认页面中表单的编码为 multipart/form-data 形式");
                    out.println("如确认，可能你的浏览器不支持该种编码方式");
                    return;
                }
                Enumeration fields=holder.getFileParameterNames();
                Enumeration names=holder.getParameterNames();
                out.println("<html><body>\n<h2 align=center>Files are</h2>");
                out.println("<table border=1 align=center width=90%>\n    <tr>\n    <td width=30%>字
段名</td>\n    <td width=25%>Content-Type</td>");
                out.println("    <td width=45%>文件名</td>\n  </tr>");
                while(fields.hasMoreElements())
                {
                    String field=(String)fields.nextElement();
                    FileHolder[] file=holder.getFileParameterValues(field);

                    for (int i=0;i<file.length ;i++ )
                    {
                        String fileName=file[i].getFileName();
                        File f=new File(PATHSTRING+fileName);
```

```
                                file[i].saveTo(f);
                                out.println("    <tr>\n        <td>"+file[i].getParameterName()+ "</td>\n");
                                out.println("        <td>"+file[i].getContentType()+"</td>");
                                out.println("            <td><a  href=\""+URLSTRING+fileName+"\">"+fileName+
"</td>\n    </tr>");
                            }
                        }
                        out.println("</table>");
                        out.println("<hr>");
                        out.println("<h2 align=center>Other Fields</h2>");
                        out.println("<table border=1 align=center width=90%>\n   <tr>\n   <td width=40%>字段
名</td>\n        <td width=60%>Value</td>\n    </tr>");
                        while(names.hasMoreElements())
                        {
                            String n=(String)names.nextElement();
                            String[] values=holder.getParameterValues(n);
                            for(int i=0;i<values.length;i++)
                            {
                                out.println("    <tr>\n   <td>" + n+"</td>\n   <td>"+values[i]+"</td>\n   <tr>");
                            }
                        }
                        out.println("</table>");
                        out.println("</body></html>");
                    }catch(ContentFactoryException e)
                    {
                        out.println("上载的数据太多");
                    }
            }
```

● Servlet 下载文件

用 Servlet 进行文件下载操作比上传文件相对简单一些，主要操作就是通过 Servlet API 获取到输出流，设置响应的相关内容，然后从磁盘上读取文件向输出流中写入数据，示例代码如下：

```
public void doGet(HttpServletRequest request, HttpServletResponse response)
                throws ServletException, IOException {
                  long totalsize = 0;
                  File f = new File(filepath);
                  long filelength = f.length();
                  byte[] b = new byte[1024];
                  DataInputStream dis = new DataInputStream(new FileInputStream(f));
                  response.setHeader("Content-dispostion", "attachment;filename=" + filepath);
                  response.setContentType("application/txt");
                  String filesize = Long.toString(filelength);
                  response.setHeader("Content-Length", filesize);
                  ServletOutputStream servletOut = response.getOutputStream();
                  while(totalsize < filelength){
```

```
                totalsize += 1024;
                if(totalsize > filelength){
                    byte[] leftpart = new byte[1024 - (int)(totalsize - filelength)];
                    dis.readFully(leftpart);
                    servletOut.write(leftpart);
                }
                else{
                    dis.readFully(b);
                    servletOut.write(b);
                }
            }
            servletOut.close();
    }
```

8.6 项目案例

8.6.1 本章知识点的综合项目案例

需求：采用 Servlet 实现用户的登录判断，并显示不同结果。

（1）新建 login.jsp 登录页面，代码如下：

```
    <%@ page language="java" import="java.util.*" pageEncoding="UTF-8"%>
<!DOCTYPE HTML PUBLIC "-//W3C//DTD HTML 4.01 Transitional//EN">
<html>
  <head>
    <title>用户登录</title>
  </head>
  <body>
  <form method="post" action="loginservlet">
        <table>
        <tr><td>用户名:<input name="userName" type="text"></td></tr>
        <tr><td>密码:<input name="password" type="password"></td></tr>
        <tr><td><input type="submit" value="登录"></td></tr>
        </table>
  </form>
  </body>
</html>
```

（2）新建 LoginServlet.java 类，其 doPost 方法代码如下：

```
public void doPost(HttpServletRequest request, HttpServletResponse response)
            throws ServletException, IOException {

        response.setContentType("text/html");
        response.setCharacterEncoding("UTF-8");
```

```
        String username=(String)request.getParameter("userName");
        String password=(String)request.getParameter("password");
        PrintWriter out = response.getWriter();
        out.println("<!DOCTYPE HTML PUBLIC \"-//W3C//DTD HTML 4.01 Transitional//EN\">");
        out.println("<HTML>");
        out.println("  <HEAD><TITLE>A Servlet</TITLE></HEAD>");
        out.println("  <BODY>");
        if((username.trim().equalsIgnoreCase("admin")) && (password.trim().equalsIgnoreCase("admin")))
        {
            out.println("欢迎系统管理员！");
        }
        else
        {
            out.println("欢迎你："+username);
        }
        out.println("  </BODY>");
        out.println("</HTML>");
        out.flush();
        out.close();
    }
```

8.6.2 本章知识点在网上购书系统中的应用

本章知识点在网上购书系统中的应用主要体现在控制器 Servlet 的使用上。由于该系统有很多模块，一般来说一个大模块就创建一个 Servlet，如图书管理为 BookManageServlet，但该模块中的添加图书信息、修改图书信息、删除图书信息以及查询图书信息则没有必要再单独创建新的 Servlet，只需要定义相应的方法完成相应功能即可。本节以用户在网上购书系统中进行网上注册为例，讲解 Servlet 的使用，代码如下：

```
package com.scmpi.book.action;
import java.io.IOException;
import javax.servlet.ServletException;
import javax.servlet.http.HttpServlet;
import javax.servlet.http.HttpServletRequest;
import javax.servlet.http.HttpServletResponse;
import com.scmpi.book.entity.User;
import com.scmpi.book.service.UserService;
import com.scmpi.book.service.impl.UserServiceImpl;
//注册用户信息的 Servlet
public class RegisterServlet extends HttpServlet {
    public void service(HttpServletRequest request, HttpServletResponse response)
            throws ServletException, IOException {
        response.setContentType("text/html");
    //获取注册页面信息
        String username = request.getParameter("userName");
        String pwd = request.getParameter("pwd");
```

```
        String address = request.getParameter("address");
        String postcode = request.getParameter("postcode");
        String email = request.getParameter("email");
        String phone = request.getParameter("phone");
        User user = new User(address, email, username, pwd, phone, postcode);
        // 回调服务层
        UserService userService = new UserServiceImpl();
        try {
            userService.addUser(user);
        //页面跳转
            request.getRequestDispatcher("/registerOk.jsp").forward(request,
                    response);
        } catch (Exception e) {
            request.getRequestDispatcher("/error.jsp").forward(request,
                    response);
        }
    }

}
```

习　　题

1．如何为 Servlet 设置初始化参数？
2．如何获取客户端的所有请求参数？
3．简述 Servlet 的生命周期。

实训操作

请编写实现文件上传的 Servlet，并显示详细的浏览器表单信息，效果如图 8-12 所示。

图 8-12　上传功能

第9章 Servlet中的会话处理与过滤技术

课程目标

- 了解 JSP 中的会话处理技术
- 掌握 HttpSession 的使用
- 掌握过滤器的使用

由于 HTTP 协议连接的无状态性，Web 应用并不了解同一用户会话的信息，但购物程序知道用户以前选择的商品是必需的。于是，保持 HTTP 连接状态的技术应运而生。本章将介绍 HTTP 会话的跟踪和会话管理技术。

9.1 无状态的 HTTP 协议与响应模式

HTTP 的无状态特性。在 HTTP 协议中，客户端打开一个连接，客户端发送请求，服务器响应请求，如图 9-1 所示。在关闭 HTTP 连接之后，Web 容器不会记住这个连接的任何信息。当下一次请求发起时，Web 容器会把这个请求看成一个信息的连接，与前面的请求无关。

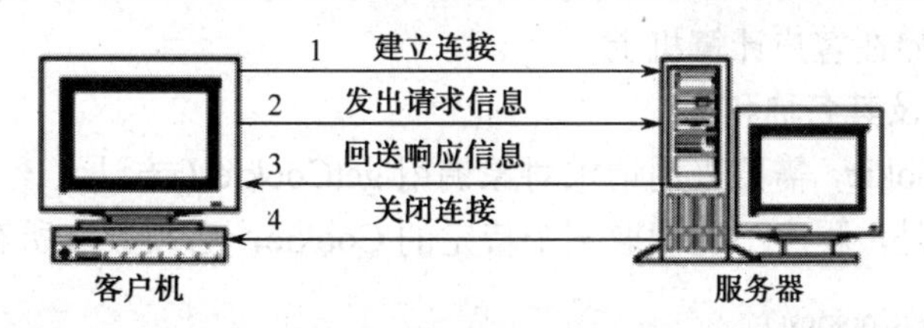

图 9-1 HTTP 响应模式

但是在 Web 编程中，保持状态是非常重要的，一个具有状态的协议可以用来帮助在多个请求和响应之间实现复杂的应用逻辑。例如：网上银行或者网上购物，需要记住该账户以前的信息，如上次的登录时间或者上次购买的物品等。

要解决此类问题，需要支持客户端与服务器之间的交互，就需要通过不同的技术为交互存储状态，而这些不同的技术就是 Cookie 和 Session 了。Cookie 是通过客户端保持状态的解决方案。与 Cookie 相对的一个解决方案是 Session，它是通过服务器来保持状态的。

9.2 会话跟踪技术

会话是客户端发送请求，服务器返回响应的连接时间段。由于 HTTP 是无状态协议，不能维持客户的上下文信息。因此采用了会话跟踪技术。三种典型客户端会话跟踪解决方案为 Cookies、URL 重写和隐藏表单域。服务器端采用了 Session 技术。

9.2.1 Cookies

Cookie 是通过客户端保持状态的解决方案。从定义上来说，Cookie 就是由服务器发给客户端的特殊信息，而这些信息以文本文件的方式存放在客户端，客户端每次向服务器发送请求的时候都会带上这些特殊的信息。

有了 Cookie 这样的技术实现，服务器在接收到来自客户端浏览器的请求之后，就能够通过分析存放于请求头的 Cookie 得到客户端特有的信息，从而动态生成与该客户端相对应的内容。通常，可以从很多网站的登录界面中看到“请记住我”这样的选项，如果勾选了它之后再登录，那么在下一次访问该网站的时候就不需要进行重复登录动作了，而这个功能就是通过 Cookie 实现的。

注意：在使用 Cookie 时，要保证浏览器接受 Cookie。方法是：选择浏览器的工具菜单，单击 Internet→“隐私高级”→“接受”选项就可以了。

Cookie 的常用方法有以下几种。

1. 创建 Cookie

通过 Cookie 的构造方法可以创建一个 Cookie，格式如下：

```
Cookie 对象名=new Cookie(String name,String value);
```

2. 将 Cookie 传递给浏览器

通过 response.addCookie（Cookie 对象）方法，可以将 Cookie 的数据和 HTTP 一起传递给客户端的浏览器，存储在客户计算机上。

3. 读取 Cookie 及其名称和值

从客户端读取 Cookie，需要采用请求对象调用 getCookies()方法。该方法返回 Cookie 的对象数组，需要注意的是，程序不能读取某个特定的 Cookie，必须读取所有的 Cookie。

```
Cookie[] cook=req.getCookies();
    if(cook!=null){
    for(Cookie c:cook){
        out.println("<font   color='red'   size='8'>");
        out.println(c.getName()+"-----"+c.getValue());
```

```
            out.println("</font>");
            out.flush();
        }
    }
```

4. 读取和设置 Cookie 的有效期

getMaxAge()和 set MaxAge()：Cookie 不会一直存在，它有一定的存活时间，设置 Cookie 在浏览器上存活多少时间（以秒计），如果给的是 8，则在服务器上存活 8 秒。如果给一个负数，表示 Cookie 是临时的，浏览器关闭，Cookie 就会消失，如果设置为 0，表示浏览器删除相应的 Cookie。

```
c.setMaxAge(60*24*30);//设置该 Cookie 存活 30 天
```

示例 9-1：编写程序，将这次登录的时间设置在 Cookie 中，并显示上次的访问时间。

Ex9_1.java 代码如下：

```
import java.io.IOException;
import java.io.PrintWriter;
import java.util.Date;
import javax.servlet.ServletException;
import javax.servlet.http.Cookie;
import javax.servlet.http.HttpServlet;
import javax.servlet.http.HttpServletRequest;
import javax.servlet.http.HttpServletResponse;

public class Ex9_1   extends HttpServlet{
    public void service (HttpServletRequest req,HttpServletResponse res)
        throws ServletException,IOException{
          res.setContentType("text/html;charset=gb2312");
          PrintWriter out=res.getWriter();
    Cookie[] cookies=req.getCookies();
          if(cookies!=null){
          for(Cookie cookie:cookies){
                out.println("<font   color='red'   size='8'>");
                    out.println(cookie.getName()+"-----"+cookie.getValue());
                    out.println("</font>");
                    out.flush();
          }
          }
    Cookie c=new Cookie("datecookie",new Date().toString());
    res.addCookie(c);//将把 Cookie 放在
    c.setMaxAge(60*24*30);//设置该 Cookie 存活 30 天
          }
}
```

运行结果如图 9-2 所示。

http://localhost:8888/chap9/Ex9_1

datecookie-----Sat Jun 29 20:16:08 CST 2013

图 9-2　Ex9_1 的运行效果

9.2.2　URL 重写

在 Servlet 中，对超链接可以采用 response.encodeURL("")。进行 URL 重写用 response.sendRedirect(response.encodeURL(url))的好处就是它能将用户的 Session 追加到网址的末尾，也就是能够保证用户在不同的页面时的 Session 对象是一致的。这样做的目的是防止某些浏览器不支持或禁用了 Cookie 导致 Session 跟踪失败。

9.2.3　隐藏表单域

HTML 支持一种隐藏控件，例如：

```
<input type="hidden" name="uid" value="1001">
```

当提交用户请求时，Web 容器在 Servlet 的 doPost()方法中，可以得到这个参数。另外，隐藏表单域应该包含在一个表单提交中，因而它并不是对所有的页面类型都适合。

9.3　HttpSession 的使用

Session 会话，可以把浏览器与服务器的一次连接称为一个 Session。Session 技术是在服务器端开辟了存储空间，在其中保存的信息就是用于保持状态，Session 信息保留在服务器端。要使用 Session，第一步当然是创建 Session 了。那么 Session 在何时创建呢？在 Servlet 中通过调用 HttpServletRequest 的 getSession 方法（使用 true 作为参数）创建。在创建了 Session 的同时，服务器会为该 Session 生成唯一的 Session id，而这个 Session id 在随后的请求中会被用来重新获得已经创建的 Session；在 Session 被创建之后，就可以调用 Session 相关的方法往 Session 中增加内容了，而这些内容只会保存在服务器中，发到客户端的只有 Session id；当客户端再次发送请求的时候，会将这个 Session id 带上，服务器接收到请求之后就会依据 Session id 找到相应的 Session，从而再次使用之。正是这样一个过程，用户的状态也就得以保持了。在 Servlet 中，Session 是 HttpSession 类型。

1. 创建 HttpSession

```
HttpSession session=request.getSession();
```

2. HttpSession 的常用方法

void setAttribute(String attribute, Object value)：设置 Session 属性。value 参数可以为任何 Object。

Object getAttribute(String attribute)：返回 Session 属性。

void removeAttribute(String attribute)：移除 Session 属性。

String getId()：返回 Session 的 ID。该 ID 由服务器自动创建，不会重复。

long getCreationTime()：返回 Session 的创建日期。返回类型为 long，常被转化为 Date 类型。

int getMaxInactiveInterval()：返回 Session 的超时时间，单位为秒。超过该时间没有访问，服务器认为该 Session 失效。

void setMaxInactiveInterval(int second)：设置 Session 的超时时间，单位为秒。如果设置一个负值，表示 Session 永远不会失效。

boolean isNew()：如果客户端还不知道这个 Session 或者客户端没有选择加入 Session，那么该方法返回 true。如果服务器使用了基于 Cookie 的 Session，而客户端禁用了 Cookie，那么对于每一个请求，Session 都是新的。

示例 9-2：Session 的使用实例。

Ex9_2_1.html 代码如下：

```
<html>
    <head>
        <meta http-equiv="Content-Type" content="text/html; charset=gb2312">
        <title>登录</title>
    </head>
    <body>
        <center>
            <h1>
                登录页面
            </h1>
            <hr>
            <form action="Ex9_2_2" method="post">
                <table>
                    <tr>
                        <td>
                            用户名：
                        </td>
                        <td>
                            <input type="text" name="username" />
                        </td>
                    </tr>
                    <tr>
                        <td>
                            密码：
                        </td>
                        <td>
                            <input type="password" name="password" />
                        </td>
                    </tr>
```

```
                <tr>
                    <td colspan="2" align="center">
                        <input type="submit" value="登录" />
                        <input type="reset" value="重置" />
                    </td>
                </tr>
            </table>
        </form>
    </center>
</body>
</html>
```

Ex9_2_2.java 代码如下：

```
package my.session;
import java.io.IOException;
import java.io.PrintWriter;
import javax.servlet.ServletException;
import javax.servlet.http.HttpServlet;
import javax.servlet.http.HttpServletRequest;
import javax.servlet.http.HttpServletResponse;
import javax.servlet.http.HttpSession;
public class Ex9_2_2 extends HttpServlet {
    /**
     *处理表单传递过来的请求，并用 Session 记住用户名和密码
     *
     */
    public void doPost(HttpServletRequest request, HttpServletResponse response)
            throws ServletException, IOException {
        response.setContentType("text/html;charset=gb2312");
        PrintWriter out = response.getWriter();
        //得到请求参数
        String username = request.getParameter("username");
        String password = request.getParameter("password");
        //把用户名和密码放在 Session 中
        HttpSession session = request.getSession();
        session.setAttribute("name", username);
        session.setAttribute("pwd", password);
        //跳转到页面 Ex9_2_3.jsp 页面
        response.sendRedirect("Ex9_2_3.jsp");
    }
}
```

Ex9_2_3.jsp 的代码如下：

```
<%@ page language="java" contentType="text/html; charsetgb2312"
    pageEncoding="gb2312"%>
<!DOCTYPE html PUBLIC "-//W3C//DTD HTML 4.01 Transitional//EN" "http://www.w3.org/TR/html4/loose.dtd">
```

```
<html>
    <head>
        <meta http-equiv="Content-Type" content="text/html; charset=gb2312">
        <title>获得 session 中的值</title>
    </head>
    <body>
        <%
            String username = (String) session.getAttribute("name");
            String password = (String) session.getAttribute("pwd");
        %>
        用户名：<%=username%><br>
        密码:<%=password%><br>
        <hr>
        <%
            session.removeAttribute("name");
        %>
        移除用户名后，Session 中读出的内容：
        <br>
        <%
            username = (String) session.getAttribute("name");
            password = (String) session.getAttribute("pwd");
        %>
        用户名：<%=username%><br>
        密码:<%=password%><br>
        <hr>
        <a href="Ex9_2_4.jsp">退出 Session，重新登录</a>
        <a href="Ex9_2_5.jsp">session 超时</a>
    </body>
</html>
```

Ex9_2_4.jsp 的代码如下：

```
<%@ page language="java" contentType="text/html; charset=gb2312"
    pageEncoding="gb2312"%>
<html>
    <head>
        <meta http-equiv="Content-Type"
            content="text/html; charset=ISO-8859-1">
        <title>session 的失效</title>
    </head>
    <body>
        session 正在退出...
        <%
        session.invalidate();
        response.sendRedirect("Ex9_2_1.html");
    %>
    </body>
</html>
```

Ex9_2_5.jsp 的代码如下：

```
<%@ page language="java" contentType="text/html; charset=gb2312"
    pageEncoding="gb2312"%>

<html>
    <head>
        <meta http-equiv="Content-Type" content="text/html; charset=gb2312">
        <title>session 超时</title>
    </head>
    <body>
        请耐心等待 1 分钟后，刷新该页面，可看到 session 失效的效果...
        <br>
        <hr>
        <%
            session.setMaxInactiveInterval(1);
        %>
        <%
            String username = (String) session.getAttribute("name");
            String password = (String) session.getAttribute("pwd");
            if (username == null && password == null) {
                out.println("session 已经失效，其中的属性内容都为 null！<br>");
            }
        %>
        用户名：<%=username%><br>
        密码:<%=password%><br>
    </body>
</html>
```

登录页面运行结果如图 9-3 所示。

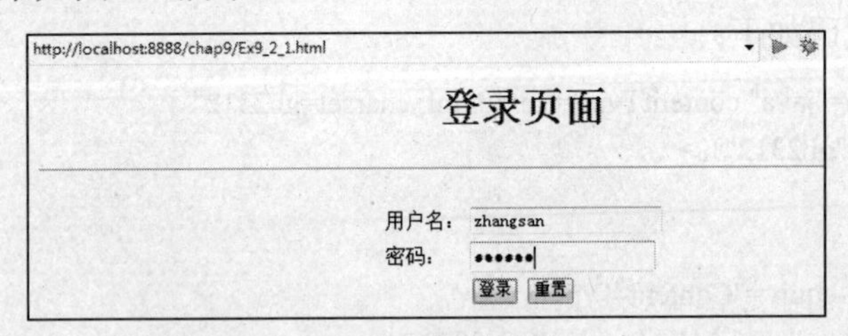

图 9-3　登录页面

读出和移除 Session 中的内容如图 9-4 所示。

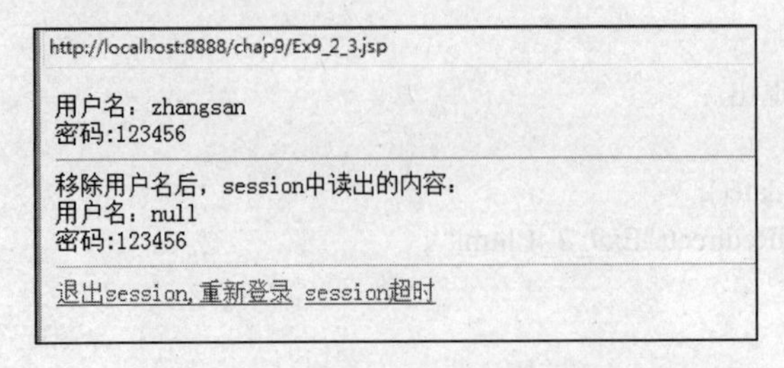

图 9-4　读出和移除 Session 中的内容

刷新页面，观察 Session 失效的页面如图 9-5 所示。

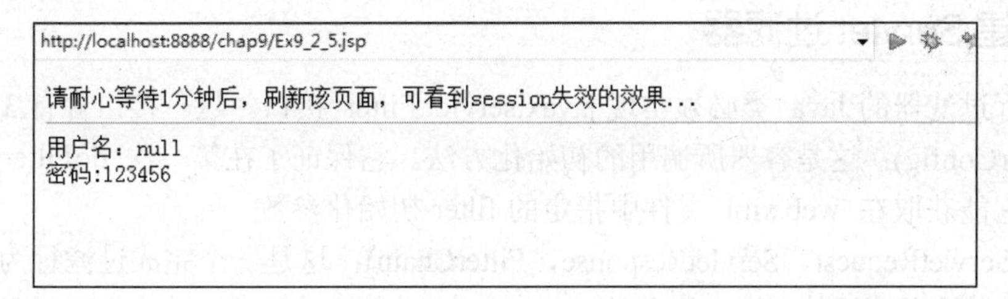

图 9-5 观察 Session 超时

等待 1 分钟后再次刷新页面，观察 Session 失效后页面如图 9-6 所示。

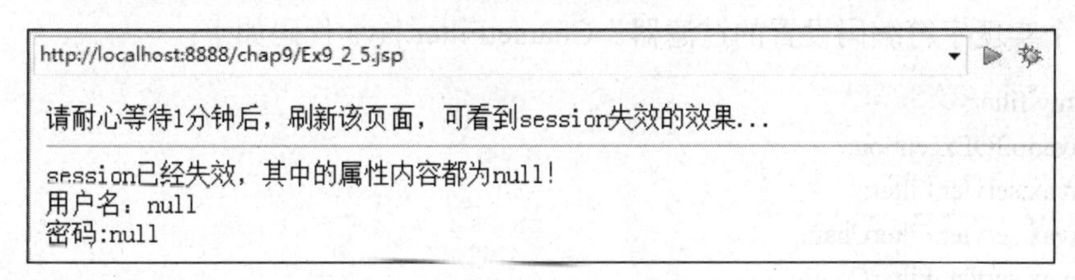

图 9-6 等待 1 分钟后刷新的结果

9.4 Servlet 过滤器介绍

Servlet 过滤器（Filter）是通过各配置文件来灵活声明模块化可重用组件，过滤器动态地处理传入请求和传出响应，并且无须修改应用代码就可以透明地添加或删除它们，过滤器独立于任何平台或者 Servlet 容器。

9.5 Servlet 过滤器的配置

9.5.1 Servlet 过滤器简介

过滤器通过 Web 部署描述符（web.xml）中 XML 标签来声明，这样就可以允许添加和删除过滤器而无须改动任何应用代码或 JSP 页面。过滤器在运行时由 Servlet 容器来拦截处理请求和响应。

过滤器在 Web 处理环境中应用很广泛，涵盖诸如日志记录和安全等许多公共辅助任务，它们可用于对来自客户机直接执行预处理和后期处理，以及处理在防火墙之后的 Web 组件间调度请求，最后可以将过滤器链接起来以提供必需功能。

在请求/响应链中，包括过滤器的这种设计是为了补充（而不是以任何方式替代）Servlet 或 JSP 页面提供核心处理，因而过滤器可以根据需要添加或删除，而不会破坏 Servlet 或 JSP 页面。

9.5.2 创建 Servlet 过滤器

一个执行过滤器的 Java 类必须实现 javax.servlet.Filter 接口。这一接口含有 3 个方法。

init(FilterConfig)：这是容器所调用的初始化方法。它保证了在第一次 doFilter() 调用前由容器调用。它能获取在 web.xml 文件中指定的 filter 初始化参数。

doFilter(ServletRequest，ServletResponse，FilterChain)：这是一个完成过滤行为的方法。它同样是上一个过滤器调用的方法。引入的 FilterChain 对象提供了后续过滤器所要调用的信息。

destroy()：容器在销毁过滤器实例前，doFilter()中的所有活动都被该实例终止后，调用该方法。

定义一个实现字符编码设置的过滤器。CharsetFilter.java 代码如下：

```
package my.filter;
import java.io.IOException;
import javax.servlet.Filter;
import javax.servlet.FilterChain;
import javax.servlet.FilterConfig;
import javax.servlet.ServletException;
import javax.servlet.ServletRequest;
import javax.servlet.ServletResponse;

//1.过滤器必须实现 javax.servlet.Filter 接口
public class CharsetFilter implements Filter {

    private String charset;// 字符编码
    private boolean enabled;// 开关

    public void destroy() {
        System.out.println("销毁编码过滤器");
    }

    // 2.doFilter 方法是实现过滤的方法
    public void doFilter(ServletRequest request, ServletResponse response,
            FilterChain chain) throws IOException, ServletException {

        //如果开关打开且字符编码不空
        if (enabled && charset != null) {
            //设置编码
            request.setCharacterEncoding(charset);
            response.setCharacterEncoding(charset);
        }

        chain.doFilter(request, response);
    }
```

```
    public void init(FilterConfig config) throws ServletException {

        System.out.println("初始化编码过滤器");
        //从配置文件获取参数：charset
        this.charset = config.getInitParameter("charset");
        this.enabled = "true".equals(config.getInitParameter("enabled"));
        System.out.println("字符编码：" + charset + "        是否启用：" + enabled);
    }

}
```

9.5.3 配置过滤器

在部署描述符web.xml中加入粗体显示的代码：

```
<?xml version="1.0" encoding="UTF-8"?>
<web-app version="2.5"
    xmlns="http://java.sun.com/xml/ns/javaee"
    xmlns:xsi="http://www.w3.org/2001/XMLSchema-instance"
    xsi:schemaLocation="http://java.sun.com/xml/ns/javaee
    http://java.sun.com/xml/ns/javaee/web-app_2_5.xsd">

  <!--配置过滤器 -->
  <filter>
     <!--过滤器名称 -->
     <filter-name>charsetFilter</filter-name>
     <!--过滤器类路径 -->
     <filter-class>my.filter.CharsetFilter</filter-class>
       <!--初始化参数 -->
     <init-param>
       <!--编码参数 -->
       <param-name>charset</param-name>
       <param-value>gb2312</param-value>
     </init-param>
  <init-param>
<!--控制是否启用过滤器 -->
  <param-name>enabled</param-name>
  <param-value>true</param-value>
  </init-param>
<!--还可以配置其他更多参数 .... -->
  </filter>
<!--过滤器映射 -->
  <filter-mapping>
      <filter-name>charsetFilter</filter-name>
<!--过滤的URL（* 表示所有请求都被拦截过滤） -->
      <url-pattern>/*</url-pattern>
  </filter-mapping>
```

```
  <servlet>
    <description>This is the description of my J2EE component</description>
    <display-name>This is the display name of my J2EE component</display-name>
    <servlet-name>Ex9_3_2</servlet-name>
    <servlet-class>my.login.Ex9_3_2</servlet-class>
  </servlet>

  <servlet-mapping>
    <servlet-name>Ex9_3_2</servlet-name>
    <url-pattern>/Ex9_3_2</url-pattern>
  </servlet-mapping>


  <welcome-file-list>
    <welcome-file>index.jsp</welcome-file>
  </welcome-file-list>
</web-app>
```

9.5.4 过滤器验证

示例 9-3：编写测试程序，该过滤器中的字符集对整个 Web 工程起作用。

Ex9_3_1.html 代码内容如下：

```
<html>
    <head>
        <meta http-equiv="Content-Type" content="text/html; charset=gb2312">
        <title>注册</title>
    </head>
    <body>
        <form action="Ex9_3_2" method="post">
        姓名：<input type="text" name="name"><br>
        班级：<input type="text" name="classinfo"><br>
        <input type="submit" value="提交">
        <input type="reset" value="重设">
        </form>
    </body>
</html>
```

Ex9_3_2.java 代码如下：

```
package my.login;
import java.io.IOException;
import java.io.PrintWriter;
import javax.servlet.ServletException;
import javax.servlet.http.HttpServlet;
import javax.servlet.http.HttpServletRequest;
import javax.servlet.http.HttpServletResponse;
```

```
public class Ex9_3_2 extends HttpServlet {

    /**
     * 测试处理中文请求
     */
    public void doPost(HttpServletRequest request, HttpServletResponse response)
            throws ServletException, IOException {

        response.setContentType("text/html");
        PrintWriter out=response.getWriter();
        String name=request.getParameter("name");
        String classinfo=request.getParameter("classinfo");
        out.println("姓名："+name+"<br>");
        out.println("班级："+classinfo+"<br>");
    }
}
```

运行效果如图 9-7 所示。

单击图 9-7 中的“提交”按钮后，出现如图 9-8 所示界面。

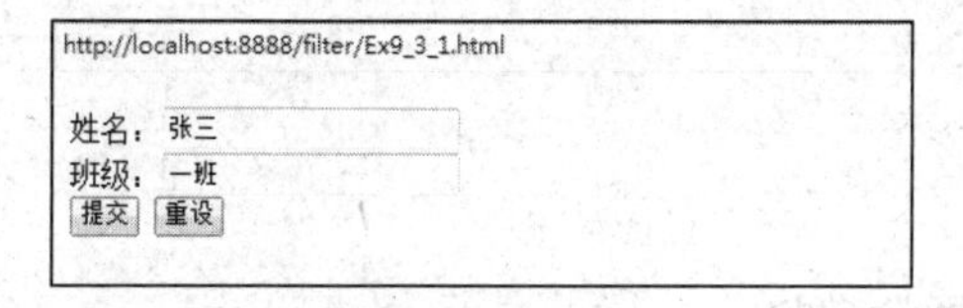

图 9-7　登录界面

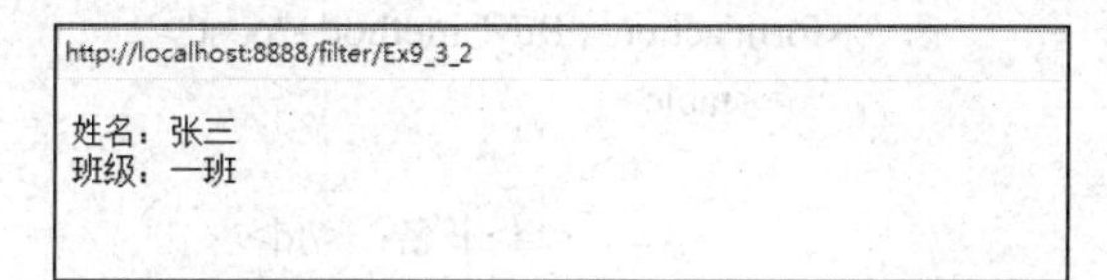

图 9-8　过滤器处理字符编码的效果

9.6　项目案例

9.6.1　本章知识点的综合项目案例

创建商品实体类：Goods.java

```
package com.bean;

public class Goods {
String name;
String goodsId;
public String getName() {
    return name;
}
public void setName(String name) {
    this.name = name;
}
public String getGoodsId() {
```

```
        return goodsId;
    }
    public void setGoodsId(String goodsId) {
        this.goodsId = goodsId;
    }

}
```

购物表单页面：buy.jsp

```
<%@ page language="java" contentType="text/html; charset=gb2312"
    pageEncoding="gb2312"%>
<html>
    <head>
        <meta http-equiv="Content-Type" content="text/html; charset=ISO-8859-1">
        <title>简单购物页面</title>
    </head>
    <body>
  <center>
        购买页面<hr>
        <form action="Buy" method="post">
            <table>
                <tr>
                    <td>书名：</td>
                    <td><input type="text" name="name"></td>
                </tr>
                <tr>
                    <td>书号：</td>
                    <td><input type="text" name="goodsId"></td>
                </tr>

                <tr>
                    <td><input type="submit" value="购买" />    </td>
                    <td><input type="reset" value="清空"></td>
                </tr>
            </table>
        </form>
    </center>
    </body>
</html>
```

处理商品购买请求的 Servlet-Buy.java

```
package com.business;
import java.io.IOException;
import java.io.PrintWriter;
import java.util.ArrayList;
import java.util.List;
```

```
import javax.servlet.ServletException;
import javax.servlet.http.HttpServlet;
import javax.servlet.http.HttpServletRequest;
import javax.servlet.http.HttpServletResponse;
import javax.servlet.http.HttpSession;
import com.bean.Goods;
public class Buy extends HttpServlet {

    /**
     *处理购买商品的请求
     */
    public void doPost(HttpServletRequest request, HttpServletResponse response)
            throws ServletException, IOException {

        response.setContentType("text/html;charset=gb2312");
        PrintWriter out = response.getWriter();

        String name=request.getParameter("name");
        name=new String(name.getBytes("ISO-8859-1"),"gb2312");

        String goodsId=request.getParameter("goodsId");

        //封装
        Goods goods=new Goods();
        goods.setName(name);
        goods.setGoodsId(goodsId);

        //加入购物车
        HttpSession session=request.getSession();
        List<Goods> list=(List)session.getAttribute("list");

        if(list==null){     //如果是第一次购物
            list=new ArrayList<Goods>();
        }
        list.add(goods);
        session.setAttribute("list", list);

        request.getRequestDispatcher("show.jsp").forward(request, response);
    }

}
```

查看刚才购买商品的页面：show.jsp

```
<%@ page language="java" contentType="text/html; charset=gb2312"
    pageEncoding="gb2312"%>
<!DOCTYPE html PUBLIC "-//W3C//DTD HTML 4.01 Transitional//EN" "http://www.w3.org/TR/html4/loose.dtd">
```

```
<html>
<head>
<meta http-equiv="Content-Type" content="text/html; charset=ISO-8859-1">
<title>查看购买商品页面</title>
</head>
<body>
```

刚才购买的是：

```
<%
        String name=request.getParameter("name");
        name=new String(name.getBytes("ISO-8859-1"),"gb2312");
        out.println("书名："+name+"<br>");

        String goodsId=request.getParameter("goodsId");
        out.println("书号："+goodsId+"<br>");
%>

<a href="showAll.jsp">查看购物车</a>
<a href="buy.jsp">继续购物</a>
</body>
</html>
```

查看购物车所有商品的页面：showAll.jsp

```
<%@ page language="java" contentType="text/html; charset=gb2312"
    pageEncoding="gb2312"%>
<%@ page import="java.util.*,com.bean.*,com.business.*"%>
<!DOCTYPE html PUBLIC "-//W3C//DTD HTML 4.01 Transitional//EN" "http://www.w3.org/TR/html4/loose.dtd">
<html>
<head>
<meta http-equiv="Content-Type" content="text/html; charset=ISO-8859-1">
<title>查看购物车所有商品</title>
</head>
<body>
<center>
<table border="1">
<tr>
<th>书名</th><th>书号</th>

 </tr>
<%
 List<Goods> list=(List<Goods>)session.getAttribute("list");
 for(Goods goods:list){
 %>
<tr>
<td><%=goods.getName() %></td>
<td><%=goods.getGoodsId()%></td>
```

```
</tr>

<%
}
 %>

</table>
<a href="buy.jsp">继续购物</a>
</center>
</body>
</html>
```

购买界面如图 9-9 所示。

单击图 9-9 中的“购买”按钮后，出现如图 9-10 所示界面。

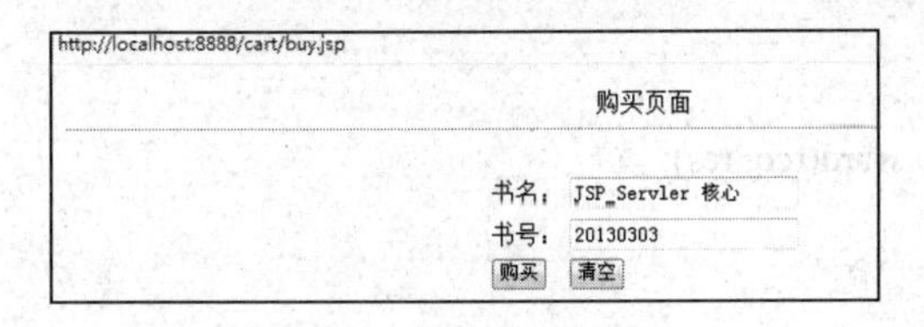

图 9-9　购买界面

图 9-10　查看刚才购买的商品

单击图 9-10 中的“查看购物车”按钮后，出现如图 9-11 所示界面。

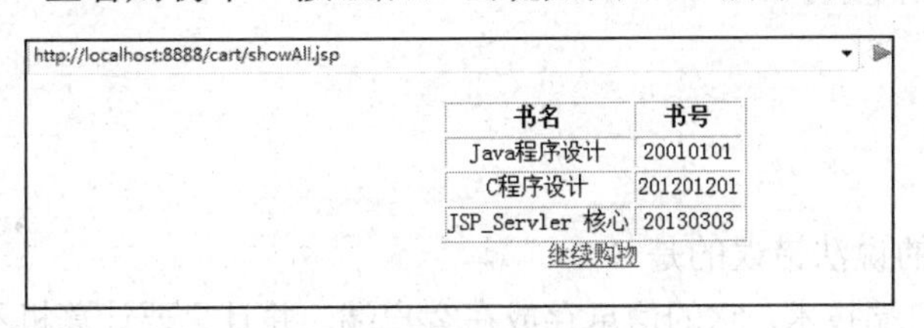

图 9-11　查看购物车的所有商品

9.6.2　本章知识点在网上购书系统中的应用

在网上购书系统中，一个比较重要的功能就是用户登录。用户登录时需要用 Session 会话保存用户的登录信息，以便在购物车中使用。同时在用户登录时创建的购物车对象也需要保存在 Session 会话中，以便在购物车页面直接调用该购物车对象。登录时，Servlet 中 Session 保存用户信息以及购物车对象的代码如下：

```
package com.scmpi.book.action;
public class LoginServlet extends HttpServlet {
    @Override
    protected void service(HttpServletRequest req, HttpServletResponse res)
                throws ServletException, IOException {
        //获取登录的用户名和密码
        String name = req.getParameter("userName");
        String password = req.getParameter("userPassword");
```

```
        //创建 session 对象
        HttpSession session=req.getSession(true);
        //调用服务层接口
        UserService uservice= new UserServiceImpl();
        try{
            User u=uservice.login(name, password);
            //在 session 中保存登录用户信息
            session.setAttribute("user", u);
            //查询得到所有图书信息
            Cart c=new Cart();//购物车
            //在 session 中保存购物车对象
            session.setAttribute("cart", c);
            //跳转到分页控制器
          req.getRequestDispatcher("/servlet/PageServlet").forward(req,res);
        }catch(Exception e){
            //e.printStackTrace();
          req.getRequestDispatcher("/login.jsp").forward(req, res);
        }
    }
}
```

习 题

一、单项选择题

1．有关 Cookie 的说法错误的是（　　）。

A．Cookie 是客户端技术，它的信息存放在客户端。并且只要计算机不坏，就是永久保存的

B．Cookie 是一段小文本信息

C．Cookie 的存活期可以设置

D．只有在浏览器接受 Cookie 的情况下，客户端才可以保持 Cookie

2．有关 Session 的说法错误的是（　　）。

A．Session 在 Servlet 中是 HttpSession 对象

B．Session 中的设置的属性不可能存在于整个会话期间，并且在其中设置的属性是不能移除的

C．Session 可以通过方法调用设置其存活期

D．Session 可以用在购物网站中记录之前购买的商品

3．过滤器的作用正确的是（　　）。

A．用来过滤错误信息

B．用来对数据进行拦截，拦截后这些数据就不起作用了

C．在运行时由 Servlet 容器来拦截处理请求和响应，类似于对工程中的页面作批量处理

D．过滤器的作用十分有限，而且会破坏工程的文件

4．过滤器的结构是（　　）。

A．实质是一个 Servlet，所以它的定义和 Servlet 完全一样

B．过滤器需要实现 java.servlet.Filter

C．过滤器必须实现三个方法：init、doFilter、destroy

D．过滤器必须要在 web.xml 中配置，配置方式和 Servlet 完全一样

二、编程题

1．制作具有注册功能的页面；使用过滤器作整站的中文处理。

2．制作简易的购物车。提示：利用 HttpSession。

实训操作

1．制作登录界面。页面为 login.jsp，如图 9-12 所示。

2．验证登录信息，用户名为“张三”，密码为 123456 的用户登录。登录成功，跳转到 index.jsp 页面，在该页面上显示“张二，欢迎你！”，如图 9-13 所示。

用户名：
密码：
登录　取消

图 9-12　登录界面

图 9-13　登录成功后的界面

3．在 index.jsp 的页面上有一个超链接“修改密码”，其链接到 update.jsp，如图 9-14 所示。

4．在该页面上可以修改密码。修改后单击“确定”按钮，可以看到修改后的信息，如图 9-15 所示。

用户名：　张三
修改密码：
确定　取消

图 9-14　修改密码界面

密码修改后：
用户名：张三
密码：　aaa

图 9-15　修改密码后的界面

第10章 JavaBean

课程目标

- 了解 JavaBean 的原理
- 掌握 JavaBean 的编写和使用

JavaBean 实质是一个 Java 类。它通常用来封装一个对象，或者封装表单数据。如图书管理系统中涉及的图书、用户等对象，可以将它们的相关属性及对属性值的设定和获得的方法封装成一个 Java 类，即为 JavaBean。JavaBean 的最大优点是提高了代码的重用性，有利于软件的分层设计。

10.1 JavaBean 的基本概念

在 Sun 公司的 JavaBean 规范的定义中，Bean 的正式说法是："Bean 是一个基于 Sun 公司的 JavaBean 规范的、可在编程工具中被可视化处理的可复用的软件组件"。

10.1.1 JavaBean 的概念

JavaBean 是一个重用性高的 Java 组件模型，具有自己的属性、方法和事件。JavaBean 具有 Java 语言的优点，可以"一次性编写，任何地方执行，任何地方重用"。

JavaBean 分为可视化 JavaBean 和不可视 JavaBean。可视化 JavaBean 就是具有 GUI 图形用户界面的 JavaBean；不可视 JavaBean 就是没有 GUI 图形用户界面的 JavaBean，最终对用户是不可见的，它更多地被应用到 JSP 中。不可视 JavaBean 又分为值 JavaBean 和工具 JavaBean。值 JavaBean 严格遵循了 JavaBean 的命名规范，通常用来封装表单数据，作为信息的容器。本章主要介绍值 JavaBean 的使用。

10.1.2 JavaBean 规范

JavaBean 必须严格遵循以下规范：

（1）JavaBean 类必须是一个公共类。

（2）JavaBean 类必须有一个不带参数的、公共的构造方法。可以使用默认构造方法。

（3）属性的命名。属性名称若是一个单词，则小写，若为几个单词连在一起的命名，则第一单词首字母小写，后面的单词首字母大写。注意属性名称的首字母必须小写。

（4）如果类的成员变量的名字是×××，那么为了更改或获取成员变量的值，在类中使用两个方法：

getX××()，用来获取属性×××。

setX××()，用来修改属性×××。

若属性为布尔类型，则可使用 isX××()方法代替 getX××()方法。setX××()和 getX××()方法也分别称为 setter 和 getter 方法。

10.2 JavaBean 的创建

示例 10-1：创建一个 JavaBean 类。该类表示了对一个学生的信息的封装。

```
package com.util;
public class Student {
    String name;
    String no;
    char   sex;
    int age;
    boolean sanHao;

    public String getName() {
        return name;
    }
    public void setName(String name) {
        this.name = name;
    }
    public String getNo() {
        return no;
    }
    public void setNo(String no) {
        this.no = no;
    }
    public char getSex() {
        return sex;
    }
    public void setSex(char sex) {
```

```
            this.sex = sex;
        }
        public int getAge() {
            return age;
        }
        public void setAge(int age) {
            this.age = age;
        }
        public boolean isSanHao() {
            return sanHao;
        }
        public void setSanHao(boolean sanHao) {
            this.sanHao = sanHao;
        }
}
```

10.3 JavaBean 的使用

10.3.1 在 JSP 中使用 JavaBean

jsp:useBean 指令指定 JSP 页面中包括的 JavaBean，具体的语法格式为：

```
<jsp:useBean id="beanid" scope="page|request|session|application"
class="package.class"/>
```

id 是当前页面中引用 JavaBean 的名字，JSP 页面中的 Java 代码将使用这个名字来访问 JavaBean。

scope：指定 JavaBean 的作用范围，可以取 4 个值。

page：JavaBean 只能在当前页面中使用。在 JSP 页面执行完毕后，该 JavaBean 将会被进行垃圾回收。

request：JavaBean 在相邻的两个页面中有效。

session：JavaBean 在整个用户会话过程中都有效。

application：JavaBean 在当前整个 Web 应用的范围内有效。

page 作用域在这 4 种类型中范围是最小的，客户端每次请求访问时都会创建一个 JavaBean 对象。JavaBean 对象的有效范围是客户请求访问的当前页面文件，当客户执行当前的页面文件完毕后，JavaBean 对象结束生命。在 page 范围内，每次访问页面文件时都会生成新的 JavaBean 对象，原有的 JavaBean 对象已经结束生命期。

当 scope 为 request 时，JavaBean 对象被创建后，它将存在于整个 request 的生命周期内，request 对象是一个内建对象，使用它的 getParameter 方法可以获取表单中的数据信息。

request 范围的 JavaBean 与 request 对象有着很大的关系，它的存取范围除了 page 外，还包括使用动作元素<jsp:include>和<jsp:forward>包含的网页，所有通过这两个操作指令连接在一起的 JSP 程序都可以共享同一个 JavaBean 对象。

当 scope 为 Session 时，JavaBean 对象被创建后将存在于整个 Session 的生命周期内，Session 对象是一个内建对象，当用户使用浏览器访问某个网页时，就创建了一个代表该链接的 Session 对象，同一个 Session 中的文件共享这个 JavaBean 对象。客户对应的 Session 生命期结束时 JavaBean 对象的生命也就结束了。

在同一个浏览器内，JavaBean 对象就存在于一个 Session 中。当重新打开新的浏览器时，就会开始一个新的 Session。每个 Session 中拥有各自的 JavaBean 对象。

当 scope 为 application 时，JavaBean 对象被创建后，它将存在于整个主机或虚拟主机的生命周期内，application 范围是 JavaBean 的生命周期最长的。同一个主机或虚拟主机中的所有文件共享这个 JavaBean 对象。

如果服务器不重新启动，scope 为 application 的 JavaBean 对象会一直存放在内存中，随时处理客户的请求，直到服务器关闭，它在内存中占用的资源才会被释放。在此期间，服务器并不会创建新的 JavaBean 组件，而是创建源对象的一个同步复本，任何复本对象发生改变都会使源对象随之改变，不过这个改变不会影响其他已经存在的复本对象。

程序 testbean.jsp 内容如下：

```
<%@ page language="java" import="java.util.*,com.util.*" pageEncoding="gb2312"%>
<html>
  <head>
    <title>JSP 中 useBean 动作的使用</title>
  </head>

  <body>
   JSP 动作的使用
   <hr>
   <jsp:useBean id="stu" class="com.util.Student" scope="page">
   </jsp:useBean>

   <% int age=20;
       char sex='男';
   %>

     设定属性的值......<hr><br>

   <jsp:setProperty name="stu" property="name" value="张三"/>
   <jsp:setProperty name="stu" property="no" value="20130615"/>
   <jsp:setProperty name="stu" property="sex" value="<%=sex %>"/>
   <jsp:setProperty name="stu" property="age" value="<%=age+1 %>"/>
   <jsp:setProperty name="stu" property="sanHao" value="true"/>

    得到属性的值:<br>

   姓名：<jsp:getProperty name="stu" property="name"/><br>
   学号：<jsp:getProperty name="stu" property="no"/><br>
   性别：<jsp:getProperty name="stu" property="sex"/><br>
```

```
    年龄：<jsp:getProperty name="stu" property="age"/><br>
    是否三好：<jsp:getProperty name="stu" property="sanHao"/><br>

  </body>
</html>
```

运行 testbean.jsp 程序后出现如图 10-1 所示界面。

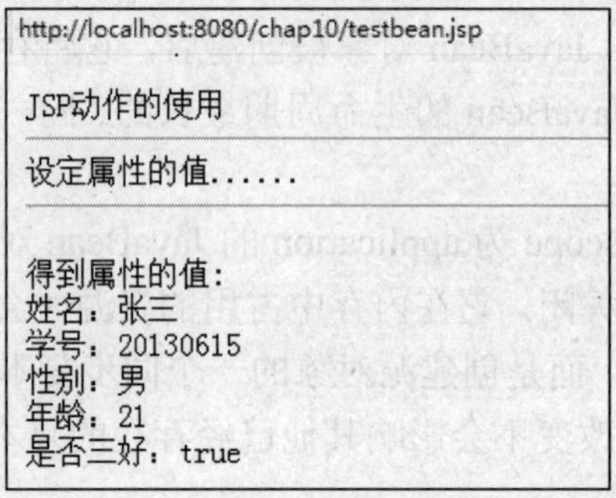

http://localhost:8080/chap10/testbean.jsp

JSP动作的使用

设定属性的值......

得到属性的值：
姓名：张三
学号：20130615
性别：男
年龄：21
是否三好：true

图 10-1　使用 JavaBean 在 JSP 中使用动作

10.3.2　在 Servlet 中使用 JavaBean

在 Servlet 中使用 JavaBean，需要如下几个步骤：

（1）创建 JavaBean 类 Student，具体代码参考 10.2 节内容。

（2）在 Servlet 中使用 Student 类，Servlet 代码如下：

```
package com.business;
import java.io.IOException;
import java.io.PrintWriter;
import javax.servlet.ServletException;
import javax.servlet.http.HttpServlet;
import javax.servlet.http.HttpServletRequest;
import javax.servlet.http.HttpServletResponse;
import com.util.Student;
public class BeanServlet extends HttpServlet {
    /**
     * 使用 JavaBean
     */
    public void doGet(HttpServletRequest request, HttpServletResponse response)
            throws ServletException, IOException {

        response.setContentType("text/html;charset=gb2312");
        PrintWriter out = response.getWriter();
        String name="张三";
        String no="20130101";
        char   sex='女';
        int age=20;
```

```
        boolean sanHao=true;

        //封装 Student 对象
        Student stu=new Student();
        stu.setName(name);
        stu.setNo(no);
        stu.setSex(sex);
        stu.setAge(age);
        stu.setSanHao(sanHao);

        //得到并输出对象的各个属性值
        out.println("姓名："+stu.getName()+"<br>");
        out.println("学号："+stu.getNo()+"<br>");
        out.println("性别："+stu.getSex()+"<br>");
        out.println("年龄："+stu.getAge()+"<br>");
        out.println("是否三好:"+stu.isSanHao()+"<br>");

    }

    public void doPost(HttpServletRequest request, HttpServletResponse response)
    throws ServletException, IOException {
        doGet(request,response);

}
}
```

（3）要能访问 Servlet，需要在 web.xml 文件中进行 Servlet 配置，具体内容如下：

```
  <?xml version="1.0" encoding="UTF-8"?>
<web-app version="2.4"
    xmlns="http://java.sun.com/xml/ns/j2ee"
    xmlns:xsi="http://www.w3.org/2001/XMLSchema-instance"
    xsi:schemaLocation="http://java.sun.com/xml/ns/j2ee
    http://java.sun.com/xml/ns/j2ee/web-app_2_4.xsd">
  <servlet>
    <servlet-name>BeanServlet</servlet-name>
    <servlet-class>com.business.Ex10_2 </servlet-class>
  </servlet>

  <servlet-mapping>
    <servlet-name>BeanServlet</servlet-name>
    <url-pattern>/servlet/BeanServlet</url-pattern>
  </servlet-mapping>
  <welcome-file-list>
    <welcome-file>index.jsp</welcome-file>
  </welcome-file-list>
</web-app>
```

（4）在浏览器中直接运行 Servlet，效果如图 10-2 所示。

```
http://localhost:8080/chap10/servlet/BeanServlet

姓名：张三
学号：20130101
性别：女
年龄：20
是否三好:true
```

图 10-2　在 Servlet 中使用 JavaBean 的效果

10.4　项目案例

10.4.1　本章知识点的综合项目案例

需求：员工信息注册，并显示。

（1）编写 JavaBean Person 类，内容如下：

```
package com.person;

public class Person {
String name;
String personNo;
int age;
String dept;

public String getName() {
    return name;
}
public void setName(String name) {
    this.name = name;
}
public String getPersonNo() {
    return personNo;
}
public void setPersonNo(String personNo) {
    this.personNo = personNo;
}
public int getAge() {
    return age;
}
public void setAge(int age) {
    this.age = age;
```

```
    }
    public String getDept() {
        return dept;
    }
    public void setDept(String dept) {
        this.dept = dept;
    }

}
```

（2）编写员工注册表单页面 regist.jsp。

```
<%@ page language="java" contentType="text/html; charset=gb2312"
    pageEncoding="gb2312"%>
<html>
    <head>
        <meta http-equiv="Content-Type"
            content="text/html; charset=ISO-8859-1">
        <title>员工注册页面</title>
    </head>
    <body>
        <form action="Regist" method="post">
            <table>
                <tr>
                    <td>姓名：</td>
                    <td><input type="text" name="name"></td>
                </tr>
                <tr>
                    <td>员工号：</td>
                    <td><input type="text" name="personNo"></td>
                </tr>
                <tr>
                    <td>年龄     </td>
                    <td><input type="text" name="age">     </tr>
                <tr>
                    <td>系别     </td>
                    <td><input type="text" name="dept"></td>
                </tr>
                <tr>
                    <td><input type="submit" value="注册" />     </td>
                    <td><input type="reset" value="清空"></td>
                </tr>
            </table>
        </form>
    </body>
</html>
```

（3）编写处理请求的 Servlet 类 Regist，内容如下：

```
package com.person;
import java.io.IOException;
import javax.servlet.ServletException;
import javax.servlet.http.HttpServlet;
import javax.servlet.http.HttpServletRequest;
import javax.servlet.http.HttpServletResponse;
import javax.servlet.http.HttpSession;
public class Regist extends HttpServlet {
    /**
     处理请求，完成注册
     */
    public void doPost(HttpServletRequest request, HttpServletResponse response)
            throws ServletException, IOException {

        response.setContentType("text/html;charset=gb2312");

        //获得请求
        String name=request.getParameter("name");
        name=new String(name.getBytes("ISO-8859-1"),"gb2312");

        String personNo=request.getParameter("personNo");
        personNo=new String(personNo.getBytes("ISO-8859-1"),"gb2312");

        int age=Integer.parseInt(request.getParameter("age"));

        String dept=request.getParameter("dept");
        dept=new String(dept.getBytes("ISO-8859-1"),"gb2312");

        //包装为 Person 对象
        Person p=new Person();
        p.setName(name);
        p.setPersonNo(personNo);
        p.setAge(age);
        p.setDept(dept);

        //把该对象放在 session 中
        HttpSession session=request.getSession();
        session.setAttribute("register",p);

        //跳转到 show.jsp 页面
        response.sendRedirect("show.jsp");
    }
}
```

（4）编写显示注册信息的显示页面 show.jsp，内容如下：

```
<%@ page language="java" contentType="text/html; charset=gb2312"
    pageEncoding="gb2312"%>
<%@ page import="com.person.*" %>
<html>
<head>
<meta http-equiv="Content-Type" content="text/html; charset=gb2312">
<title>显示注册信息</title>
</head>
<body>
显示注册信息：<hr>

<%
Person reg_p=(Person)session.getAttribute("register");
out.println("姓名："+reg_p.getName()+"<br>");
out.println("员工号："+reg_p.getPersonNo()+"<br>");
out.println("年龄："+reg_p.getAge()+"<br>");
out.println("系别："+reg_p.getDept()+"<br>");
 %>

</body>
</html>
```

运行注册页面 regist.jsp，效果如图 10-3 所示。

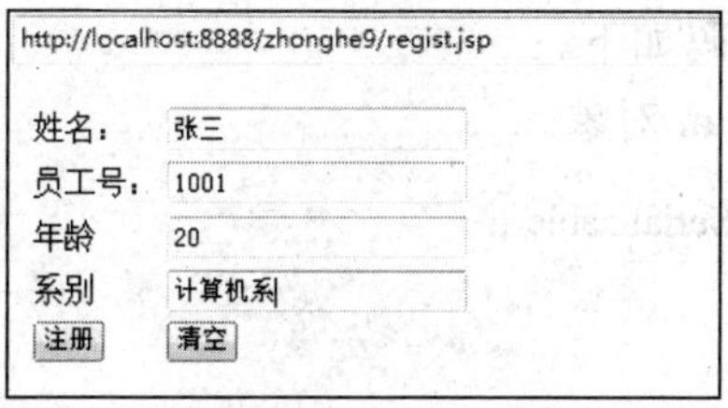

图 10-3　注册页面

单击图 10-3 中的“注册”按钮后，出现如图 10-4 所示页面。

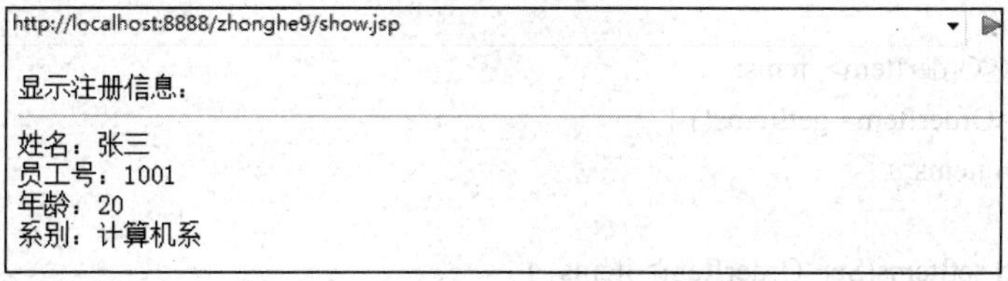

图 10-4　显示注册信息的页面

10.4.2　本章知识点在网上购书系统中的应用

在网上购书系统中，用户的注册信息以及对图书进行管理的图书信息等都需要用到

JavaBean。网上购书系统中显示图书信息的界面，如图 10-5 所示。

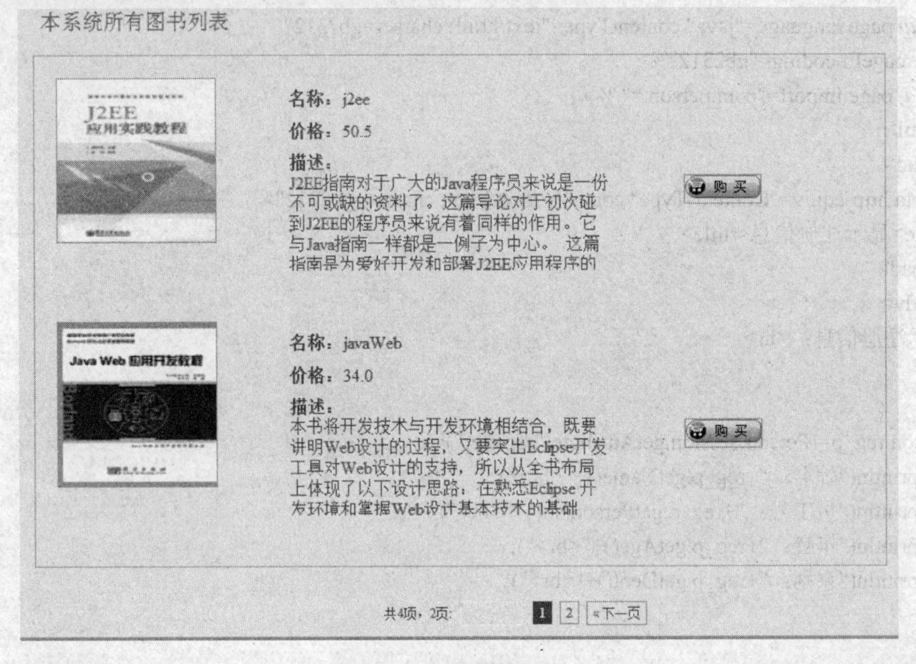

图 10-5　图书列表信息

分析：要实现此功能，首先需要从数据库中查询图书信息，然后将图书信息封装成 JavaBean 对象，再将 JavaBean 对象放入图书集合中，最后通过 c 标签或者 s 标签遍历图书集合数据来显示图书信息。实现此功能的代码如下。

（1）创建图书信息 JavaBean 对象。

```
public class Book implements Serializable {
    private Integer pid; //
    //业务属性
    private String name;
    private String descw;
    private double price;
    private String img;
    //关系属性
    private Set<OrderItem> items;
    public Set<OrderItem> getItems() {
        return items;
    }
    public void setItems(Set<OrderItem> items) {
        this.items = items;
    }
    public Integer getPid() {
        return pid;
    }
    public void setPid(Integer pid) {
```

```
        this.pid = pid;
    }
    public String getName() {
        return name;
    }
    public void setName(String name) {
        this.name = name;
    }
    public String getDescw() {
        return descw;
    }
    public void setDescw(String descw) {
        this.descw = descw;
    }
    public double getPrice() {
        return price;
    }
    public void setPrice(double price) {
        this.price = price;
    }
    public Book() {
        super();
    }
    public String getImg() {
        return img;
    }
    public void setImg(String img) {
        this.img = img;
    }
}
```

（2）从数据库中查询数据，并将查询数据放入 JavaBean 对象中。

```
    //从数据库查询所有图书信息
    public List<Book> queryAll() throws Exception {
        //定义封装图书信息集合
        List<Book> bookList = new ArrayList<Book>();
        try {
            String sql = "select * from cart_book";
            //利用自定义查询数据库工具类 DBUtil 查询数据
            ResultSet rs = DBUtil.queryData(sql);
            while (rs.next()) {
                //创建图书信息 javaBean 对象
                Book book = new Book();
                //往 javaBean 对象中放入图书信息
                book.setPid(rs.getInt("id"));
                book.setDescw(rs.getString("description"));
```

```
                book.setName(rs.getString("name"));
                book.setPrice(rs.getDouble("price"));
                book.setImg(rs.getString("img"));
                //将封装好的 javaBean 对象添加到集合中
                bookList.add(book);
            }
            return bookList;
        } catch (Exception e) {
            e.printStackTrace();
            return null;
        }
}
```

（3）将得到的图书信息集合放入到 Session 中。

```
 HttpSession session = request.getSession(true);
session.setAttribute("datas", bookList);
```

（4）新建显示图书信息的 JSP 页面。

在 JSP 页面中要显示图书信息，可以通过 c 标签得到 Session 中保存的图书集合信息 datas，再通过<c:forEach var="pi" items="${datas}">将得到图书集合 bookList 进行遍历显示即可。具体代码如下：

```
  <%@ page language="java" import="java.util.*" pageEncoding="utf-8"%>
<%@ taglib uri="http://java.sun.com/jsp/jstl/core" prefix="c"%>
<%@ taglib uri="http://scmpi/pageTag" prefix="p"%>
<%
    String path = request.getContextPath();
    String basePath = request.getScheme() + "://"
            + request.getServerName() + ":" + request.getServerPort()
            + path + "/";
%>

<!DOCTYPE>
<html lang="en">
    <head>
        <meta charset="UTF-8">
        <meta http-equiv="pragma" content="no-cache">
        <meta http-equiv="cache-control" content="no-cache">
        <link rel="stylesheet" href="<%=path%>/css/cssreset-min.css">
        <link rel="stylesheet" href="<%=path%>/css/index.css">
        <link rel="stylesheet" href="<%=path%>/css/global.css">
        <style type="text/css">
/* 分页标签样式 */
.pagination {
    text-align: center;
    padding: 5px;
    margin: 0 auto;
```

```
}
.pagination a,.pagination a:link,.pagination a:visited {
    padding: 2px 5px 2px 5px;
    margin: 2px;
    border: 1px solid #aaaadd;
    text-decoration: none;
    color: #006699;
}
.pagination a:hover,.pagination a:active {
    border: 1px solid #ff0000;
    color: #000;
    text-decoration: none;
}
.pagination span.current {
    padding: 2px 5px 2px 5px;
    margin: 2px;
    border: 1px solid #ff0000;
    font-weight: bold;
    background-color: #ff0000;
    color: #FFF;
}
.pagination span.disabled {
    padding: 2px 5px 2px 5px;
    margin: 2px;
    border: 1px solid #eee;
    color: #ddd;
}
</style>
        <!-- IE6、7、8 支持 HTML5 标签 -->
        <!--[if lte IE 8]><script src="js/html5.js"></script><![endif]-->
        <!-- IE6、7、8 支持 CSS3 特效 -->
        <!--[if lte IE 8]><script src="js/PIE.js"></script><![endif]-->
        <!--[if lt IE 9]><script type="text/javascript" src="selectivizr-min.js"></script><![endif]-->
        <title>网上书店系统</title>
    </head>
    <body>
        <!-- 头部 -->
        <header>
        <nav>
        <div id="topNav">
            <ul>
                <li class="welcome">
                    您好${user.name}，欢迎光临网上书店系统！请
                </li>
                <li>
                    <a href="<%=path%>/login.jsp">[登录]</a>
```

```
                </li>
                <li>
                    <a href="<%=path%>/register.jsp">[免费注册]</a>
                </li>
                <li>
                    <a href="<%=path%>/cart.jsp">[查看购物车]</a>
                </li>
                <li>
                    <a href="<%=path%>/order.jsp">[去购物车结算]</a>
                </li>
            </ul>
        </div>
        </nav>
        </header>
        <div id="logo"></div>
        <div id="main">
                <div class="bookTypeCon">
                    <span>本系统所有图书列表</span>
                </div>
            </div>
                <!-- 详细  信息-->
                <div class="detailed">
                    <ul>
                        <c:forEach var="pi" items="${datas}">
                            <li class="row">
                                <div class="imgDri">
                                    <img src="<%=path%>/img/${pi.img}" class="imgPro">
                                </div>
                                <div class="bookProperty">
                                    <ul>
                                        <li>
                                            <span class="bookLabel">名称：</span>${pi.name}
                                        </li>
                                        <li>
                                            <span class="bookLabel">价格：</span>${pi.price}
                                        </li>
                                        <li >
                                            <span  class="bookLabel">描述：</span><div  class=
"overFlow">${pi.descw}</div>
                                        </li>
                                    </ul>
                                </div>
                                <div class="joinShopCar">
                                    <a href="<%=path%>/addCart?pname=${pi.name}"><img
                                            src="<%=path%>/img/buy.gif">
                                    </a>
```

```
                                    </div>
                                </li>
                            </c:forEach>
                        </ul>
                    </div>
                </div>
                <div id="page">
                    <p:pager pageNo="${pageNo}" pageSize="${pageSize}"
                        recordCount="${recordCount}" url="/online_book/servlet/PageServlet" />
                </div>
            </div>
            <!-- 脚部 -->
            <footer>
            <div class="copyright">
                四川管理职业学院 ?2013. All Rights Reserved.
            </div>
            </footer>
        </body>
    </html>
```

习　题

1．如果要编写一个 Bean，并将该 Bean 存放在 WEB-INF/classes/jsp/example/mybean 目录下，则包（package）名称是（　　）。

A．package mybean;　　B．package classes.jsp.example.mybean;

C．package jsp.example;　　D．package jsp.example.mybean;

2．编写一个 Bean 必须满足的要求是（　　）。

A．必须放在一个包（package）中　　B．必须生成 public class 类

C．必须有一个空的构造函数　　D．所有属性必须封装

E．应该通过一组存取方法来访问

3．JavaBean 中的属性命名的规范是（　　）。

A．全部字母小写

B．每个单词首字母大写

C．第一个单词全部小写，之后每个单词首字母大写

D．全部字母大写

4．在 JSP 中引用 Bean 正确的操作是（　　）。

A．page 指令　　B．include 指令　　C．include 动作　　D．useBean 动作

5．在 useBean 动作中，应该设置的参数是（　　）。

A．Id　　B．Scope　　C．Class　　D．name

6．以下有关 JavaBean 的描述中正确的是（　　）。

A．JavaBean 是一个类

B．如果属性为×××，则与属性有关方法为 getX××()和 setX××()

C．对于布尔类型的属性，可以用 isX××()方法

D．类中可以没有不带参数的构造方法

实训操作

1．创建 JavaBean，在 JavaBean 中含有学生信息：姓名、性别、年龄、学号、成绩等属性。

2．创建 JSP 页面，通过表单提交输入的学生信息。并要求在 Servlet 或者 JSP 页面中显示学生信息。

第11章

JSP、Servlet 连接数据库

课程目标

- 掌握 MySQL 数据库的安装、配置以及使用
- 掌握并熟练使用 JDBC 中常见接口
- 掌握 JSP、Servlet 连接 MySQL 数据库的步骤
- 掌握使用连接池连接数据库的方法

在 JavaWeb 开发中，需要把相关数据信息存储到数据库中完成数据的持久化操作，本章主要讲解 MySQL 关系型数据库以及 JDBC 相关技术点，通过项目案例演示，使读者更直观地理解核心技术点以及它们的使用方法。

11.1 MySQL 的安装与配置

MySQL 是一个多线程、结构化查询语言数据库服务器，是目前世界上比较流行的开源数据库，能经济有效地帮助用户交付高性能、可扩展的数据库应用。下面以 MySQL Database Server 5.5 为例来讲解 MySQL 的安装与配置需要进行的相关步骤，操作系统为 Windows 7。

11.1.1 MySQL 的安装

首先从官方网站下载安装并解压文件，进行安装，双击安装文件，出现如图 11-1 所示界面。

单击 Next 按钮，出现如图 11-2 所示界面，选中 I accept the terms in the License Agreement 复选框。

单击 Next 按钮，出现如图 11-3 所示界面，该界面有三个版本供用户安装，单击 Typical 按钮，选择典型安装。

单击 Next 按钮，出现如图 11-4 所示界面。

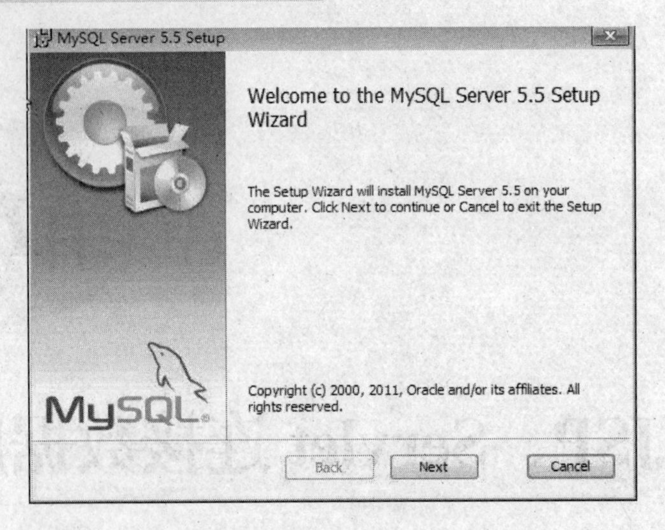

图 11-1　双击安装文件后出现的界面

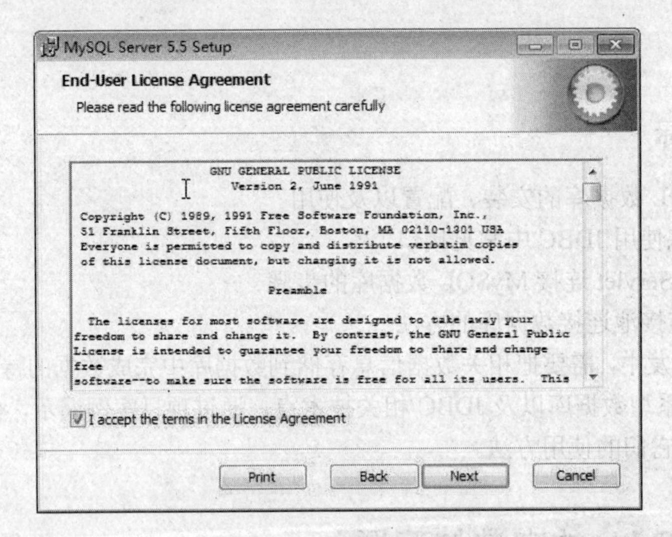

图 11-2　选中 I accept the terms…复选框

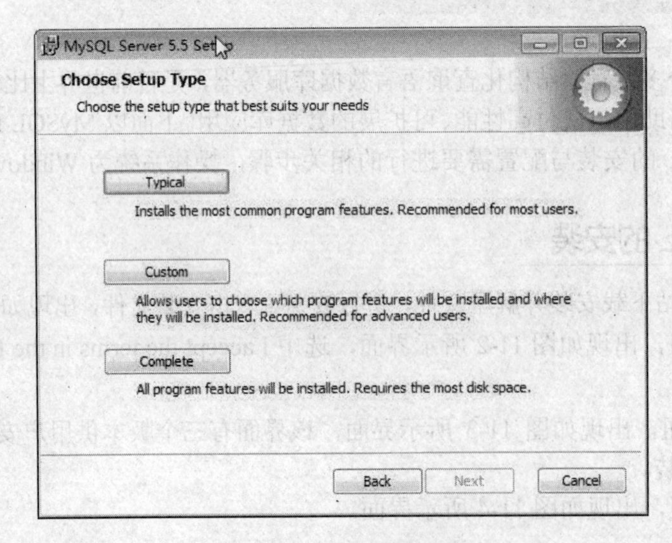

图 11-3　选择典型安装

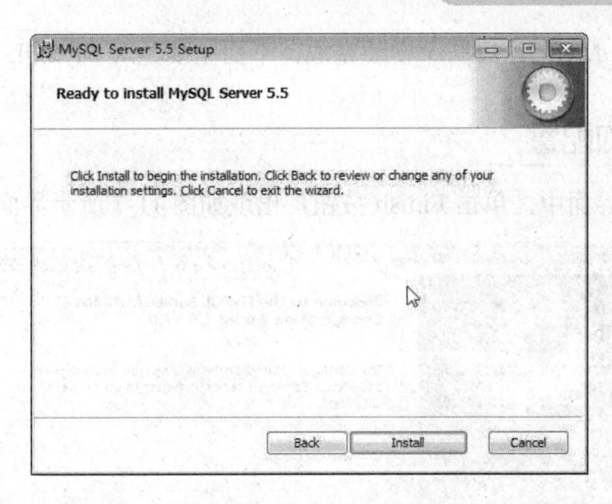

图 11-4　单击 Install 按钮

单击 Install 按钮进行数据库服务器的安装，这个地方需要一些时间，如果没有出现任何有错误的信息则代表安装成功，出现如图 11-5 所示界面。

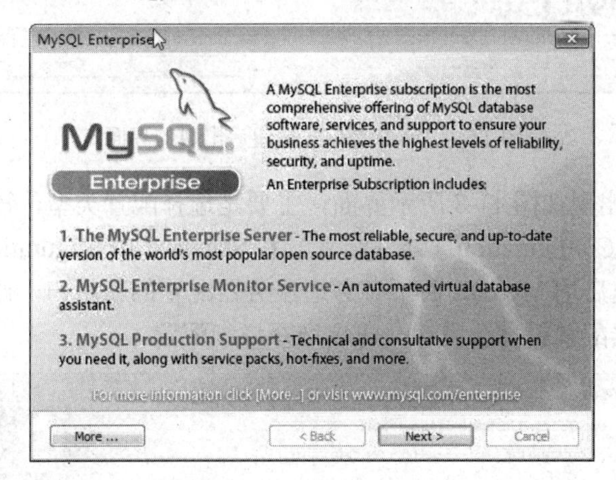

图 11-5　安装界面

连续两次单击 Next 按钮，出现如图 11-6 所示界面。

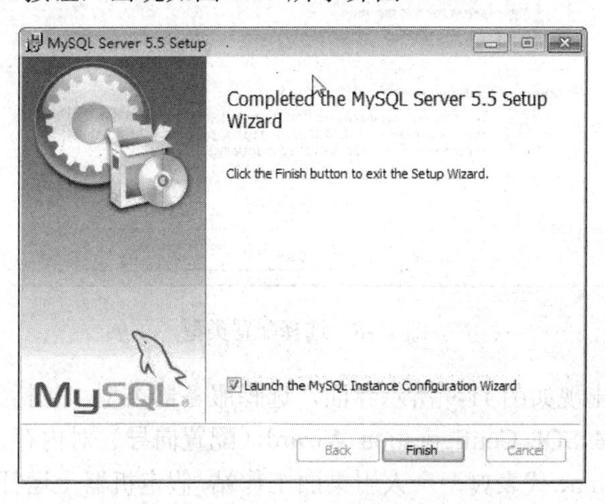

图 11-6　连续两次单击 Next 按钮后出现的界面

单击 Finish 按钮，MySQL 数据库安装完成，下面主要是对 MySQL 数据库进行配置。

11.1.2 MySQL 的配置

在图 11-6 所示的界面中，单击 Finish 按钮，出现如图 11-7 所示界面。

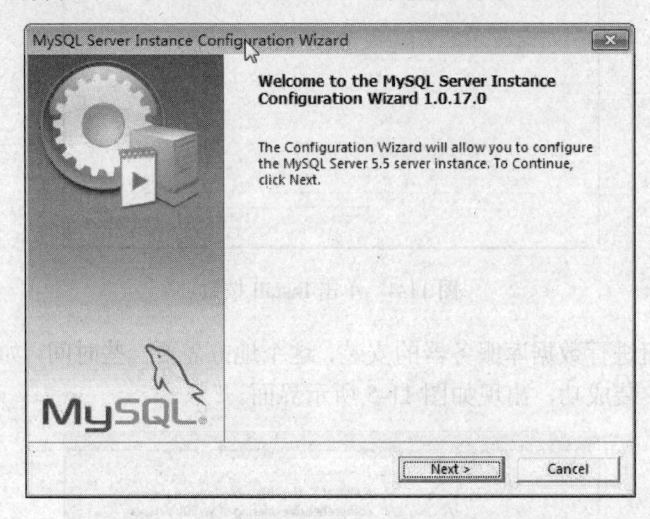

图 11-7　单击 Finish 按钮后出现的界面

单击 Next 按钮，出现如图 11-8 所示界面，主要是选择配置类型，该界面出现可以选择两种配置类型，Detailed Configuration（详细配置）和 Standard Configuration（标准配置），标准配置选项适合想要快速启动 MySQL 而不必考虑服务器配置的新用户，详细配置选项适合想要更加细粒度控制服务器配置的高级用户，建议选择详细配置。

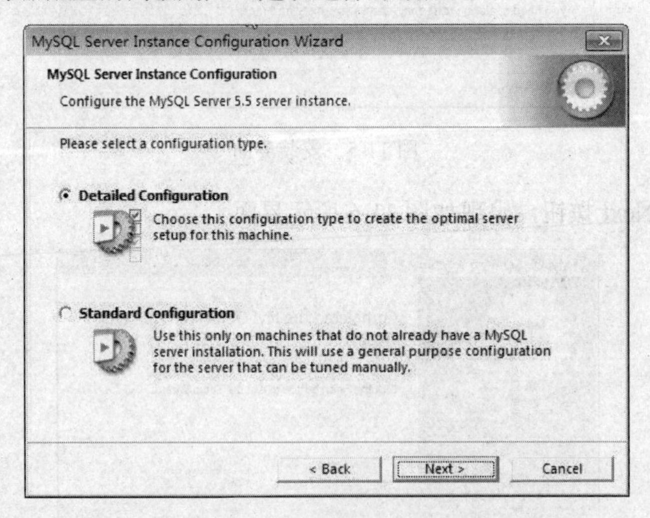

图 11-8　选择配置类型

单击 Next 按钮，出现如图 11-9 所示界面，选择服务器类型，包括 3 种服务器类型。选择哪种服务器将影响到 MySQL Configuration Wizard（配置向导）对内存、硬盘、过程以及使用的决策，Developer Machine 代表典型个人用桌面工作站，假定机器上运行着多个桌面应用程序，MySQL 服务器配置成使用最少的系统资源，Server Machine 代表服务器，MySQL 服务器可以同其他应用程序一起运行，例如 FTP、E-mail、Web 服务器，MySQL 服务器配置成使用适当比例的系统资源，Dedicated MySQL Server Machine 为专用 MySQL 服务器。本书选择 Developer Machine。

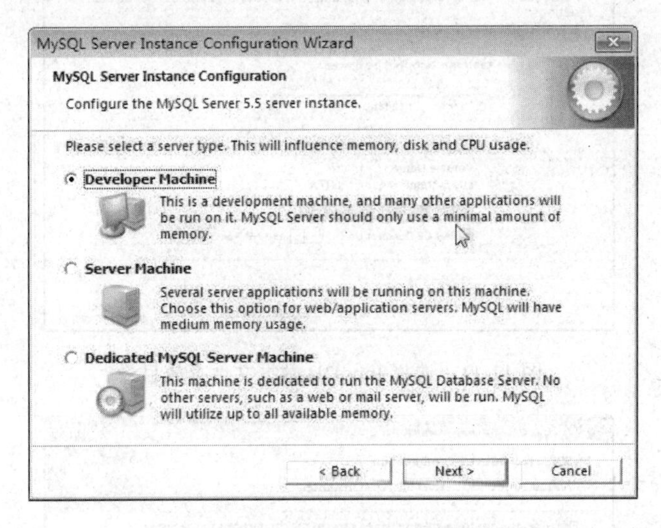

图 11-9　选择服务器类型

单击 Next 按钮，出现如图 11-10 所示界面，选择储存引擎。此处选择 Multifunctional Database。

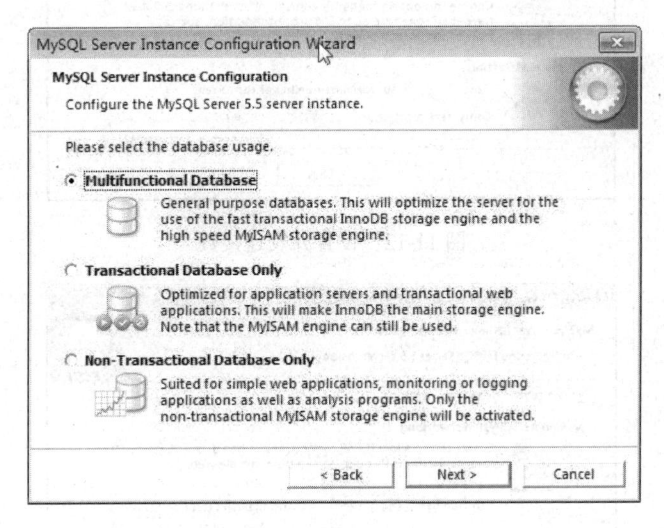

图 11-10　选择储存引擎

单击 Next 按钮，出现如图 11-11 所示界面，选择 InnoDB 数据文件存放目录。

单击 Next 按钮，出现如图 11-12 所示界面，设置并发连接数，此处选择 Decision Support（决策支持）。

单击 Next 按钮，出现如图 11-13 所示界面，显示为联网选项，可以启用或禁用 TCP/IP 网络，并配置用来连接 MySQL 服务器的端口号，默认情况启用 TCP/IP 网络，要想禁用 TCP/IP 网络，取消选择 Enable TCP/IP Networking 选项旁边的复选框，默认使用 3306 端口，如果选择的端口号已经被占用，将提示确认选择的端口号。

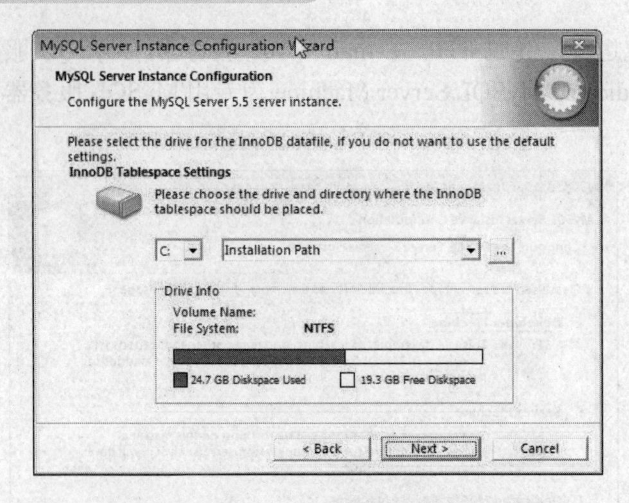

图 11-11　选择 InnoDB 数据文件存放目录

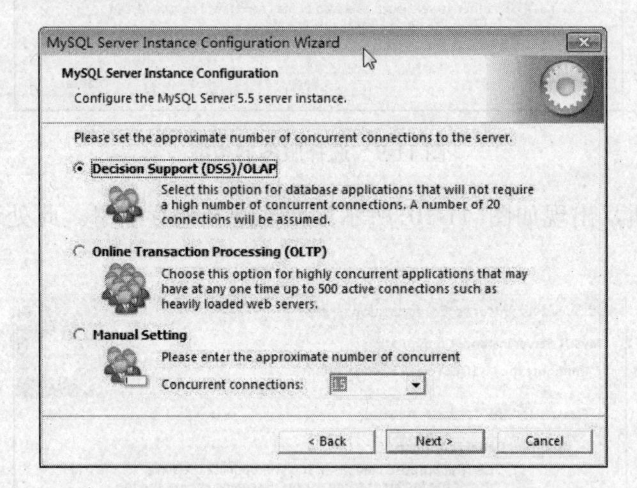

图 11-12　设置并发连接数

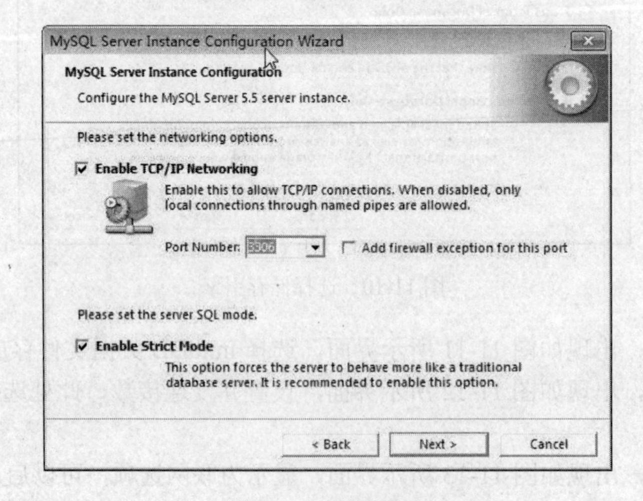

图 11-13　联网选项

单击 Next 按钮，出现如图 11-14 所示界面，选择字符集，选择 Standard Character Set 标准字符集。

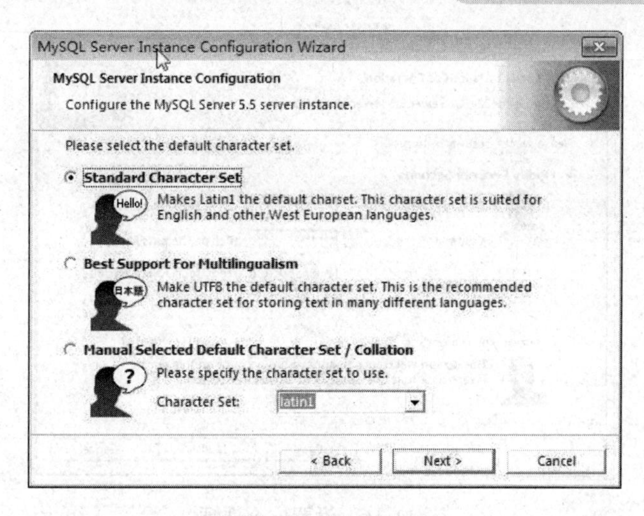

图 11-14　选择字符集

单击 Next 按钮，出现如图 11-15 所示界面，设置服务，将 MySQL 服务器安装成服务，系统启动时可以自动启动 MySQL 服务器，甚至出现服务故障时可以随 Windows 自动启动，默认情况 MySQL Configuration Wizard（配置向导）将 MySQL 服务器安装为服务，服务名为 MySQL，如果不想安装服务，取消选择 Install As Windows Service 复选框，并从下拉列表框中选择新的服务名或在文本框内输入新的服务名来更改服务名。

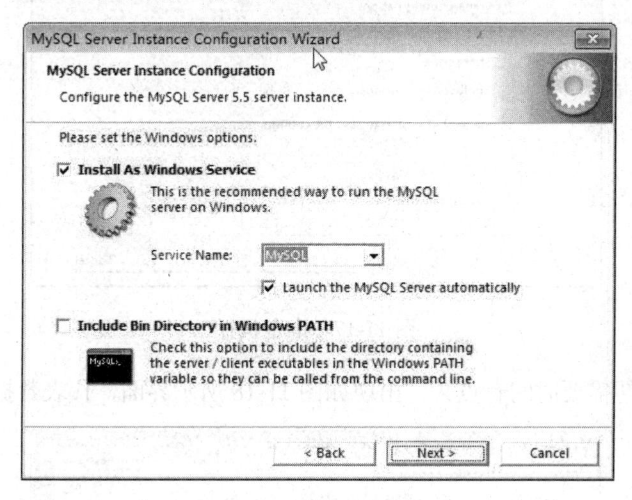

图 11-15　设置服务

单击 Next 按钮，出现如图 11-16 所示界面，设置安全选项，强烈建议为你的 MySQL 服务器设置一个 root 密码，默认情况 MySQL Configuration Wizard（配置向导）要求用户设置一个 root 密码，如果不想设置 root 密码，不选中 Modify Security Settings 复选框；要想设置 root 密码，在 New root password（输入新密码）和 Confirm（确认）文本框内输入期望的密码，不选中 Enable root access from remote machines（不允许远程连接）选项旁边的复选框，这样可以提高安全性，要想创建一个匿名用户账户，选中 Create An Anonymous Account（创建匿名账户）选项旁边的复选框。创建匿名账户会降低服务器的安全，并造成登录和许可困难，因此不建议选中，此处把密码设置为 123456。

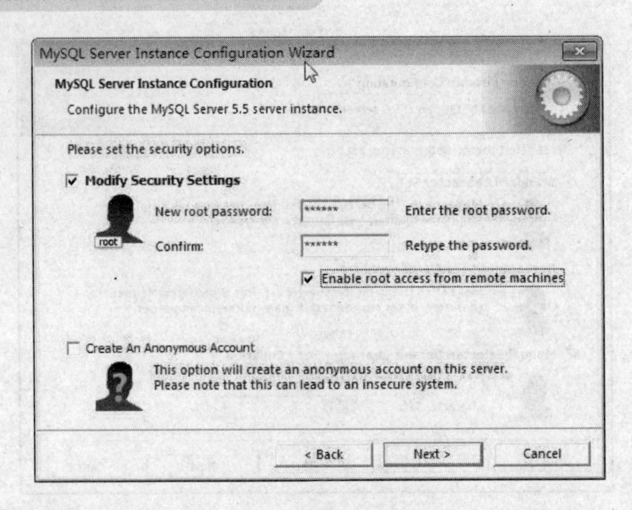

图 11-16　设置安全选项

单击 Next 按钮，出现如图 11-17 所示界面。

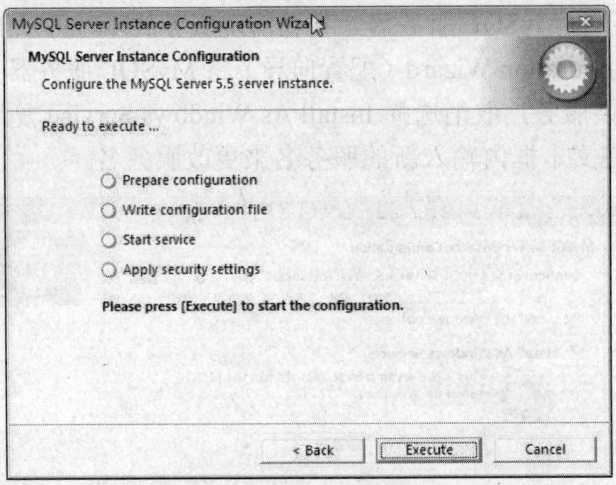

图 11-17　准备执行

单击 Execute 按钮需要时间有点久，出现如图 11-18 所示界面，代表数据库安装和配置成功。

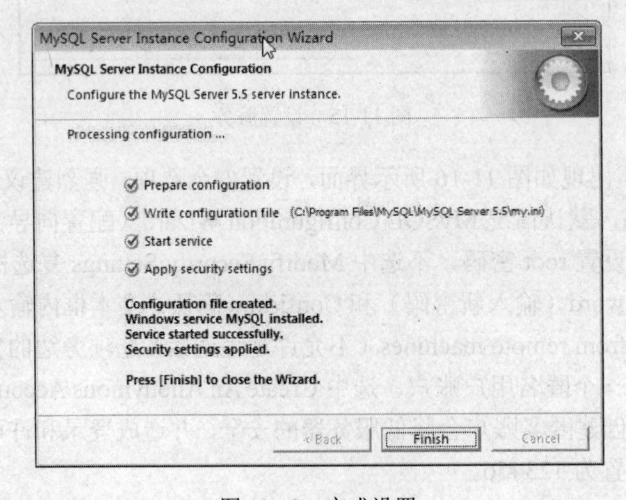

图 11-18　完成设置

单击 Finish 按钮完成设置。

11.1.3　MySQL 的简单应用

MySQL 安装和配置成功以后，本节主要讲解 MySQL 数据库的简单应用，首先进入到数据库进行相关操作，单击“开始”→MySQL→MySQL 5.5 Command Line Client 命令，进入如图 11-19 所示界面，输入之前设置的密码“123456”。

图 11-19　MySQL 5.5 Command Line Client 界面

按 Enter 键，出现如图 11-20 所示界面，对 MySQL 数据库进行相关操作。

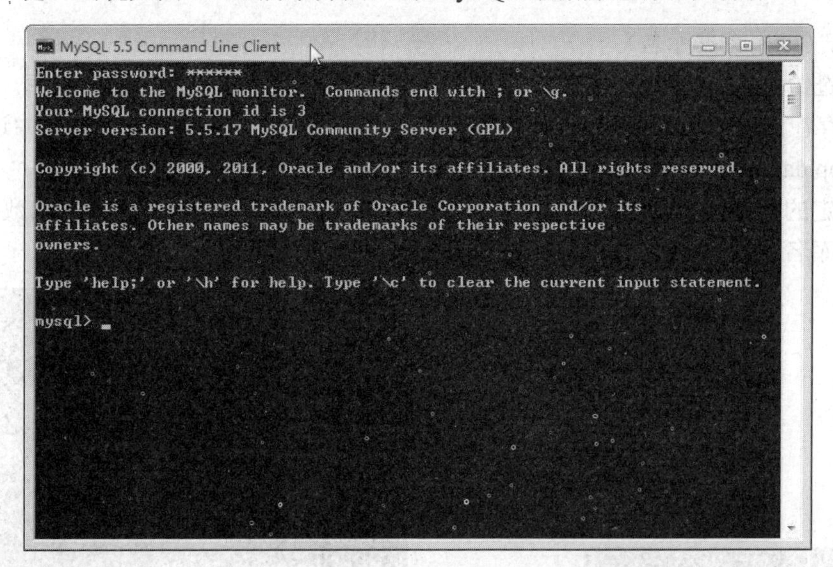

图 11-20　进入界面，开始操作

1. 断开数据库连接

在 mysql>提示符下输入 quit 或者\q，可以随时断开客户端数据库连接。

2. MySQL 数据库中 sql 语句分类

在 MySQL 数据库中，sql 语句主要划分为 DDL、DML、DCL、事务控制，其中 DDL 全称为 Data Definition Language（数据定义语言），定义对数据库对象（库、表、列、索引）的操作，例如 CREATE、DROP、ALTER 等操作。DML 全称为 Data Manipulation Language（数据操纵语言），定义对数据库记录的操作，例如 INSERT、DELETE、UPDATE、SELECT 等操作。DCL 全称为 Data Control Language（数据控制语言），定义对数据库、表、字段、用户的访问权限和安全级别操作，例如 GRANT、REVOKE 等，事务控制主要是 START TRANSACTION、COMMIT、ROLLBACK、SAVEPOINT 等操纵。

3. 创建、查看、使用、删除数据库等操作

（1）create database（创建数据库名）。

用给定的名字创建一个数据库，如图 11-21 所示。

（2）show databases（显示数据库名）。

查看后显示所有数据库名，如图 11-22 所示。

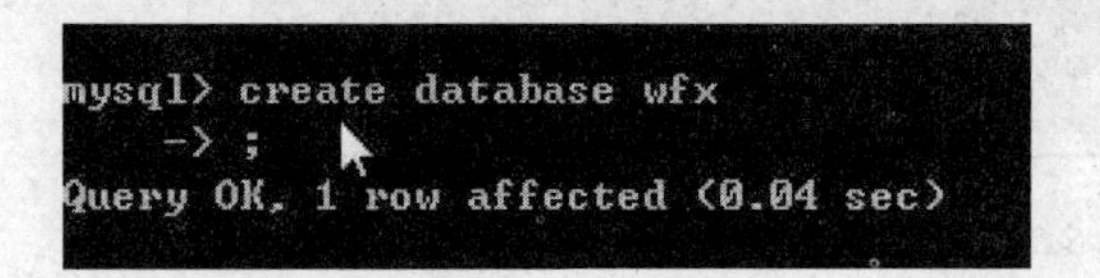

图 11-21　创建数据库

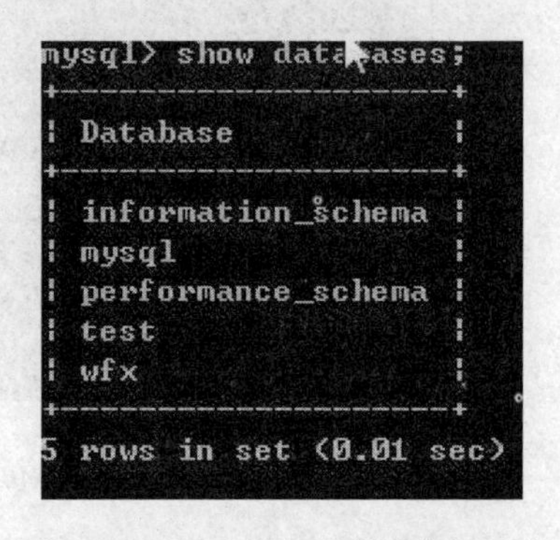

图 11-22　显示所有存在的数据库名

（3）use（使用数据库名）。

可以通过给定的数据库名在该数据库中操作存在的表，例如使用 wfx 数据库，并且显示该数据库名中存在的表（使用 show tables），如图 11-23 所示，可以看出 wfx 数据库中还未创建表。

（4）drop database（删除数据库名）。

根据给定的数据库名删除该数据库，删除成功后，再使用 show 查看所有的数据库，显示出来的数据库名就没有 wfx，如图 11-24 所示。

```
mysql> use wfx;
Database changed
mysql> show tables;
Empty set (0.08 sec)
```

图 11-23　使用给定数据库并且显示数据中存在的表

```
mysql> drop database wfx;
Query OK, 0 rows affected (0.10 sec)

mysql> show databases;
+--------------------+
| Database           |
+--------------------+
| information_schema |
| mysql              |
| performance_schema |
| test               |
+--------------------+
4 rows in set (0.00 sec)
```

图 11-24　删除给定的数据库名

4. 表的创建、删除、修改操作

MySQL 数据库中支持多种类型，例如数值、日期/时间、字符串等类型，整数类型有 int，浮点型有 float、double 等，日期类型有 date，字符串类型有 char、varchar 等，显示数据库中所有表用 show tables。

（1）创建表：create table 表名（列名 列类型, 列名 列类型,…）。

例如：

```
create   table student( id int,name varchar(20),birthday date);
```

如图 11-25 所示。

```
mysql> create  table student( id int,name varchar(20),birthday date);
Query OK, 0 rows affected (0.08 sec)
```

图 11-25 创建表成功操作

（2）删除表：drop table 表名，删除表的同时也会删除表中所有的记录。

例如：

```
drop table student;
```

（3）修改表的结构：alter table 表名。

- 修改列类型：alter table 表名 modify 列名 列类型。

例如：alter table student modify name char(10);

- 增加列：alter table 表名 add 列名 列类型。

例如：alter table student add sex char(2);

同时可以通过 desc 表名来查看表的结构，如图 11-26 所示，表中只需 4 列，多了一个 sex 列，类型为 char。

```
mysql> desc student;
+----------+----------+------+-----+---------+-------+
| Field    | Type     | Null | Key | Default | Extra |
+----------+----------+------+-----+---------+-------+
| id       | int(11)  | YES  |     | NULL    |       |
| name     | char(10) | YES  |     | NULL    |       |
| birthday | date     | YES  |     | NULL    |       |
| sex      | char(2)  | YES  |     | NULL    |       |
+----------+----------+------+-----+---------+-------+
4 rows in set (0.02 sec)
```

图 11-26 显示表的结构

- 删除列：alter table 表名 drop 列名。

例如：alter table student drop sex;

- 列改名：alter table 表名 change 旧列名 新列名 列类型。

例如：alter table student change birthday age int;

成功地将列改名以后，通过 desc 表名查看表的结构，此时 birthday 列不存在而是成为 age 类，类型为 int，如图 11-27 所示。

```
mysql> alter table student change birthday age int
    -> ;
Query OK, 0 rows affected (0.03 sec)
Records: 0  Duplicates: 0  Warnings: 0

mysql> desc student;
+-------+----------+------+-----+---------+-------+
| Field | Type     | Null | Key | Default | Extra |
+-------+----------+------+-----+---------+-------+
| id    | int(11)  | YES  |     | NULL    |       |
| name  | char(10) | YES  |     | NULL    |       |
| age   | int(11)  | YES  |     | NULL    |       |
+-------+----------+------+-----+---------+-------+
```

图 11-27　列改名和显示表的结构

- 更改表名：alter table 表名 rename 新表名或者 rename table 表名 to 新表名;

例如：alter table student rename student_wfx;

rename table student to student_wfx;

5. 数据库表中的 DML 操作

（1）往表中插入数据（记录）insert into。

表中有 id，name（姓名），age（年龄），insert into 表名(列名 1,列名 2,) values (值 1,值 2) 功能就是向指定的表添加指定值的记录。

例如：insert into student(id,name,age) values(1,"wufengxia",20);

（2）删除表中的数据（记录）delete。

```
delete from 表名 [where 条件]。
```

例如：

```
delete from student where id=1 ;   //删除 student 表中 id 为 1 的一条记录。
delete from student;               //删除表中所有记录。
```

（3）修改表中的数据（记录）update。

```
update 表名 set 列名 1=值 1,列名 2=值 2,…列名 n=值 n [where 条件];
```

例如：

```
update student set name='wufengxia1',age=20 where id=1;//把 id 为 1 的记录对应的名字修改为 wufengxia1,年龄修改为 20。
update student set name='wufengxia1',age=20;//把所有记录对应的名字修改为 wufengxia1,年龄修改为 20。
```

（4）查看表中的数据（记录）select。

```
select   selection_list 选择哪些列（多个列用逗号隔开）
from   table_list 从何处选择行（多个表用逗号隔开）
where   primary_constraint 行必须满足什么条件
group by   grouping_columns 怎样对结果分组
having secondary_constraint 分组后行必须满足的条件
order by sorting_columns 怎样对结果排序
```

- 普通查询
  - ◆ 查询所有的记录的所有列（*）。

例如：select * from student;

◆ 查询特定行。

例如：select * from student where name='wufengxia1';

◆ 查询特定列。

例如：select name,age from student ;

◆ 去掉重复的值（distinct）。

select distinct name from student;

例如：代表 name 列相同的值只出现一次。

◆ 给列取别名。

例如：select name as 姓名 from student;

或者 select name 姓名 from student;

● 条件查询

select 列名 from 表名 where 条件; where 子句中可以包括运算符、列、函数，但是切记不可以出现组函数。

例如：查询 student 表中年龄大于或等于 20 岁的所有学生信息。

select * from student where age>=20;

● 查询排序

select 列名 from 表名 order by 排序列名 [ASC|DESC]，其中 ASC 为升序，默认就是按照升序排序，DESC 为降序。

例如：select * from student order by age desc; 就是按照学生年龄的降序排序显示查询出来的结果，如图 11-28 所示。

```
mysql> select * from student order by age desc;
+----+-----------+-----+
| id | name      | age |
+----+-----------+-----+
|  3 | zhaoliu   |  28 |
|  1 | wufengxia |  18 |
|  2 | zhangsan  |  18 |
+----+-----------+-----+
3 rows in set (0.03 sec)
```

图 11-28 学生按照年龄降序排序显示结果

● 查询分组

select 列名 from 表名 group by 分组的列（就是 select 后面出现的列名），group by 子句作用对查询出来的数据进行分组，分组后的数据执行组函数计算，最终结果自动按分组列进行升序排列，我们常见的组函数有 count(*)、avg（平均值）、sum（求和）、max（最大值）、min（最小值），除了 count()函数，其他组函数都忽略空值，组函数不能和非分组列混合使用。

例如：select count(*) as '学生总数' from student; 查询学生表中学生的总数。如图 11-29 所示。

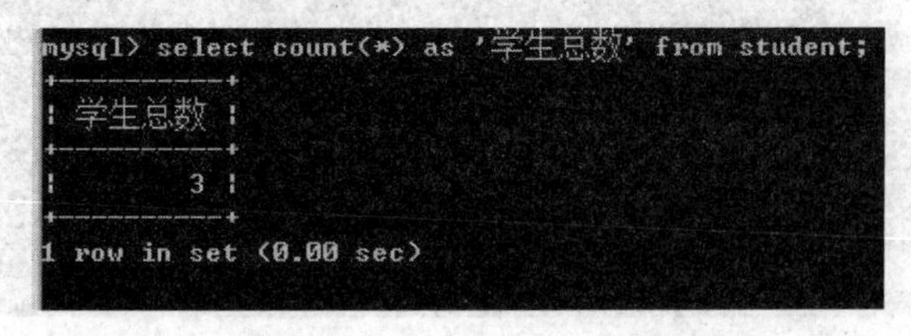

图 11-29 查询学生的总数

为了更好地理解 group by 子句，在 wfx 数据库中分别创建员工表（employees）和部门表（depts），分别往表中插入数据，相关的 sql 语句如下：

```
create table employees(id int,name varchar(20),salary double(8,2),address
varchar(100),dept_id int);
create table depts( id int,name varchar(20),decription varchar(255));
insert into depts values(1,'人事部','管人事');
insert into depts values(2,'研发部','做研发工作');
insert into depts values(3,'市场部','做市场活动');
insert into depts values(4,'培训部','培训相关业务');
insert into employees values(1,'张三',3500,'成都',1);
insert into employees values(2,'李四',5000,'上海',2);
insert into employees values(3,'王五',7000,'福建',3);
insert into employees values(4,'赵六',2800,'广东',2);
insert into employees values(5,'钱七',8000,'山东',4);
insert into employees values(6,'孙八',2000,'河北',1);
```

最终查看两个表中的记录，如图 11-30 所示。

```
mysql> select * from employees;
+----+------+---------+---------+---------+
| id | name | salary  | address | dept_id |
+----+------+---------+---------+---------+
|  1 | 张三 | 3500.00 | 成都    |       1 |
|  2 | 李四 | 5000.00 | 上海    |       2 |
|  3 | 王五 | 7000.00 | 福建    |       3 |
|  4 | 赵六 | 2800.00 | 广东    |       2 |
|  5 | 钱七 | 8000.00 | 山东    |       4 |
|  6 | 孙八 | 2000.00 | 河北    |       1 |
+----+------+---------+---------+---------+
6 rows in set (0.04 sec)

mysql> select * from depts;
+----+--------+--------------+
| id | name   | decription   |
+----+--------+--------------+
|  1 | 人事部 | 管人事       |
|  2 | 研发部 | 做研发工作   |
|  3 | 市场部 | 做市场活动   |
|  4 | 培训部 | 培训相关业务 |
+----+--------+--------------+
4 rows in set (0.00 sec)
```

图 11-30　查询员工表和部门表中的数据

例如：select dept_id,count(*),sum(salary),avg(salary),max(salary),min(salary) from employees group by dept_id; 按照部门编号进行分组，查找每个部门有多少员工、每个部门的总工资、每个部门的平均工资、每个部门的最高工资和最低工资，结果如图 11-31 所示。

```
mysql> select dept_id,count(*),sum(salary),avg(salary),max(salary),min(salary) f
rom employees group by dept_id;
+---------+----------+-------------+-------------+-------------+-------------+
| dept_id | count(*) | sum(salary) | avg(salary) | max(salary) | min(salary) |
+---------+----------+-------------+-------------+-------------+-------------+
|       1 |        2 |     5500.00 | 2750.000000 |     3500.00 |     2000.00 |
|       2 |        2 |     7800.00 | 3900.000000 |     5000.00 |     2800.00 |
|       3 |        1 |     7000.00 | 7000.000000 |     7000.00 |     7000.00 |
|       4 |        1 |     8000.00 | 8000.000000 |     8000.00 |     8000.00 |
+---------+----------+-------------+-------------+-------------+-------------+
4 rows in set (0.05 sec)
```

图 11-31　按照分组进行查询结果

查询分组中有一个重要的规则就是出现在select列表中的列，结果出现的位置如果不在组函数中，则必须出现在group by子句中。

● having使用

having 子句用来对分组后的结果再进行条件过滤，例如 select dept_id,avg(salary) from employees where salary between 2500 and 7000 group by dept_id having count(*)>1;找出工资在2500和7000之间的员工，把符合条件的员工按照部门分组之后，最终显示部门人数大于1的部门编号和部门平均工资，最终结果如图11-32所示。

```
mysql> select dept_id,avg(salary) from employees where salary between 2500 and 7
000 group by dept_id having count(*)>1;
+---------+-------------+
| dept_id | avg(salary) |
+---------+-------------+
|       2 | 3900.000000 |
+---------+-------------+
1 row in set (0.05 sec)
```

图11-32　having使用后的查询结果

因此，having和where子句区别为，where子句是在分组前进行的条件过滤，所以它不能使用组函数，having子句是在分组后进行的条件过滤，所以having子句中可以使用组函数。

11.2　JDBC概述

JDBC全称是Java Data Base Connectivity（Java数据库连接），从物理结构上说就是Java语言访问数据库的一套接口集合，从本质上来说就是调用者（程序员）和实现者（数据库厂商）之间的协议，JDBC的实现由数据库厂商以驱动程序的形式提供，JDBC API使得开发人员可以使用纯Java的方式来连接数据库并进行相关操作。JDBC的特性主要是高度的一致性、简单性，常用的接口只有四五个。

在JDBC中包括了两个包：java.sql和javax.sql。java.sql是基本功能包，这个包中的类和接口主要针对基本的数据库编程服务，如生成链接、执行语句、准备语句、运行批处理查询等，同时也有一些高级的处理，比如批处理更新、事务隔离和可滚动结果集等，javax.sql包中主要是扩展功能，为数据库方面的高级操作提供了接口和类，如链接管理、分布式事务和旧有的链接提供了更好的抽象，它引入了容器管理的连接池、分布式事务和行集等。

通过JDBC操作数据库，当然离不开驱动程序，驱动程序按照工作方式可分为4类。

1. JDBC-ODBC bridge + ODBC 驱动

JDBC-ODBC bridge桥驱动将JDBC调用翻译成ODBC调用，再由ODBC驱动翻译成访问数据库命令，优点是可以利用现存的ODBC数据源来访问数据库，缺点是从效率和安全性的角度来说比较差，不适合用于实际项目。

2. 基于本地API的部分Java驱动

应用程序通过本地协议跟数据库打交道，然后将数据库执行的结果通过驱动程序中的Java部分返回给客户端程序。优点是效率较高，缺点是安全性较差。

3. 纯Java的网络驱动

各个客户段通过通用的协议[统一规定]和Netserver会话，然后转换为相应的数据库服务器，优点是安全性较好，缺点是两段通信效率比较差。

4. 纯 Java 本地协议

通过本地协议用纯 Java 直接访问数据库。特点是效率高，安全性好。

11.3 JDBC 接口简介

通过 JDBC 访问数据表，并且对表进行相关操作，要先熟悉和了解 JDBC 中的主要类和接口。

11.3.1 JDBC 中的 DriverManager 类

DriverManager 类在 java.sql 中是管理一组 JDBC 驱动程序的基本服务，该类中最常见的方法是获得连接方法，该方法的定义如下：

public static Connection getConnection(String url,String user,String password) throws SQLException，通过 DriverManager 中的静态方法 getConnection 来获得数据库连接，该方法有三个参数，第一个参数是数据库 URL，第二个参数是数据库用户，第三个参数是数据库用户的密码，如果这些参数值有错误，就会抛出访问数据库异常，不同数据库的 URL 都有其自己的格式，Oracle url 的格式为 jdbc:oracle:thin: @×××.×××.×.×××（IP 地址）:××××（端口号）：数据库名。一般情况下 Oracle 端口号为 1521，例如：jdbc:oracle:thin:@192.168.0.20:1521:tarena，MySql url 的格式为 jdbc:mysql:// ×××.×××.×.×××（IP 地址）:××××（端口号）/数据库名，例如 jdbc:mysql://192.168.8.21:3306/test。

若数据库中创建的数据库名为 wfx，用户名为 root，密码为 123456，则该类中获得连接方法的代码示例如下：

```
Connection conn=DriverManager.getConnection("jdbc:mysql://192.168.8.21:3306/wfx", " root"," 123456");
```

11.3.2 Connection 接口

Connection 在 java.sql 包下，与特定数据库的连接，在连接上下文中执行 sql 语句并返回结果，Connection 对象的数据库能够提供描述其表、所支持的 SQL 语法、存储过程、此连接功能等信息，常用方法如下。

（1）Statement createStatement()throws SQLException：创建一个 Statement 对象来将 sql 语句发送到数据库。

（2）void commit()throws SQLException：使所有上一次提交/回滚后进行的更改成为持久更改，并释放此 Connection 对象当前持有的所有数据库锁。

（3）void rollback()throws SQLException：取消在当前事务中进行的所有更改，并释放此 Connection 对象当前持有的所有数据库锁。

（4）void close()throws SQLException：立即释放此 Connection 对象的数据库和 JDBC 资源，而不是等待它们被自动释放。

（5）CallableStatement prepareCall(String sql)throws SQLException：创建一个 CallableStatement 对象来调用数据库存储过程，CallableStatement 用来访问数据库中的存储过程，它提供了一些

方法来指定语句所使用的输入/输出参数。

（6）PreparedStatement prepareStatement(String sql)throws SQLException：创建一个 Prepared Statement 对象来将参数化的 sql 语句发送到数据库，继承 Statement 接口，表示预编译的 sql 语句的对象。sql 语句被预编译并且存储在 PreparedStatement 对象中，然后可以使用此对象高效地多次执行该语句，例如 PreparedStatement pstm = con.preparedStatement(“select * from test where id=?”);设置占位符的值为 pstm.setString(1，"ganbin");。

11.3.3　Statement 接口

Statement 接口在 java.sql 包下，用于执行静态 sql 语句并返回其生成结果的对象，如果传的 sql 语句是 insert 、update 和 delete 则没有结果返回，如果传的 sql 语句是 select 语句则有结果返回，且返回结果集类型为 ResultSet。对于执行最简单的 sql 语句调用的方法为 execute (String sql)，它可以执行任何的 sql 语句。对于 insert、update 和 delete 语句调用 executeUpdate(String sql)方法，对于 select 语句则调用 executeQuery(String sql)方法，并返回一个永远不能为 null 的 ResultSet 实例。

11.3.4　ResultSet 接口

java.sql.ResultSet 接口类似于一个数据表，通过该接口的实例可以获得检索结果集，以及对应数据表的相关信息，ResultSet 实例通过执行查询数据库的语句生成，常见方法如下。

（1）next()：将指针移动到下一行，看返回的当前行是否有效，如果当前行不存在，则返回 false。

（2）getxxx()：均有两个重载方法，分别根据列的索引号和列的名称检索列值。

（3）first()：将光标移动到此 ResultSet 对象的第一行。

（4）last()：将光标移动到此 ResultSet 对象的最后一行。

（5）previous()：将光标移动到此 ResultSet 对象的上一行。

（6）absolute()：将光标移动到此 ResultSet 对象的给定行编号。

（7）beforeFirst()：将光标移动到此 ResultSet 对象的开头，正好位于第一行之前。

（8）afterLast()：将光标移动到此 ResultSet 对象的末尾，正好位于最后一行之后。

（9）getRow()：获取当前行编号。

（10）deleteRow()：从此 ResultSet 对象和底层数据库中删除当前行。

11.4　JDBC 访问数据库

JDBC 连接数据库的主要步骤如下。

1. 注册一个 driver

注册驱动程序有三种方式，一般情况下都采用第一种方式。

（1）方式一：

```
Class.forName( “com.mysql.jdbc.Driver” );
```

Java 规范中明确规定：所有的驱动程序必须在静态初始化代码块中将驱动注册到驱动程序管理器中。

（2）方式二：

```
Driver drv = new com.mysql.jdbc.Driver ();
DriverManager.registerDriver(drv);
```

（3）方式三：编译时在虚拟机中加载驱动

```
java  - D jdbc.drivers=驱动全名 类名
```

2. 建立连接

```
conn=DriverManager.getConnection("jdbc:mysql://localhost:3306/wfx", " root","123456");
```

3. 获得一个 Statement 对象

```
sta = conn.createStatement();
```

4. 通过 Statement 执行 sql 语句

```
sta.executeQuery(String sql);              //返回一个查询结果集。
sta.executeUpdate(String sql);             //返回值为 int 型，表示影响记录的条数。
```

将 sql 语句通过连接发送到数据库中执行，以实现对数据库的操作。

5. 处理结果集

使用 Connection 对象获得一个 Statement。Statement 中的 executeQuery(String sql)方法可以使用 select 语句查询，并且返回一个结果集 ResultSet，通过遍历这个结果集，可以获得 select 语句的查寻结果。ResultSet 的 next()方法会操作一次游标从第一条记录的前面开始读取，直到最后一条记录。executeUpdate(String sql)方法用于执行 DDL 和 DML 语句，比如可以 update，delete 操作，只有执行 select 语句才有结果集返回。

例如：

```
Statement str=con.createStatement();
String sql=" insert into student(id,name,age)values(4,'xiaoming',22)";
str. executeUpdate(sql);                 //执行 sql 语句
String sql2="select * from student";
ResultSet rs=str. executeQuery(sql2);    //执行 sql 语句，会有结果集
```

遍历处理结果集信息：

```
        while (rs.next()) {
                System.out.println("id=" + rs.getInt("id") + " name="
                        + rs.getString("name") + " age=" + rs.getInt("age"));
        }
```

6. 关闭数据库连接（释放资源）

调用 ResultSet、Statement、Connection 里面的 close 方法，要以先 ResultSet 结果集、后 Statement、最后 Connection 的顺序关闭资源，因为 Statement 和 ResultSet 是需要连接时才可以使用的，所以在使用结束之后有可能其他的 Statement 还需要连接，所以不能先关闭 Connection。

注意：在写 JDBC 访问数据库代码的时候要记得把对应的数据库驱动 jar 包导入到项目中，

例如将 mysql-connector-java-5.0.5-bin.jar 导入到 myeclipse 中。JDBC 访问数据库的案例如下:

```
import java.sql.*;
public class JdbcFirst {
    public static void main(String[] args) throws Exception {
        //注册驱动
        Class.forName("com.mysql.jdbc.Driver");
        String url = "jdbc:mysql://localhost:3306/wfx";
        String username = "root";
        String password = "123456";
        Connection con = DriverManager.getConnection(url, username, password);
        String sql = "insert into student(id,name,age)values(4,'xiaoming',22)";
        //获得 Statement
        Statement st = con.createStatement();
        //执行 sql 语句
        st.executeUpdate(sql);

        String sql1 = "select * from student";
        ResultSet rs = st.executeQuery(sql1);//执行 sql 语句，执行 select 语句后有结果集
        //遍历处理结果集信息
        while (rs.next()) {
            System.out.println("id=" + rs.getInt("id") + " name="
                    + rs.getString("name") + " age=" + rs.getInt("age"));
        }
        rs.close();
        st.close();
        con.close();
    }
}
```

案例最终结果如图 11-33 所示。

```
id=1 name=wufengxia age=18
id=2 name=zhangsan age=18
id=3 name=zhaoliu age=28
id=4 name=xiaoming age=22
```

图 11-33　JDBC 访问数据库案例代码结果

11.5　JSP 连接 MySQL 数据库

通过 JSP 连接 MySQL 数据库，简单的理解就是把 JDBC 相关代码放入到 JSP 页面中，现在以查询数据库中用户表（users）数据为例来演示 JSP 连接 MySQL 数据库。后续我们会学习 Servlet 如何连接 MySQL 数据库，相对而言代码要复杂一些。

1. 在数据库中建用户（users）表

用户表有 4 列，分别为 id、用户名、用户密码、用户电话号码，建表 sql 语句如下：

```
create table users(id int primary key,name varchar(20)not null, passwd varchar(20)not null,phone varchar(20)not null)
```

往表中添加 6 条数据，sql 语句如下：

```
insert into users values(1,'zhangsan','123456',13608183361);
insert into users values(2,'xiaoming','123123',13609783361);
insert into users values(3,'wangwu','231456',13608183367);
insert into users values(4,'zhaoliu','987654',13602343361);
insert into users values(5,'xiaoqiang','345678',13608183369);
insert into users values(6,'xiaohua','567890',13608183363);
```

2. 项目案例代码

用 queryUser.jsp 查询用户信息，相关代码如下：

```
<%@page contentType="text/html"%>
<%@page import="java.sql.*"%>
<html>
    <body>
        <%
            Connection conn = null ;
            Statement stm = null ;
            ResultSet rs = null ;
            try{
                Class.forName( "com.mysql.jdbc.Driver" ) ;
                String url = "jdbc:mysql://localhost:3306/wfx";
                 String username = "root";
                 String password = "123456";
                conn = DriverManager.getConnection(url, username, password);
                 stm = conn.createStatement();
                 rs = stm.executeQuery( "select id , name , passwd , phone from users" ) ;
        %>
                <table border="1" bordercolor="red" align="center" cellspacing="0" width="90%">
                    <tr bgcolor="red">
                        <td><font color="white"><b>ID</b></font></td>
                        <td><font color="white"><b>NAME</b></font></td>
                        <td><font color="white"><b>PASSWORD</b></font></td>
                        <td><font color="white"><b>PHONE</b></font></td>
                    </tr>
            <%
                    while( rs.next() ){
            %>
                     <tr>
                        <td><b><%= rs.getInt(1)%></b></td>
```

```
                        <td><b><%= rs.getString(2)%></b></td>
                        <td><b><%= rs.getString(3)%></b></td>
                        <td><b><%= rs.getString(4)%></b></td>
                    </tr>
        <%
                    }
        %>
            </table>
        <%
        }catch( Exception e ){
            e.printStackTrace();
        %>
                <font color="red">System Error</font>
        <%
        }finally{
            if( rs != null)try{ rs.close(); }catch( Exception e ){}
            if( stm != null ) try{ stm.close(); }catch( Exception e ){}
            if( conn != null ) try{ conn.close(); }catch( Exception e ){}
        }
        %>
    </body>
</html>
```

3. 项目展示效果

项目部署好之后，启动 tomcat 服务器，在浏览器中输入 http://localhost:8080/JspJdbc/queryUser.jsp，显示结果如图 11-34 所示。

ID	NAME	PASSWORD	PHONE
1	zhangsan	123456	13608183361
2	xiaoming	123123	13609783361
3	wangwu	231456	13608183367
4	zhaoliu	987654	13602343361
5	xiaoqiang	345678	13608183369
6	xiaohua	567890	13608183363

图 11-34 浏览器中显示的用户信息

11.6 Servlet 连接 MySQL 数据库

通过 Servlet 连接 MySQL 数据库，简单的理解就是把 JDBC 相关代码放入到 Servlet 代码中，现在以查询数据库中用户表（users）数据为例来演示 Servlet 连接 MySQL 数据库。

1. 在数据库中建用户（users）表

用户表有四列，分别为 id、用户名、用户密码、用户电话号码，建表 sql 语句如下：

```
create table users(id int primary key,name varchar(20)not null, passwd varchar(20)not null,phone varchar(20)not null)
```

往表中添加 6 条数据，sql 语句如下：

```
insert into users values(1,'zhangsan','123456',13608183361);
insert into users values(2,'xiaoming','123123',13609783361);
insert into users values(3,'wangwu','231456',13608183367);
insert into users values(4,'zhaoliu','987654',13602343361);
insert into users values(5,'xiaoqiang','345678',13608183369);
insert into users values(6,'xiaohua','567890',13608183363);
```

2. 查询用户信息的时序图

查询用户信息的时序图如图 11-35 所示。

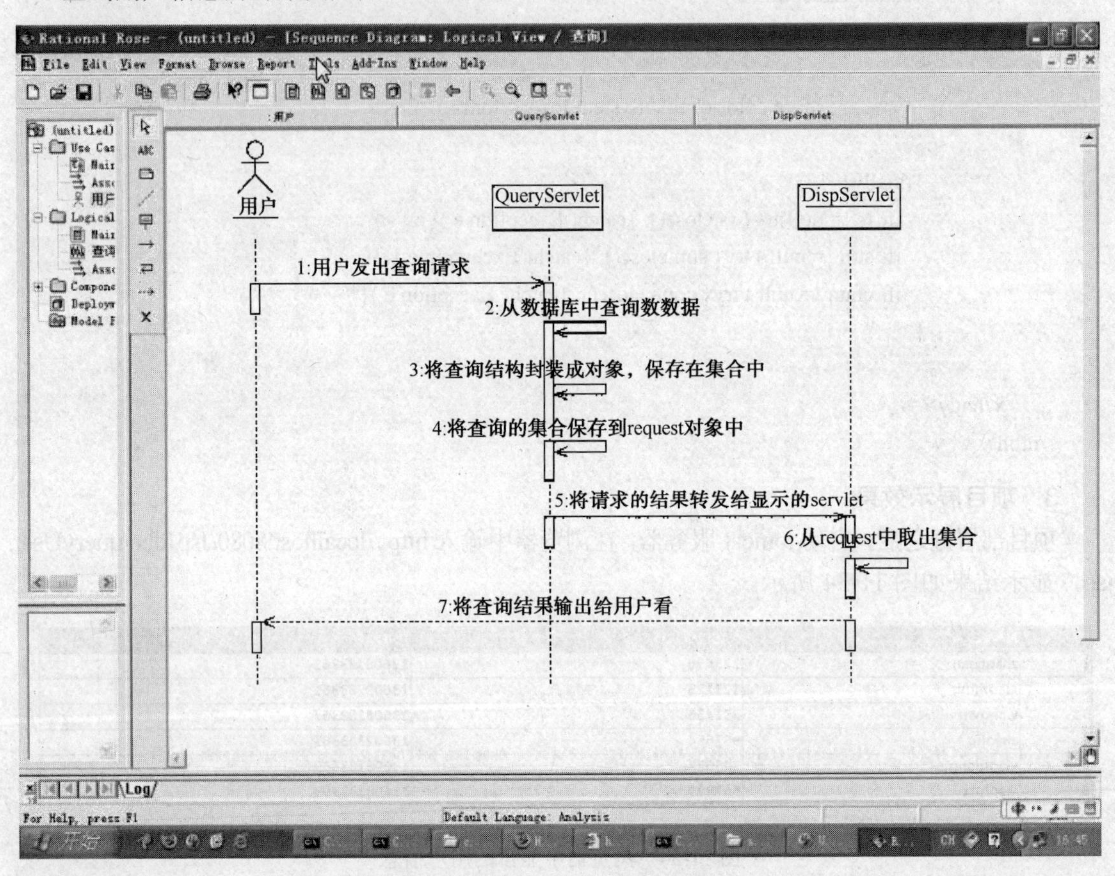

图 11-35 用户信息查询时序图

3. 项目结构

下面介绍项目结构中包的含义，com.servlet 主要是存放 Servlet 类，com.entity 包下面存放实体类（User），com.config 包下面存放一些资源文件，如 sql 语句等。整个项目结构如图 11-36 所示。

4. 项目案例代码

用 Servlet 实现查询用户信息案例代码包括以下几个重要类，把下面的内容写好之后，就可以按照之前学习的项目部署知识点，将 Web 项目在 tomcat 上面部署运行。

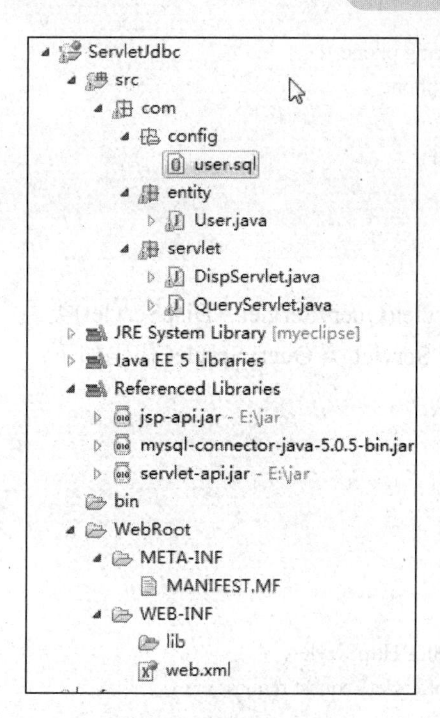

图 11-36　项目结构图

（1）用户类（User）。

```
package com.entity ;
import java.io.* ;
public class User implements Serializable{
    private Integer id ;
    private String name ;
    private String password ;
    private String phone ;
    public void setId( Integer id ){
            this.id = id ;
    }
    public Integer getId(){
            return id ;
    }
    public void setName( String name ){
            this.name = name ;
    }
    public String getName(){
            return name ;
    }
    public void setPassword( String password ){
            this.password = password ;
    }
    public String getPassword(){
            return password ;
    }
```

```
        public void setPhone( String phone ){
                this.phone = phone ;
        }
        public String getPhone(){
                return phone ;
        }
}
```

（2）查询和显示信息 Servlet(QueryServlet、DispServlet)类。

① 用于查询用户信息的 Servlet 类 QueryServlet 代码如下：

```
package com.servlet ;
import javax.servlet.* ;
import javax.servlet.http.* ;
import java.io.* ;
import java.sql.* ;
import com.entity.* ;
import java.util.* ;
public class QueryServlet extends HttpServlet{
    public void service( HttpServletRequest request ,
HttpServletResponse response )
throws ServletException ,IOException{
                Connection conn = null ;
                Statement stm = null ;
                ResultSet rs = null ;
                String sql = "select id , name , passwd , phone from users" ;
                try{
                  Class.forName( "com.mysql.jdbc.Driver" ) ;
                  String url = "jdbc:mysql://localhost:3306/wfx";
                  String username = "root";
                  String password = "123456";
                 conn = DriverManager.getConnection(url, username,
password);
                  stm = conn.createStatement();
                  rs = stm.executeQuery( sql ) ;
                  List<User> users = new ArrayList<User>();
                  User u = null ;
                  while( rs.next() ){
                        u = new User();
                        u.setId( rs.getInt( 1 ) ) ;
                        u.setName( rs.getString( 2 ) ) ;
                        u.setPassword( rs.getString( 3 ) ) ;
                        u.setPhone( rs.getString( 4 ) ) ;
                        users.add( u ) ;
                  }
                  request.setAttribute( "data" , users ) ;
                  request.getRequestDispatcher( "/disp" ).forward( request ,
response ) ;
```

```
            }catch(Exception e ){
              e.printStackTrace();
            }finally{
              if( rs != null ) try{ rs.close(); }catch( Exception e ){}
              if( stm != null ) try{ stm.close();}catch( Exception e){}
              if( conn != null ) try{ conn.close(); }catch( Exception e ){}
            }
        }
}
```

② 用于显示用户信息的 Servlet 类 DispServlet 的代码如下：

```
package com.servlet ;
import javax.servlet.* ;
import javax.servlet.http.* ;
import java.io.* ;
import com.entity.User;
import com.entity.* ;
import java.util.* ;
public class DispServlet extends HttpServlet{
        public void service( HttpServletRequest request ,
                            HttpServletResponse response )
throws ServletException ,IOException{
            List<User> users =(List<User>)request.getAttribute("data");
            response.setContentType( "text/html" ) ;
            PrintWriter out = response.getWriter();
            out.println( "<html>" ) ;
            out.println( "<body>" ) ;
            out.println( "<center>" ) ;
            out.println( "<h1>User Query List</h1><hr/><p></p>" ) ;
            out.println( "<table border='1' bordercolor='blue'
            cellspacing='0' width='85%'>" ) ;
            out.println( "<tr bgcolor='blue'>" ) ;
            out.println( "<td><font
            color='white'><b>ID</b></font></td>" ) ;
            out.println( "<td><font
            color='white'><b>Name</b></font></td>" ) ;
            out.println( "<td><font
            color='white'><b>Password</b></font></td>" ) ;
            out.println( "<td><font
            color='white'><b>Phone</b></font></td>" ) ;
            out.println( "</tr>" ) ;

            for( User u : users ){
                out.println( "<tr>" ) ;
                out.println( "<td>" + u.getId() + "</td>" ) ;
                out.println( "<td>" + u.getName() + "</td>" ) ;
                out.println( "<td>" + u.getPassword() + "</td>" ) ;
                out.println( "<td>" + u.getPhone() + "</td>" ) ;
                out.println( "</tr>" ) ;
            }
            out.println( "</table>" ) ;
```

```
            out.println( "</center>" ) ;
            out.println( "</body>" ) ;
            out.println( "</html>" ) ;
            out.flush() ;
        }
}
```

③ web.xml 文件。

```
<?xml version="1.0" encoding="UTF-8"?>
<web-app version="2.5"
    xmlns="http://java.sun.com/xml/ns/javaee"
    xmlns:xsi="http://www.w3.org/2001/XMLSchema-instance"
    xsi:schemaLocation="http://java.sun.com/xml/ns/javaee
    http://java.sun.com/xml/ns/javaee/web-app_2_5.xsd">

    <servlet>
        <servlet-name>queryUser</servlet-name>
        <servlet-class>com.servlet.QueryServlet</servlet-class>
    </servlet>
    <servlet-mapping>
        <servlet-name>queryUser</servlet-name>
        <url-pattern>/queryUser</url-pattern>
    </servlet-mapping>

    <servlet>
        <servlet-name>disp</servlet-name>
        <servlet-class>com.servlet.DispServlet</servlet-class>
    </servlet>
    <servlet-mapping>
        <servlet-name>disp</servlet-name>
        <url-pattern>/disp</url-pattern>
    </servlet-mapping>
</web-app>
```

5. 项目展示效果

项目部署好之后，启动 tomcat 服务器，在浏览器中输入 http://localhost:8080/ServletJdbc/queryUser，显示结果如图 11-37 所示。

User Query List

ID	Name	Password	Phone
1	zhangsan	123456	13608183361
2	xiaoming	123123	13609783361
3	wangwu	231456	13608183367
4	zhaoliu	987654	13602343361
5	xiaoqiang	345678	13608183369
6	xiaohua	567890	13608183363

图 11-37　浏览器中显示的用户信息

11.7 连接池使用简介

访问数据库的时候，Java 程序和数据库之间建立连接，这个连接的建立是很耗时的，想要节约时间提高效率可以采用数据库连接池技术，意思就是为数据库连接建立一个“缓冲池”，预先在缓冲池中放入一定数量的连接，当需要建立数据库连接时，只需从“缓冲池”中取出一个，使用完毕之后再放回去。可以通过设定连接池最大连接数来防止系统无尽地与数据库连接，更为重要的是可以通过连接池的管理机制监视数据库的连接的数量以及使用情况，为系统开发、测试及性能调整提供依据。

11.7.1 配置数据源

如果使用 tomcat 服务器自带连接池进行项目开发，需要告诉 tomcat 相关数据库配置信息，在 tomcat 服务器 conf 文件夹下面的 context.xml 文件中进行数据库相关信息配置，配置内容如下：

```
<Resource
        driverClassName="com.mysql.jdbc.Driver"    //Driver 驱动
        url="jdbc:mysql:                           //localhost:3306/wfx"
        username="root"
        password="123456"
        name="jdbc/mysql"                          //给连接池起名字
        type="javax.sql.DataSource"                //资源类型，用来连数据库
        maxActive="2"                              //连接池里面要放几个连接
        auth="Container"                           //资源的拥有者
/>
<WatchedResource>WEB-INF/web.xml</WatchedResource>
```

11.7.2 使用连接池访问数据库

在使用连接池访问数据库的时候，要注意提前把 MySQL 数据库驱动 jar 包放到 tomcat 安装目录的 lib 文件夹里面，一般 jar 包名为（mysql-connector-java-5.0.5-bin.jar），同时在 web.xml 文件里要告诉数据源信息，配置内容如下：

```
<resource-ref>
        <res-ref-name>jdbc/mysql</res-ref-name>
        <res-type>javax.sql.DataSource</res-type>
        <res-auth>Container</res-auth>
</resource-ref>
```

连接池访问数据库，在 Java 代码中主要是通过 JNDI 语法来获得数据源，代码如下：

```
  Context    context=new InitialContext();
 // jdbc/mysql 为数据源名字
      DataSource ds=(DataSource)context.lookup("java:comp/env/jdbc/mysql");
      Connection conn=ds.getConnection();
```

下面是连接池访问数据库的案例代码：

```
public class ConnectionPoolSelf extends HttpServlet {
    public void service(HttpServletRequest req, HttpServletResponse res)
            throws ServletException, IOException {
        try {
            Context context = new InitialContext();
            DataSource ds = (DataSource) context
                    .lookup("java:comp/env/jdbc/mysql");
            Connection conn = ds.getConnection();
            res.setContentType("text/html");
            PrintWriter out = res.getWriter();
            out.println(conn);
            out.flush();
        } catch (Exception e) {
            e.printStackTrace();
        }
    }
}
```

web.xml 文件中对该 Servlet 进行配置，内容如下：

```
<servlet>
        <servlet-name>pool</servlet-name>
        <servlet-class>com.ConnectionPoolSelf</servlet-class>
    </servlet>
    <servlet-mapping>
        <servlet-name>pool</servlet-name>
        <url-pattern>/pool</url-pattern>
    </servlet-mapping>
```

在浏览器中输入 http://localhost:8080/JspJdbc/pool，显示结果如图 11-38 所示，则代表连接成功。

jdbc:mysql://localhost:3306/wfx, UserName=root@localhost, MySQL-AB JDBC Driver

图 11-38　获得连接信息

11.7.3　以连接池方式访问数据库的实例

通过连接池访问数据库，把连接池访问数据库的相关代码放入到 JSP 页面中，前提已经把数据源配置成功，MySQL 数据库 jar 包已经放到 tomcat 的 lib 文件夹下面，web.xml 文件中相关内容已经添加，现在还是以查询数据库中用户表（users）数据为例来演示。

1．在数据库中建用户（users）表

先创建用户表，用户表有四列，分别为 id、用户名、用户密码、用户电话号码，代码如下：

```
create table users(id int primary key,name varchar(20)not null, passwd varchar(20)not null,phone
varchar(20)not null)
```

往表中添加 6 条数据，代码如下：

```
insert into users values(1,'zhangsan','123456',13608183361);
insert into users values(2,'xiaoming','123123',13609783361);
insert into users values(3,'wangwu','231456',13608183367);
insert into users values(4,'zhaoliu','987654',13602343361);
insert into users values(5,'xiaoqiang','345678',13608183369);
insert into users values(6,'xiaohua','567890',13608183363);
```

2. 项目案例代码

在 JSP 中用连接池访问数据库查询用户信息案例代码如下：

```
<%@page contentType="text/html"%>
<%@page import="java.sql.*"%>
<%@page import="javax.sql.*"%>
<%@page import="javax.naming.*"%>
<html>
    <body>
        <%
            Connection conn = null ;
            Statement stm = null ;
            ResultSet rs = null ;
            try{
                Context context = new InitialContext();
                DataSource ds = (DataSource) context
                        .lookup("java:comp/env/jdbc/mysql");
                conn = ds.getConnection();
                stm = conn.createStatement();
            rs = stm.executeQuery( "select id , name , passwd , phone from users" ) ;
        %>
            <table border="1" bordercolor="yellow" align="center" cellspacing="0" width="90%">
                <tr bgcolor="yellow">
                    <td><font color="white"><b>ID</b></font></td>
                    <td><font color="white"><b>NAME</b></font></td>
                    <td><font color="white"><b>PASSWORD</b></font></td>
                    <td><font color="white"><b>PHONE</b></font></td>
                </tr>
            <%
                while( rs.next() ){
            %>
                <tr>
                    <td><b><%= rs.getInt(1)%></b></td>
                    <td><b><%= rs.getString(2)%></b></td>
                    <td><b><%= rs.getString(3)%></b></td>
                    <td><b><%= rs.getString(4)%></b></td>
                </tr>
            <%
                }
            %>
```

```
                </table>
        <%
            }catch( Exception e ){
                e.printStackTrace();
        %>
                    <font color="red">System Error</font>
        <%
            }finally{
                if( rs != null)try{ rs.close(); }catch( Exception e ){}
                if( stm != null ) try{ stm.close(); }catch( Exception e ){}
                if( conn != null ) try{ conn.close(); }catch( Exception e ){}
            }
        %>
    </body>
</html>
```

3. 项目展示效果

项目部署好之后，启动 tomcat 服务器，在浏览器中输入 http://localhost:8080/JspJdbc/queryUser.jsp，显示结果如图 11-39 所示。

ID	NAME	PASSWORD	PHONE
1	zhangsan	123456	13608183361
2	xiaoming	123123	13609783361
3	wangwu	231456	13608183367
4	zhaoliu	987654	13602343361
5	xiaoqiang	345678	13608183369
6	xiaohua	567890	13608183363

图 11-39　显示的用户信息

11.8　项目案例

11.8.1　本章知识点的综合项目案例

针对本章学习的相关知识点进行综合项目训练，项目以用户信息管理系统为例，主要包括注册、登录、查看用户信息、删除一条用户信息、修改密码等相关功能，覆盖 JSP 知识点、Servlet 技术知识点、连接数据库等相关知识点综合使用以及项目架构搭建。

1. 在数据库中建用户（users）表

用户表有四列，分别为 id、用户名、用户密码、用户年龄，代码如下：

```
create table user_cc(
    id int(20) primary key auto_increment,
    name varchar(20) not null,
    password varchar(20) not null,
    age int(10)
)
```

2. 项目结构

下面介绍项目结构中包的含义，action 包主要存放 Servlet 类，dao 包主要存放访问数据库的 JDBC 代码，entity 包下面存放实体类（User），service 包主要存放写的业务功能代码，sql 包主要存放 sql 语句，test 包主要存放一些测试代码，util 包主要存放工具类，整个项目结构如图 11-40 所示。

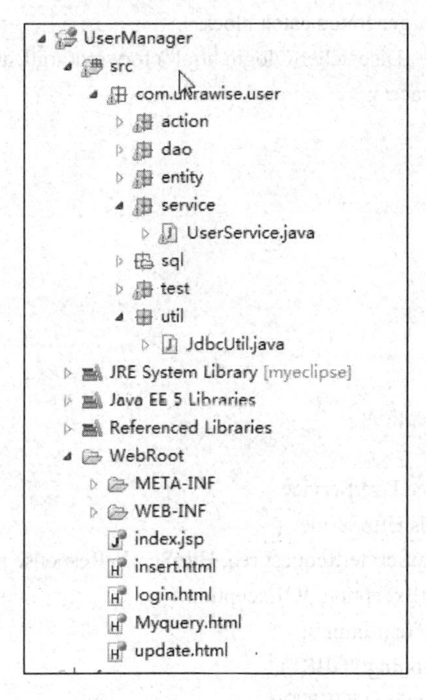

图 11-40 项目结构图

3. 项目案例代码

查询用户信息案例代码主要包括以下几个重要的类，把下面的内容写好之后，就可以按照之前学习的项目部署知识点，在 tomcat 上面部署 Web 项目。

（1）action 包下面的功能处理 Servlet 类（DeleteServlet、InsertServlet、LoginServlet、QueryServlet、UpdateServlet）。

● DeleteServlet 类

```
package com.ultrawise.user.action;
import java.io.IOException;
import javax.servlet.ServletException;
import javax.servlet.http.HttpServlet;
import javax.servlet.http.HttpServletRequest;
import javax.servlet.http.HttpServletResponse;
import com.ultrawise.user.service.UserService;
public class DeleteServlet extends HttpServlet{
    protected void service(HttpServletRequest arg0, HttpServletResponse arg1)
            throws ServletException, IOException {
        arg1.setContentType("text/html");
        arg0.setCharacterEncoding("GBK");
        arg1.setCharacterEncoding("GBK");
```

```
            String name=arg0.getParameter("uname");
            UserService service=new UserService();
            service.deleteUser(name);
    try {
            arg0.getRequestDispatcher("/query").forward(arg0, arg1);
            } catch (Exception e) {
                // TODO Auto-generated catch block
                arg0.getRequestDispatcher("/login.html").forward(arg0, arg1);
                e.printStackTrace();
            }
        }
}
```

● InsertServlet 类

```
package com.ultrawise.user.action;
import java.io.IOException;
import java.io.PrintWriter;
import javax.servlet.ServletException;
import javax.servlet.http.*;
import com.ultrawise.user.service.UserService;
public class InsertServlet extends HttpServlet {
    protected void service(HttpServletRequest req, HttpServletResponse res)
                throws ServletException, IOException {
        res.setContentType("text/html");
        req.setCharacterEncoding("GBK");
        res.setCharacterEncoding("GBK");
        String name=req.getParameter("userName");
        String password=req.getParameter("userPassword");
        String uage=req.getParameter("userAge");
        PrintWriter pw=res.getWriter();
        UserService service=new UserService();
        try {
            int age=Integer.parseInt(uage);
            service.insertUser(name, password, age);
            pw.println("注册成功，用户名:"+name);
             res.sendRedirect("/UserManager/login.html");
        } catch (Exception e) {
            // TODO Auto-generated catch block
            e.printStackTrace();
            req.getRequestDispatcher("/insert.html").forward(req, res);
        }
    }
}
```

● LoginServlet 类

```
package com.ultrawise.user.action;
import java.io.IOException;
```

```
import java.io.PrintWriter;
import javax.servlet.ServletException;
import javax.servlet.http.HttpServlet;
import javax.servlet.http.HttpServletRequest;
import javax.servlet.http.HttpServletResponse;
import com.ultrawise.user.service.UserService;
public class LoginServlet extends HttpServlet{
    protected void service(HttpServletRequest arg0, HttpServletResponse arg1)
            throws ServletException, IOException {
        arg1.setContentType("text/html");
        arg0.setCharacterEncoding("GBK");
        arg1.setCharacterEncoding("GBK");
        String name=arg0.getParameter("uname");
        String password=arg0.getParameter("upassword");
        UserService service=new  UserService();
        PrintWriter pw=arg1.getWriter();
        System.out.println("==========================");
        try {
            if(service.login(name, password)){
                arg0.getRequestDispatcher("/query").forward(arg0, arg1);
            }else{
                arg0.getRequestDispatcher("/login.html").forward(arg0, arg1);
            }
        } catch (Exception e) {
            e.printStackTrace();
            arg0.getRequestDispatcher("/login.html").forward(arg0, arg1);
        }
    }
}
```

● QueryServlet 类

```
package com.ultrawise.user.action;
import java.io.IOException;
import java.io.PrintWriter;
import java.util.List;
import javax.servlet.ServletException;
import javax.servlet.http.HttpServlet;
import javax.servlet.http.HttpServletRequest;
import javax.servlet.http.HttpServletResponse;
import com.ultrawise.user.entity.User;
import com.ultrawise.user.service.UserService;
public class QueryServlet   extends HttpServlet {
    protected void service(HttpServletRequest req, HttpServletResponse res)
            throws ServletException, IOException {
        res.setContentType("text/html");
        req.setCharacterEncoding("GBK");
        res.setCharacterEncoding("GBK");
        PrintWriter pw=res.getWriter();
```

```
            UserService service=new UserService();
            List list=service.findAllUser();
            pw.println("<html>");
            pw.println("<head>");
            pw.println("</head>");
            pw.println("<body>");
            pw.println("<table border='1' bordercolor='red' align='center'");
            pw.println("<tr> ");
            pw.println("<td>");
            pw.println("用户名");
            pw.println("</td>");
            pw.println("<td>");
            pw.println("密码");
            pw.println("</td>");
            pw.println("<td>");
            pw.println("年龄");
            pw.println("</td>");
            pw.println("<td>");
            pw.println("操作");
            pw.println("</td>");
            pw.println("</tr> ");
            for(int i=0;i<list.size();i++){
                User u=(User) list.get(i);
            pw.println("<tr>");
            pw.println("<td>");
            pw.println(u.getName());
            pw.println("</td>");
            pw.println("<td>");
            pw.println(u.getPassword());
            pw.println("</td>");
            pw.println("<td>");
            pw.println(u.getAge());
            pw.println("</td>");
            pw.println("<td>");
            pw.println("<a href='/UserManager/delete?uname="+u.getName()+"'> 删 除 </a>||<a href='/
UserManager/ update.html'>修改密码</a>");
            pw.println("</td>");
            pw.println("</tr>");
            }
            pw.println("</table>");
            pw.println("</body");
            pw.println("</html>");
            pw.flush();
            pw.close();
        }
    }
```

● UpdateServlet 类

```
package com.ultrawise.user.action;
import java.io.IOException;
import java.io.PrintWriter;
import javax.servlet.ServletException;
import javax.servlet.http.HttpServlet;
import javax.servlet.http.HttpServletRequest;
import javax.servlet.http.HttpServletResponse;
import com.ultrawise.user.service.UserService;
public class UpdateServlet extends HttpServlet {
        protected void service(HttpServletRequest arg0, HttpServletResponse arg1)
                    throws ServletException, IOException {
              arg1.setContentType("text/html");
              arg0.setCharacterEncoding("GBK");
              arg1.setCharacterEncoding("GBK");
              String name=arg0.getParameter("uname");
              String password=arg0.getParameter("upassword");
              String newpassword=arg0.getParameter("newpassword");
              UserService service=new UserService();
                try {
                            if(service.updateUser(name, password, newpassword)){
                             arg1.sendRedirect("/UserManager/query");
                              }
                    } catch (Exception e) {
                          e.printStackTrace();
                    }
        }
}
```

（2）dao 包下面访问数据库类（UserDao 接口以及 UserDaoImpl 类）。

● UserDao 接口

```
package com.ultrawise.user.dao;
import com.ultrawise.user.entity.User;
import java.util.*;
public interface UserDao {
        public void insert(User u);
      public void update(User u);
      public void deleteByName(String name);
      public User findByName(String name);
      public List<User> findAll();
}
```

● 接口实现类 UserDaoImpl 类

```
package com.ultrawise.user.dao.impl;
import java.util.ArrayList;
import java.util.List;
import com.ultrawise.user.dao.UserDao;
```

```
import com.ultrawise.user.entity.User;
import com.ultrawise.user.util.JdbcUtil;
import java.sql.*;
public class UserDaoImpl implements UserDao {
    public void deleteByName(String name) {
        Connection con = null;
        Statement st = null;
        try {
            con = JdbcUtil.getConnection();
            st = con.createStatement();
            String sql = "delete from user_cc where name='" + name + "'";
            st.execute(sql);
        } catch (Exception e) {
            e.printStackTrace();
        }
    }
    public List<User> findAll() {
        Connection con = null;
        Statement st = null;
        List list = new ArrayList();
        User u = null;
        try {

            con = JdbcUtil.getConnection();
            st = con.createStatement();
            String sql = "select * from user_cc";
            ResultSet rs = st.executeQuery(sql);
            while (rs.next()) {
                u = new User();
                String name = rs.getString("name");
                u.setName(name);
                String password = rs.getString("password");
                u.setPassword(password);
                int age = rs.getInt("age");
                u.setAge(age);
                list.add(u);
            }

        } catch (Exception e) {
            e.printStackTrace();
        }

        for (int i = 0; i < list.size(); i++) {
            User u1 = (User) list.get(i);
            System.out.println(u1.getName());
        }
        return list;
    }
```

```
public User findByName(String name) {
        Connection con = null;
        Statement st = null;
        try {
                con = JdbcUtil.getConnection();
                st = con.createStatement();
                String sql = "select * from user_cc where name='" + name + "'";
                ResultSet rs = st.executeQuery(sql);
                User u = null;
                while (rs.next()) {

                        u = new User();
                        String namq = rs.getString("name");
                        u.setName(namq);
                        String password = rs.getString("password");
                        u.setPassword(password);
                        int age = rs.getInt("age");
                        u.setAge(age);
                }
                return u;
        } catch (Exception e) {
                e.printStackTrace();
        }
        return null;
}
public void insert(User u) {
        Connection con = null;
        Statement st = null;
        try {
                con = JdbcUtil.getConnection();
                st = con.createStatement();
                String name = u.getName();
                String password = u.getPassword();
                int age = u.getAge();
                String sql = "insert into user_cc(name,password,age) values ('"
                                + name + "','" + password + "'," + age + ")";
                st.execute(sql);
        } catch (Exception e) {
                e.printStackTrace();
        }
}
public void update(User u) {
        Connection con = null;
        Statement st = null;
        try {
                con = JdbcUtil.getConnection();
                st = con.createStatement();
```

```
                String sql = "update user_cc set password='" + u.getPassword()
                        + "' where name='" + u.getName() + "'    ";
                st.execute(sql);
            } catch (Exception e) {
                e.printStackTrace();
            }
    }
}
```

（3）entity 包下面的用户类（User）。

```
package com.ultrawise.user.entity;
import java.io.Serializable;
public class User implements Serializable {
    private String name;
    private String password;
    private int age;
    public String getName() {
        return name;
    }
    public void setName(String name) {
        this.name = name;
    }
    public String getPassword() {
        return password;
    }
    public void setPassword(String password) {
        this.password = password;
    }
    public int getAge() {
        return age;
    }
    public void setAge(int age) {
        this.age = age;
    }
    public User() {}
    public User(int age, String name, String password) {
        this.age = age;
        this.name = name;
        this.password = password;
    }
}
```

（4）service 包下面用户业务功能类（UserService）。

```
package com.ultrawise.user.service;
import java.util.*;
import com.ultrawise.user.dao.UserDao;
import com.ultrawise.user.dao.impl.UserDaoImpl;
```

```
import com.ultrawise.user.entity.*;
public class UserService {
    public boolean login(String name, String password) {
        UserDao dao = new UserDaoImpl();
        User u = dao.findByName(name);
        if (u != null) {
            if (password.equals(u.getPassword())) {
                return true;
            } else {
                return false;
            }
        } else {
            return false;
        }
    }
    public boolean insertUser(String name, String password, int age) {
        UserDao dao = new UserDaoImpl();
        User u = new User();
        u.setAge(age);
        u.setName(name);
        u.setPassword(password);
        try {
            dao.insert(u);
            return true;
        } catch (Exception e) {
            e.printStackTrace();
            return false;
        }
    }

    public boolean deleteUser(String name) {
        UserDao dao = new UserDaoImpl();
        User u = dao.findByName(name);
        if (u != null) {
            dao.deleteByName(name);
            return true;
        } else {
            return false;
        }
    }

    public boolean updateUser(String name, String oldPassword,
            String newPassword) {
        UserDao dao = new UserDaoImpl();
        User u = dao.findByName(name);
        if (u != null) {
            if (oldPassword.equals(u.getPassword())) {
                u.setPassword(newPassword);
```

```
                    dao.update(u);
                    return true;
                } else {
                    return false;
                }
            } else {
                return false;
            }
        }
        public List<User> findAllUser() {
            UserDao dao = new UserDaoImpl();
            List list = dao.findAll();
            return list;
        }
}
```

（5）util 包下面的工具类（JdbcUtil）。

```
package com.ultrawise.user.util;
import java.sql.*;
public class JdbcUtil {
        public static    Connection    getConnection()throws Exception{
            Class.forName("com.mysql.jdbc.Driver");
            String url="jdbc:mysql://localhost:3306/wfx";
            String user="root";
            String password="123456";
            Connection con=DriverManager.getConnection(url, user, password);
            return con;
        }
}
```

（6）界面设计（insert.html、login.html、update.html）。

● insert.html

```
<!DOCTYPE HTML PUBLIC "-//W3C//DTD HTML 4.01 Transitional//EN">
<html>
    <body>
        <center>
            <form action="/UserManager/insert" method="post">
                <table border="1" bordercolor="red" align="center" >
                    <tr >
                        <td>
                            用户名:
                        </td>
                        <td>
                            <input type="text" name="userName" />
                        </td>
                    </tr>
                    <tr >
```

```
                        <td>
                            密码:
                        </td>
                        <td>
                            <input type="password" name="userPassword" />
                        </td>
                    </tr>
                    <tr >
                        <td>
                            年龄:
                        </td>
                        <td>
                            <input type="text" name="userAge" />
                        </td>
                    </tr>
                    <tr >
                      <td colspan="2" align="center"><input type="submit" value="注册"/></td>
                    </tr>
                </table>
            </form>
        </center>
    </body>
</html>
```

● login.html

```
<!DOCTYPE HTML PUBLIC "-//W3C//DTD HTML 4.01 Transitional//EN">
<html>
  <body>
   <center>
   <form action="/UserManager/login" method="post">
          <table border="1" bordercolor="red" align="center">
            <tr>
             <td>用户名:</td>
             <td>
              <input type="text" name="uname">
             </td>
             </tr>
            <tr>
                 <td>密码：</td>
                    <td>
                        <input type="password" name="upassword" >
                    </td>
             </tr>
            <tr >
                   <td colspan="2" align="center">
                   <input type="submit"    value="登录">
                   </td>
             </tr>
```

```
        </table>
        </form>
    </center>
  </body>
</html>
```

● update.html

```
<!DOCTYPE HTML PUBLIC "-//W3C//DTD HTML 4.01 Transitional//EN">
<html>
  <body>
  <center>
    <form action="/UserManager/update" method="post">
     <table border="1" bordercolor="red" align="center" >
     <tr >
         <td>用户名：</td>
         <td>
         <input type="text" name="uname">
         </td>

     </tr>
     <tr >
      <td>旧密码：</td>
         <td>
         <input type="password" name="upassword">
         </td>
     </tr>
    <tr >
      <td>新密码：</td>
         <td>
         <input type="password" name="newpassword">
         </td>
     </tr>
    <tr >
     <td colspan="2" align="center">
     <input type="submit" value="提交">
     </td>
     </tr>
     </table>

    </form>
    </center>
  </body>
</html>
```

（7）web.xml 配置文件内容完成。

```
<?xml version="1.0" encoding="UTF-8"?>
<web-app version="2.5"
```

```
        xmlns="http://java.sun.com/xml/ns/javaee"
        xmlns:xsi="http://www.w3.org/2001/XMLSchema-instance"
        xsi:schemaLocation="http://java.sun.com/xml/ns/javaee
        http://java.sun.com/xml/ns/javaee/web-app_2_5.xsd">
  <servlet>
  <servlet-name>login</servlet-name>
  <servlet-class>com.ultrawise.user.action.LoginServlet</servlet-class>
  </servlet>
  <servlet-mapping>
  <servlet-name>login</servlet-name>
  <url-pattern>/login</url-pattern>
  </servlet-mapping>
  <servlet>
    <servlet-name>query</servlet-name>
    <servlet-class>com.ultrawise.user.action.QueryServlet</servlet-class>
  </servlet>
  <servlet-mapping>
  <servlet-name>query</servlet-name>
  <url-pattern>/query</url-pattern>
  </servlet-mapping>
 <servlet>
    <servlet-name>delete</servlet-name>
    <servlet-class>com.ultrawise.user.action.DeleteServlet</servlet-class>
  </servlet>
  <servlet-mapping>
  <servlet-name>delete</servlet-name>
  <url-pattern>/delete</url-pattern>
  </servlet-mapping>
  <servlet>
    <servlet-name>update</servlet-name>
    <servlet-class>com.ultrawise.user.action.UpdateServlet</servlet-class>
  </servlet>
  <servlet-mapping>
  <servlet-name>update</servlet-name>
  <url-pattern>/update</url-pattern>
  </servlet-mapping>
   <servlet>
    <servlet-name>insert</servlet-name>
    <servlet-class>com.ultrawise.user.action.InsertServlet</servlet-class>
  </servlet>
  <servlet-mapping>
  <servlet-name>insert</servlet-name>
  <url-pattern>/insert</url-pattern>
  </servlet-mapping>

</web-app>
```

4. 展示效果

对于上述的项目代码完成之后，启动 tomcat 服务器，在浏览器中输入访问地址进行效果浏览，效果如图 11-41～图 11-46 所示。

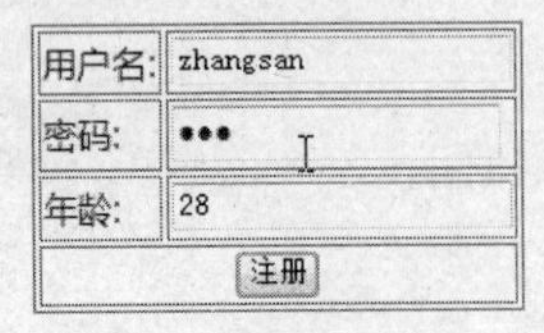

图 11-41　用户注册界面

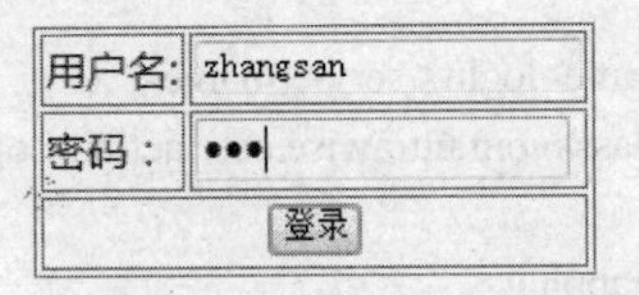

图 11-42　用户登录界面

用户名	密码	年龄	操作
wufengxia	123456	30	删除||修改密码
zhangsan	123	28	删除||修改密码
wangwu	123123	26	删除||修改密码

图 11-43　用户登录成功之后信息显示界面

（备注：只要登录成功即可以查看所有用户信息）

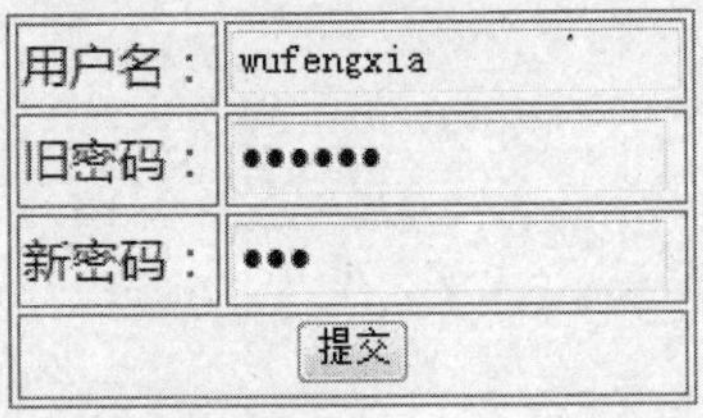

用户名：	wufengxia
旧密码：	••••••
新密码：	•••
	提交

图 11-44　用户修改密码界面

用户名	密码	年龄	操作
wufengxia	123	30	删除||修改密码
zhangsan	123	28	删除||修改密码
wangwu	123123	26	删除||修改密码

图 11-45　用户修改密码成功后的查询界面

用户名	密码	年龄	操作
zhangsan	123	28	删除||修改密码
wangwu	123123	26	删除||修改密码

图 11-46　删除一条用户信息成功后的查询界面

11.8.2　本章知识点在网上购书系统中的应用

本章知识点在网上购书系统中主要是对数据库进行操作。由于在该系统中有很多模块，几乎每一个模块都会对数据库进行访问操作，为了提高代码的可重用性以及提高开发效率，对数据库的访问操作采用统一的访问接口。为了便于修改数据库的配置信息，特采用属性文件配置数据库的连接信息，文件名称为 DBConfig.properties。文件内容如下：

```
driverName=com.mysql.jdbc.Driver
connUrl=jdbc:mysql://localhost:3306/online_book_ms
```

```
user=root
password=123
```

数据库访问操作采用统一的访问接口，工具类的名称为DBUtil，具体内容如下：

```
    package com.scmpi.book.util;
import java.io.InputStream;
import java.sql.Connection;
import java.sql.DriverManager;
import java.sql.ResultSet;
import java.sql.SQLException;
import java.sql.Statement;
import java.util.Properties;
public  class  DBUtil {
    //加载驱动
private static String driverName=null;
private static String connUrl=null;
private static String user=null;
private static String password=null;
private static Connection conn=null;
private static ResultSet rs=null;
private static Statement stm=null;
 static//静态模块
 {
    InputStream ips=null;
    try
    {
        ips=DBUtil.class.getResourceAsStream("DBConfig.properties");//加载连接数据库配置信息
        Properties prop=new Properties();
        prop.load(ips);
        driverName=prop.getProperty("driverName");//获取驱动信息
        connUrl=prop.getProperty("connUrl");//获取数据库连接信息
        user=prop.getProperty("user");//获取访问数据库的用户名
        password=prop.getProperty("password");//获取访问数据库的密码
        ips.close();
    }catch(Exception e)
    {
        e.getStackTrace();
    }

 }
 //获取数据库连接
public static Connection getConnection() throws ClassNotFoundException, SQLException
 {
     Class.forName(driverName);
     conn=DriverManager.getConnection(connUrl,user,password);
     return conn;
 }
 //数据查询
```

```
public static ResultSet queryData(String sql) throws ClassNotFoundException
{
     Statement stm=null;
     try
     {
      conn=getConnection();
      stm=conn.createStatement();
      rs=stm.executeQuery(sql);
     }catch(SQLException e)
     {
            e.printStackTrace();
     }

     return rs;
}
// 数据更新
public static boolean Update(String sql) throws ClassNotFoundException
{   int a=0;
     try {
            conn=getConnection();
            stm=conn.createStatement();
             a=stm.executeUpdate(sql);
     } catch (SQLException e) {

            e.printStackTrace();
     }
     finally
     {

             if(rs!=null)
             {
                     try {
                                rs.close();
                     } catch (SQLException e) {
                                rs=null;
                     }
             }
             if(stm!=null)
                  {
                     try {
                                stm.close();
                     } catch (SQLException e) {
                                stm=null;
                     }
                  }
            if(conn!=null)
                  {
                     try {
```

```
                        conn.close();
                    } catch (SQLException e) {
                        conn=null;
                    }
                }

        }
        if(a>0)
        {
            return true;
        }
        else
        {
        return false;
        }

    }
    //关闭数据库
    public static void closeConnection()
    {
         if(rs!=null)
         {
             try {
                      rs.close();
                  } catch (SQLException e) {
                      rs=null;
                  }
         }
         if(stm!=null)
             {
                 try {
                      stm.close();
                  } catch (SQLException e) {
                      stm=null;
                  }
             }
        if(conn!=null)
             {
                 try {
                      conn.close();
                  } catch (SQLException e) {
                      conn=null;
                  }
             }
    }
}
```

在该系统开发过程中，由于对数据库的操作代码比较多，现在按名称查询用户信息，讲解该工具类的使用。

```
//按名称查询用户信息
public User queryByName(String name) throws Exception {
        Connection con = null;
        Statement st = null;
        User u = new User();
        try {
                String sql = "select * from cart_user where name='" + name + "'";
                ResultSet rs = DBUtil.queryData(sql);//调用工具类查询方法
                while (rs.next()) {
                        u.setUid(rs.getInt("id"));
                        u.setName(rs.getString("name"));
                        u.setPassword(rs.getString("password"));
                        u.setAddress(rs.getString("address"));
                        u.setPostCode(rs.getString("postcode"));
                        u.setEmail(rs.getString("email"));
                        u.setPhone(rs.getString("phone"));
                }
                return u;
        } catch (Exception e) {
                e.printStackTrace();
                return null;
        }
}
```

习　题

1．按照 MySQL 安装和配置步骤在个人电脑完成 MySQL 数据库的安装和配置。

2．在 MySQL 数据库中创建两张表，分别为部门表和员工表，其中部门表中包含 id、部门名称、部门描述信息三列，员工表中包含 id、姓名、工资、所在部门、地址五列。

3．往第 2 题的部门表中插入 4 条记录，代表 4 个部门，往员工表中插入 6 条记录，代表 6 个员工。

4．操作员工表和部门表，完成下列 sql 语句：

（1）查询名字为张三的员工记录。

（2）查询除了名字为张三以外的员工记录。

（3）查询薪水大于 3000 元的员工记录。

（4）查询薪水在 2000～5000 元之间的员工记录。

（5）查询部门编号为 1 和 3 的员工记录。

（6）查询名字以“张”开头的员工记录。

5．简述驱动程序大致分为哪四类。

6．简述你对 DriverManager 类、Connection 接口、Statement 接口、ResultSet 接口的理解

以及它们中最常用方法。

7．简述 JDBC 访问数据库的步骤。

8．数据库中有一张学生表，该表中包括 id、姓名、年龄，请你通过 JDBC 相关技术查询数据库中所有表的记录的代码。

9．用 Servlet 或者 JSP 连接 MySQL 数据库技术完成学生信息的插入。

实训操作

本次实训主要是完成银行账户信息管理，银行账户信息主要包括卡号、用户名、密码、身份证号码、邮箱、账户余额 6 个属性，主要任务如下：

（1）在数据库中建账户表（Account），共 7 列，分别为 id、accountId、name、passwd、personId、email、balance，要求 id 自动生成。

（2）完成账户的注册、登录、查看账户信息、修改密码、存钱、取钱 6 个功能以及相关界面，主要包括登录界面、注册界面、显示账户信息界面、修改密码界面、取钱和存钱界面。

（3）要求账户信息保存在 MySQL 数据库中，在页面上修改后的账户信息会及时更新到数据库中。

第12章

MVC 模式

课程目标

- ➢ 了解 Web 应用的多层结构及特点
- ➢ 理解 MVC 模式的优势
- ➢ 掌握 MVC 架构的运行原理
- ➢ 掌握基于 MVC 架构的 Web 应用开发
- ➢ 掌握在 MVC 模式中的 Servlet 程序控制

在前几章使用 JSP 编写程序的时候，大量的 Java 代码写在了 JSP 页面中，进行程序控制和业务逻辑的操作，这违背了 JSP 的初衷，给程序员和美工带来了极大的困难。为了解决这个问题，本章将分别讲解如何组合使用 Servlet 和 JSP 页面，充分利用它们各自的优势来进行 Web 应用项目设计，这就是 MVC 模式。

12.1 MVC 的需求

无论是使用 Servlet 还是使用 JSP 开发，它们的程序中都既包含与数据库交互的代码，又包含 HTML、CSS 等页面代码，还包括复杂的业务逻辑代码。这些类别、风格、作用完全不同的代码混杂在一起，给开发和维护带来了一定的不便，这样的设计模式叫作 Model1—模式一，其具体的结构如图 12-1 所示。

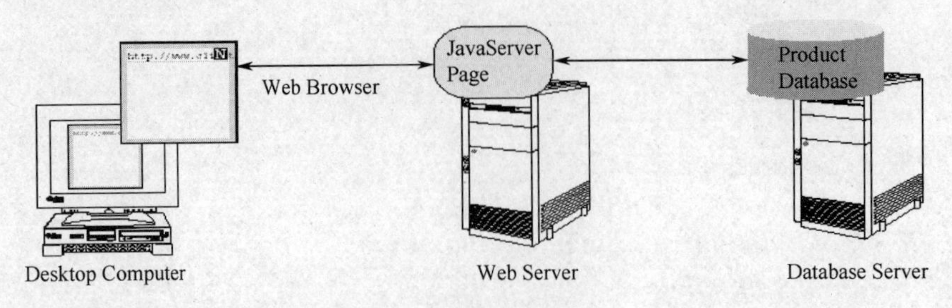

图 12-1 Model1—模式一

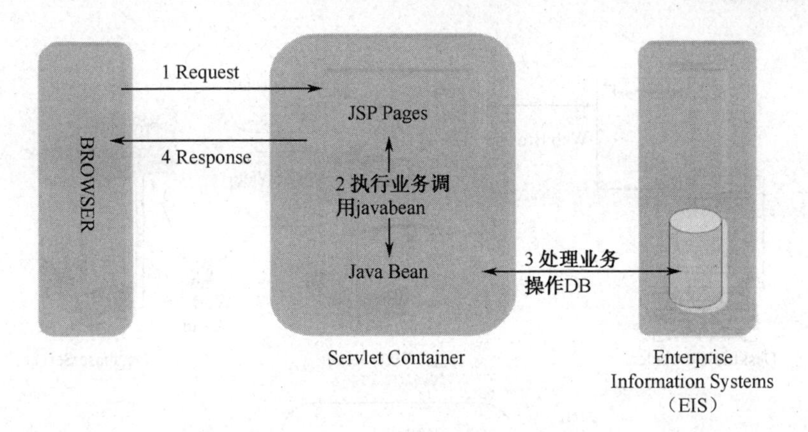

图 12-1 Model1—模式一（续）

这种模式结构将不同作用的代码混杂在一起，叫作代码耦合。代码耦合度越高，则程序的层次、清晰度就越混乱，维护和开发成本就越高。

12.2 MVC 模式介绍

MVC 模式是一种体系结构，MVC 即 Model-View-Controller，相对于 Model1 模式一，MVC 模式也称为 Model2 模式二，它也是一种设计模式。

12.2.1 什么是设计模式

设计模式是一套由前人总结出来的、被反复使用、成功的代码设计经验的总结。模式必须是典型问题（而非个别问题）的解决方案。设计模式为某一类问题提供了解决方案，同时设计模式优化了代码，使代码更容易让别人理解，提高了重用性，保证代码的可靠性。

12.2.2 什么是 MVC 模式

目前，MVC 模式是交互式应用程序最为广泛使用的一种体系结构。它有效地在存储和展示数据的对象中区分功能模块以降低它们之间的连接度。这种体系结构将传统的输入、处理和输出模型转化为图形显示的用户交互模型，它规定了应用程序的输入、处理和输出分开，形成多层次的 Web 商业应用。

MVC 体系结构的应用程序被分为了三个层面：模型（Model）、视图（View）和控制（Controller），每个层面都有其各自的功能作用。MVC 具体的结构如图 12-2 所示。

1. 模型（Model）层

模型层负责表达和访问商业数据，执行商业逻辑和操作。模型层可以分为业务模型和数据模型，它们分别表现为数据访问代码和业务操作代码。这一层主要是进行数据库访问并封装对象，同时实现业务逻辑功能，它独立于具体的界面表达和 I/O 操作。

在模型层变化的时候，它将通知视图层并提供后者访问自身状态的能力，同时控制层也可以访问其功能函数，以完成相关的任务。

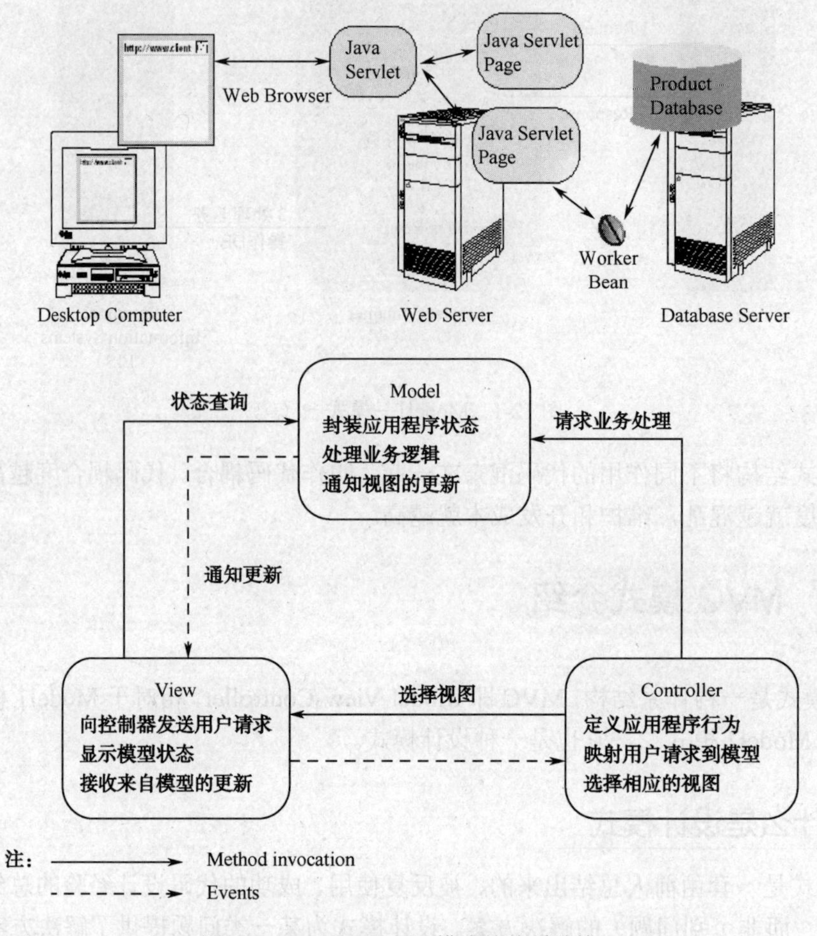

图 12-2　Model2-MVC 模式的体系结构

2. 视图（View）层

视图层负责提供客户交互的界面，可以收集客户的数据和向客户显示模型层的数据内容。它从模型层取得数据并指定这些数据如何被显示出来，这一层主要表现为数据的展示代码，如HTML、CSS 样式表、JSP 标签库等。在模型层变化的时候，它将自动更新。另外视图层也会将客户的输入数据传送给控制器。

3. 控制（Controller）层

控制层负责定义应用程序的行为。它可以响应客户的请求，根据客户的请求来调用模型处理，处理完毕后，它调用视图把模型处理的响应结果展现给客户。它可以控制模型中任何变化的传播，确立用户界面与模型间的对应关系，可以分派客户的请求并选择恰当的视图以用于显示，同时它也可以接受解释客户的输入，并将它们映射为模型层可执行的操作。

注意：MVC 并不是 Java Web 专有的概念，在任意的程序设计中都存在着这种设计模式，例如 Java Swing 中的 Jtable、Jtree 等。用户并不是直接操作 Jtable 显示数据，而是通过操作 JtableModel 模型，Jtable 的 View 会自动将数据显示在屏幕上。

12.3 MVC 设计模式的优缺点

有了 MVC 设计模式，在模型层、视图层和控制层之间划分责任可以减少代码的重复度，并使应用程序维护起来更加简单。同时由于数据和商务逻辑的分开，在新的数据源加入和数据显示变化的时候，数据处理也会变得更加简单。其优点如下：

（1）各司其职，低耦合性。

（2）有利于开发中的分工。

（3）有利于代码的重用。

（4）较低的生命周期成本。

（5）快速的部署。

MVC 设计模式具有以下缺点：

（1）MVC 设计实现不容易。

（2）软件调试困难。

（3）软件开发维护量增加。

12.4 基于 JavaEE 设计模式的 MVC 模型

MVC 模型的 Model2 结构与 Model1 结构是大不相同的，在 Model1 结构中，JSP 页面是通过 useBean 动作标签创建 JavaBean 模型的， 而在 MVC 的 Model2 结构中，是由控制器 Servlet 负责创建 JavaBean 模型的，并将有关数据存储到所创建的 JavaBean 模型中，然后 Servlet 请求某个 JSP 页面使用 JavaBean 模型的 getProperty 动作标签（如<jsp:getproperty name="名字" property="bean 的属性"/>）显示这个 bean 中的数据。

在 MVC 模式中，Servlet 创建的模型 bean 可以有不同的生命周期，分别是基于请求 request 范围的，基于会话 session 范围的和基于应用上下文 application 范围的。

12.4.1 Request 周期的 JavaBean 模型

1. bean 的创建

首先是用 bean 类的构造函数创建 bean 的对象，代码片段如下：

```
BeanClass bean=new BeanClass();
```

然后将所创建的 bean 对象放在 request 对象中，并指定查找该 bean 对象的关键字或者是名字即可。代码片段如下：

```
request.setAttribute("keyword",bean);
```

2. 视图更新

视图更新时，第一步是 Servlet 请求 JSP 页面，代码片段如下：

```
RequestDispatcher dispatcher
=request.getRequestDispatcher("show.jsp");
dispatcher.forward(request,response);
```

第二步是 Servlet 所请求的页面，必须使用 JSP 的 useBean 动作标签获取 Servlet 所创建的 bean 的引用，代码片段如下：

```
<jsp:useBean id="keyword" type="BeanClass"scope="request"/>
```

第三步是 JSP 通过其 getproperty 标签显示 bean 的信息。代码片段如下：

```
<jsp:getproperty name="keyword" property="bean 属性名"/>
```

12.4.2 Session 周期的 JavaBean 模型

1. bean 的创建

首先是用 bean 类的构造函数创建 bean 的对象，代码片段如下：

```
BeanClass bean=new BeanClass();
```

然后将所创建的 bean 对象放在 session 对象中，session 对象通过 request 的 getSession()方法可以创建，并指定查找该 bean 对象的关键字或者是名字即可。代码片段如下：

```
HttpSession session=request.getSession(true);
session.setAttribute("keyword",bean);
```

2. 视图更新

视图更新时，第一步仍然是 Servlet 请求 JSP 页面，代码片段如下：

```
RequestDispatcher dispatcher
=request.getRequestDispatcher("show.jsp");
dispatcher.forward(request,response);
```

第二步是一个用户在访问 Web 服务目录的各个 JSP 中都可以使用如下标记获取 Servlet 所创建的 bean 的引用，代码片段如下：

```
<jsp:useBean id="keyword" type="BeanClass"scope="session"/>
```

第三步是 JSP 通过其 getproperty 标签显示 bean 的信息。代码片段如下：

```
<jsp:getproperty name="keyword" property="bean 属性名"/>
```

12.4.3 Application 周期的 JavaBean 模型

1. bean 的创建

首先是用 bean 类的构造函数创建 bean 的对象，代码片段如下：

```
BeanClass bean=new BeanClass();
```

然后将所创建的 bean 对象放在应用上下文对象 ServletContext 中，ServletContext 对象可以通过 Servlet 的 getServletContext()方法获得，并指定查找该 bean 对象的关键字或者是名字即可。代码片段如下：

```
ServletContext context=getServletContext();
context.setAttribute("keyword",bean);
```

2. 视图更新

视图更新时，第一步是 Servlet 请求 JSP 页面，代码片段如下：

```
    RequestDispatcher dispatcher
=request.getRequestDispatcher("show.jsp");
    dispatcher.forward(request,response);
```

第二步是对于 Web 应用的所有用户在访问 Web 服务目录的所有 JSP 中都可以使用如下标记获得 Servlet 所创建的 bean 的引用，代码片段如下：

```
<jsp:useBean id="keyword" type="BeanClass"scope="application"/>
```

第三步是 JSP 通过其 getproperty 标签显示 bean 的信息，代码片段如下：

```
<jsp:getproperty name="keyword" property="bean 属性名"/>
```

12.5　基于 JavaEE 的 MVC 模型

使用 JavaEE 技术在设计程序时，一般都会把程序的结构设计成多层，一般为三层，其结构如下：

- 表示层——由用户界面和用于生成界面的代码组成。
- 中间层——包含系统的业务和功能代码。
- 数据层——负责完成存储数据库的数据和对数据进行封装。

这样对于程序的控制、页面的显示、以后的维护与扩张都是非常有益的。在三层体系结构中，与 3 个层相关的代码相互之间保持独立。但是，现在是中间层充当数据层和表示层之间的接口，表示层通常不能直接与数据层进行通信。三层体系结构如图 12-3 所示。

本章讲的 MVC 模式其实就是基于 JavaEE 的三层体系结构而设计的一种体系结构模式，M 就是三层体系结构的数据层，V 就是三层体系结构的表示层，C 就是三层体系结构的中间层，设计良好的 Web 应用架构通常都是基于三层结构的 MVC 设计模式。如图 12-4 所示为应用于 Web 应用架构的三层体系结构。

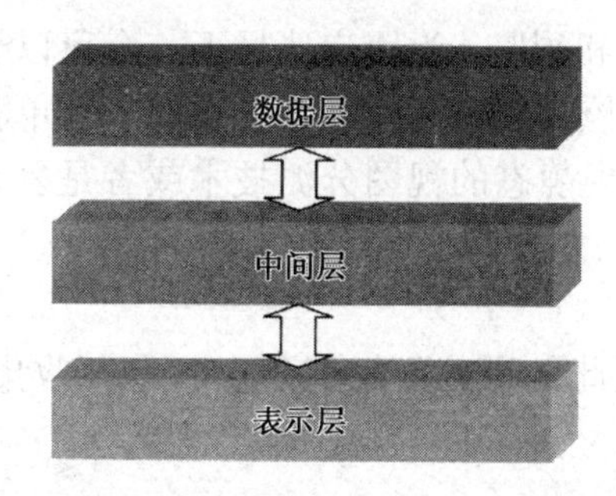

图 12-3　三层体系结构

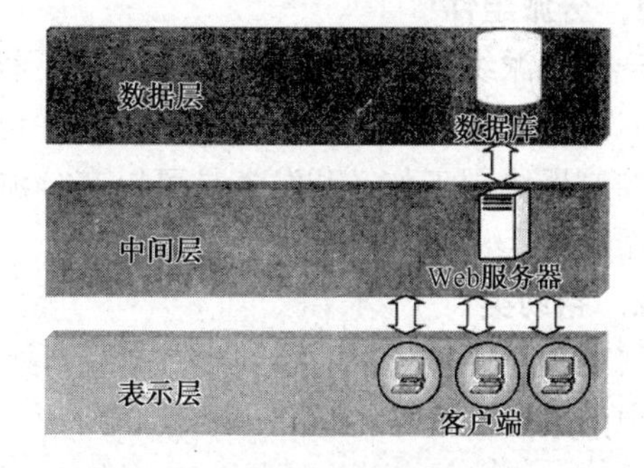

图 12-4　基于三层体系结构的典型 Web 应用程序

其中，V 层通常使用的是 HTML 或 JSP 页面，由在客户端系统显示用户接口的代码组成。例如，用户界面是包含用户可以订阅的时事通信列表的 HTML 页面。一旦用户选择一个或多个时事通信并单击“提交”按钮，Web 服务器就会将此信息转发到 C 层的 Servlet 组件，由中间层的组件处理用户的输入之后，则进一步调用 M 层的 JavaBean 来处理数据并将处理的数据存储到数据库中。

传统的 MVC 模式实际上是 JavaEE 三层体系结构的一种实现，而 Web 应用的 MVC 模式是传统的 MVC 模型的一种变种实现，在传统的 MVC 模型中，每一部分都可以进行双向通信。而在 Web 应用中，MVC 都需要通过 Servlet 来进行消息转发。Web 应用在实现时，又可以分为多种实现模式。

12.5.1 控制器模式

控制器（Controller）通常都是由 Servlet 构成实现，控制器模式是负责处理各种客户请求的控制点，与前控制模式不同，控制器模式没有采用集中控制，而是分散控制，每个独立的 View 视图会根据逻辑要求使用一个或多个控制器，每一个控制器代表的是一种业务处理的行为。在实现控制器模式时，可以将其一定的功能下放给帮助类或分派组件来简化控制器的开发。控制器模式具体的体系结构如图 12-5 所示。

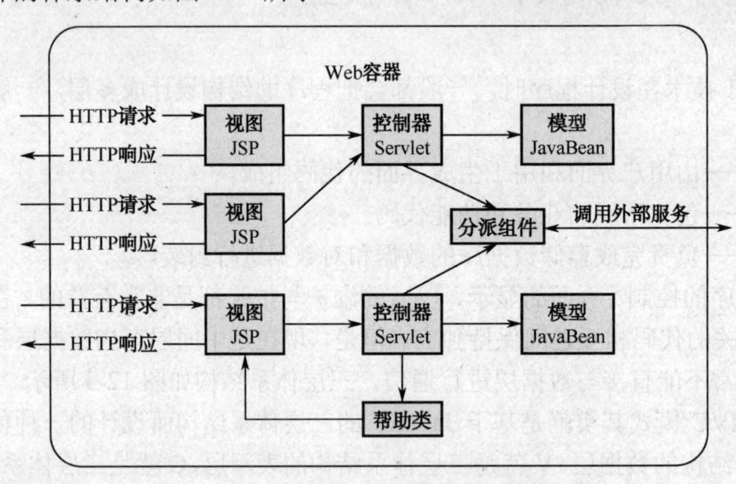

图 12-5　控制器模式体系结构

1. 分派组件

一个分派组件（Dispatcher）主要用于视图的管理和浏览，为用户选择下一个可以显示的视图，并管理相关的显示资源。分派组件可以在一个控制器内运行，或者作为一个单独的组件与控制器协同工作。开发人员可以在分派组件中实现静态的视图分派技术或者是复杂的动态分派。

2. 帮助类

帮助类主要负责帮助控制器来完成其处理工作，因此帮助类具有多项职责，包括收集数据、存储中间数据模型等。

12.5.2 视图帮助模式

视图帮助（view helper）是属于表示层的设计模式。

这种视图帮助模式的出现主要是由于目前的应用系统通常需要实时地开发显示内容，并且能处理动态的程序数据。如果这些程序数据的访问逻辑和显示逻辑的关系过于紧密，则系统的表示层就会经常需要改动，从而会大大降低系统的灵活性、重用性。

将视图中一定的程序逻辑放入到帮助类中，会有利于应用系统的模块化和可重用性。系统可以使用同一个帮助类为不同的用户显示不同的数据信息，并在不同的显示格式下显示。在开发视图 JSP 页面时，如果其中存在大量的脚本代码时，就可以考虑使用视图帮助这种模式。视图帮助这种模式的设计理念主要就是分类应用系统的逻辑职责，其具体的系统结构如图 12-6 所示。

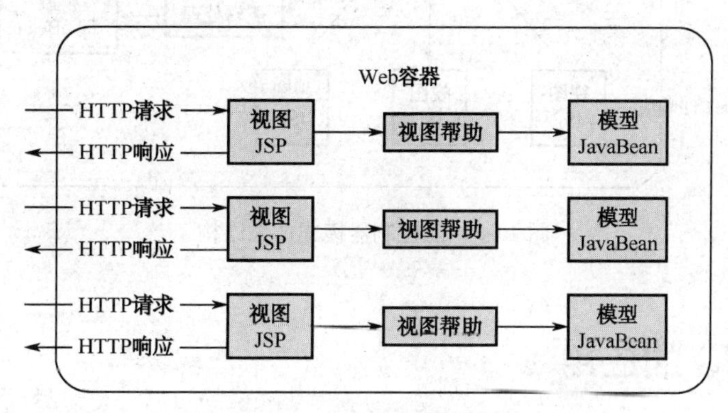

图 12-6 视图帮助模式体系结构

在应用系统的视图模块中使用帮助类可以将不同的程序逻辑很好地分离开来，并在视图模块之外为开发人员提供设计程序逻辑的空间，另外，基于 JavaBean 和标记（tag）所开发的帮助类通常都可以被多个视图模块重用，因此也提高了组件的充盈性和可维护性。另外，把显示逻辑从数据处理逻辑分离出来，也有利于开发团队中角色及人员工作划分。比如各种程序逻辑过于紧密结合的话，软件开发人员可能需要在 HTML 网页中修改代码，而页面设计人员则需要在数据访问的 JSP 中修改页面布局。这样的事情可能导致系统设计和开发中由于不同技术人员的介入，而产生相关的问题。

12.5.3 前控制器模式

前控制器（front controller）主要提供一种可以集中式管理请求的控制器，一个前控制器可以接受所有的客户请求，将每个请求递交给相应的请求逻辑处理对象，并接受逻辑处理，将结果适当地响应客户。

前控制器模式也是表示层的设计模式，它的出现主要是由于表示层通常需要控制和协调来自不同用户的多个请求，而这种控制机制又根据不同的需求，可能会集中式控制（contralized）或分散式控制（decentralized），前控制器模式就是集中式可控制机制。

前控制器模式就是应用系统需要对于表示层的请求提供一个集中式控制模块，以提供各种系统服务，包括内容提取、视图管理和浏览等。如果系统中没有这种集中式控制模块或控制机制，那么每个不同的系统服务都需要进行单独的视图处理，这样代码的重复性就高，致使系统开发代价提高。同时，如果没有一个固定模块管理视图之间的浏览机制，致使其浏览功能下放于不同的视图中，最终必将使得系统的可维护性受到破坏。前控制器模式具体的体系结构如图 12-7 所示。

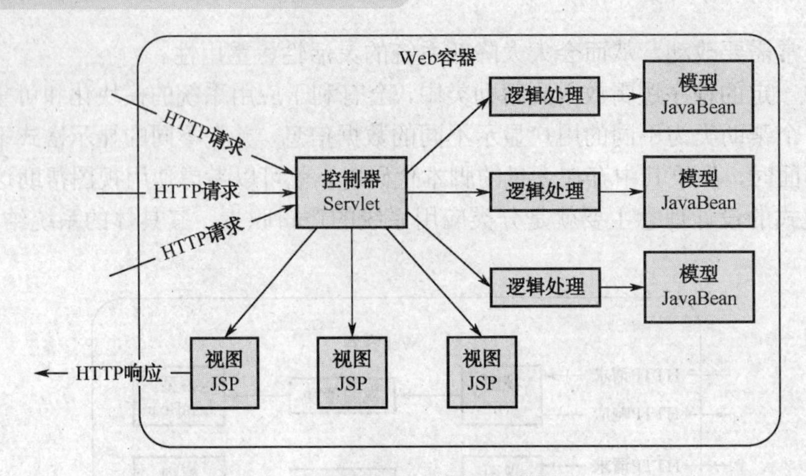

图 12-7　前控制器模式体系结构

12.6　MVC 的应用

本节通过一个实际的案例来分别介绍这三种模式的构建和实现过程。

实现一个猜数游戏，系统产生一个 1～100 之间随机数作为被猜的数，用户在页面上输入要猜的数字，经过业务处理后返回是猜大还是猜小，猜大或猜小都可以重新再猜，猜对则返回总共猜的次数并且不能再继续猜了。

首先打开 MyEclipse，新建一个 Web 项目 Guess。

12.6.1　基于控制器模式的 MVC 构建与实现

1. 构建实现 Model

Model 是业务对象的实体，在这个案例中，业务对象要实现生成随机被猜的数、封装用户输入的数、实现具体猜数过程和封装反馈信息等功能。具体实现代码如下：

```
package com.ultrawise.mvc.game;
import java.util.Random;
import java.io.Serializable;
public class Game implements Serializable{
//定义属性字段用于存取数据，包括猜数的反馈消息、猜数是否成功、猜的次数、被猜的数、用户输入的数
        private int usernumber; //存储用户输入的数
        private int answer; //被猜的数
        private boolean success; //猜数是否成功
        private int times; //记录猜的次数
        private String message; //猜数过程中的反馈消息
    //定义一个游戏初始化的方法，实现游戏开始前的准备工作，包括生成被猜的随机数并保存起来，猜数成
功标志初始化为 false，猜数的次数初始化为 0，猜数过程中的反馈消息初始化为 null;
        public void reset(){
                answer=getAnswer();//生成随机数并保存到 answer
                message=null; //反馈消息初始化为 null
                times=0; //猜数次数初始化为 0
```

```
                success=false; //猜数成功标志初始化为 false
        }
    //生成随机数的方法定义为私有，封装起来，只能被当前游戏类的内部调用，别人不能随便调用，该方法
生成随机数并返回
        private int getAnswer(){
    int answer=new Random().nextInt();//使用 Random 随机类的 nextInt 方法产生一个随机数
    answer=Math.abs(answer)%100+1; //使用数学方法将生成的随机数处理为 1～100 之间的数
                return answer;
        }
    //设计实现猜数过程的方法
        public void guess(){
                times++;//每猜一次则猜数次数增加 1 次，无论是猜对还是猜错都要计数 1 次
    if(usernumber==answer){ //用户输入等于被猜的数则为猜对，则设置猜数成功标志为 true，设置反馈消息
为猜对的消息
                        success=true;
                        message="Congratulation,you've got it!";
    }else if(usernumber<answer){ //用户输入<被猜的数则为猜小，设置反馈消息为要求重试猜大一点的消息
                        message="sorry,please try higher!";
    }else{//用户输入>被猜的数则为猜大，设置反馈消息为要求重试猜小一点的消息
                        message="sorry,please try lower!";
                }
        }
    /**
    *定义读取反馈消息、猜数次数、成功标志的 get 方法
    */
        public String getMessage(){
                return message;
        }
        public int getTimes(){
                return times;
        }
        public boolean isSuccess(){
                return success;
        }
    /**
    *定义用于接收封装用户输入的数并保存起来的方法
    */
    public void setUsernumber(int usernumber) {
                this.usernumber = usernumber;
    }
    }
```

从上述的 Model 的代码中可以看到，在 model 类 Game 中定义了猜数中所要使用的数据字段，包括 answer 被猜的数、用户输入的数 usernumber、猜数次数 times、猜数成功标志 success、猜数的反馈消息 message，对于一个标准的 JavaBean 来说，每一个字段需要对应其一组 get 和 set 方法。如果只有 get 方法则表明该字段只能读，比如在上述代码中的 answer 被猜的数、猜数次数 times、猜数反馈消息 message、猜数成功标志这四个字段，只需要提供 get 方法，以便

JSP 页面获取显示，而设置方法则是通过猜数过程实现的方法来设置，不同情况设置的数据不一样。反之，一个字段如果只有 set 方法则表明该字段只能写，比如代码中的 usernumber 用户输入的数，该字段在业务代码中只需要接收到就可以实现猜数，在猜数方法中使用，不需要将其反馈给页面。

在这个案例中，猜数业务的逻辑直接放到了 Model 的 guess 方法中，这样，只需要调用 Model 对象的 guess 方法就可以实现逻辑，这种处理逻辑的方式非常常用，它使得逻辑处理被封装起来。但是它也有一定局限性，如果逻辑处理时非常复杂需要其他的类来参与运算，比如调用网络资源从一个 EJB 中获取计算结果或者这个 Model 本身需要被序列化参与网络传递或者作为持久化对象存入数据库，这样，在 Model 中直接实现逻辑就变得不恰当了，这会使 Model 变得异常庞大复杂，维护性和重用性都降低，甚至可能造成不必要的多次执行逻辑。所以，将逻辑处理放在 Model 中，或者放在其他处理类中并不强求，需要根据具体的情况而定。

2. 构建实现 View

View 视图是由名为 game.jsp 的页面来实现的。

注意：在典型的 Web 编程模型中通常都是由两个页面文件构成，一个页面用于输入数据，一个页面用于输出结果。但是在这里考虑到猜数游戏的直观和多次猜数，输入和输出使用同一个页面 game.jsp 来实现。

具体实现的 game.jsp 的内容如下：

```
<!—使用页面指令引入需要使用业务对象类，并从会话中取得我们的 Game 游戏对象 game-->
<%@page import="com.ultrawise.mvc.game.Game"%>
<%
    Game game=(Game)session.getAttribute("game");
%>
<html>
    <head>
        <title>Guess Game</title>
    </head>
<!—设计定义了 javascript 脚本代码，实现对于表单数据的格式和内容校验，以便保证输入数据的正确性，
这里主要作了 null 和非数字的判断-->
    <script language="javascript">
        function validate(guessform){
            if(guessform.guessNum.value.length==0){
                alert("please input your guess!");
                guessform.guessNum.select();
                return false;
            }
            if(isNaN(guessform.guessNum.value)){
                alert("please input a number!");
                guessform.guessNum.select();
                return false;
            }
            return true;
        }
    </script>
<!—在 body 处设置加载页面时将光标焦点定位到输入文本框-->
```

```
        <body onload="document.forms[0].usernumber.select()">
            <h3 align="center">number Guess Game </h3>
            <hr>
    <!—这里通过调用 game 的 isSuccess 方法判断游戏是否成功猜到目标数，猜对了则不再显示猜数表单，若没猜对则显示猜数表单-->
            <%
                if(!game.isSuccess()){
            %>
            please input    your guess between 1 and 100:
    <!—建立的猜数表单，提交请求到 gameServlet 对于的 ControllerServlet 类调用业务类的方法处理进行猜数-->
            <form method="post" action="/Guess/gameServlet" onsubmit="return validate(this)">
                <table width="50%" align="center" border="1">
                    <tr align="center">
                        <td align="center">your guess:</td>
                        <td align="center"><input type="text" name="usernumber"></td>
                    </tr>
                    <tr align="center" valign="center">
                        <td colspan="2" align="center">
                            <input type="submit" value="guess">    
                            <input type="reset" value="reset">
                        </tr>
                    </tr>
                </table>
            </form>
            <%
                }
            %>
    <!—只要没猜对就要显示反馈消息，所以这里在没猜对时显示猜数表单的下方判断是否有反馈消息，有则显示输出-->
            <%
                if(game.getMessage()!=null){
            %>
            <h3 align="center"><font color="red"><%=game.getMessage()%></font></h3>
            <%
                }
            %>
            <p>
    <!—无论是猜对还是猜错，每猜一次都要显示出目前为止猜的次数，通过调用 game 对象的 getTimes()来获取显示猜的次数-->
            you have got <%=game.getTimes()%>
    <!—如果猜对了，则不再显示猜数表单，而是显示重来一次的超链接和成功消息-->
            <%
                if(game.isSuccess()){
            %>
            <a href="/Guess/gameServlet">play again</a>
            <%
            }
```

```
        %>
    </body>
</html>
```

在这个 game.jsp 文件中，并没有使用什么特殊的技术，主要采用的都是标准的 JSP 的语法——代码块调用业务对象的方法来获取显示数据；在 game.jsp 文件中，构建了一个表单 gameform 用来接收用户输入的 1～100 的整数，并且这个 gameform 的处理请求是派发给了一个 ControllerServlet 的类，这个类就是一个典型的控制器类，在表单中有一个 input 的输入文本框控件 usernumber，它对应着 Model-Game 中的 usernumber 字段，所以 ControllerServlet 需要将这个参数转换成 Game 中对应的字段数值。

同时，在这个页面中，使用的业务对象 game 是从 session 会话中取出的，这就说明在进入到 game.jsp 页面前应该先生成 game 对象并且放入到了 session 会话中，这是为什么？因为我们这里是实现猜数游戏，而不是简单的输入，所以在开始猜数前必须先做好初始化的工作，首先就是要生成随机被猜的数，接着就是初始化需要的反馈消息，猜的次数和猜数成功标志，这一切都是业务对象在实现，所以需要先生成业务对象，然后通过调用它的 reset 方法来作游戏的初始化，等到初始化完毕，有了游戏对象后，才能开始到 game.jsp 中来猜数。因此这个猜数游戏执行时，首先请求执行的是 ControllerServlet，做好游戏准备和初始化后则重定向到输入页面 game.jsp，才开始输入和猜数，每次输入和猜数后的输出也是使用 game.jsp 页面，而不同结果输出不同页面效果，所以在 game.jsp 页面中通过 Java 的 ifelse 控制语句来控制了页面代码的显示，没猜对则显示猜数表单和反馈消息及次数；猜对了则显示反馈消息和次数及重来一次的超链接，但不显示猜数表单。

3. 构建实现 Controller 控制器

```
package com.ultrawise.mvc.game.serv;
import java.io.IOException;
import java.io.PrintWriter;
import javax.Servlet.ServletException;
import javax.Servlet.http.HttpServlet;
import javax.Servlet.http.HttpServletRequest;
import javax.Servlet.http.HttpServletResponse;
import javax.Servlet.http.HttpSession;
import com.ultrawise.mvc.game.Game;
/**
*定义一个控制器类 ControllerServlet，用来接收请求和反馈响应
*/
public class ControllerServlet extends HttpServlet {
    //Servlet 的构造和生命周期的方法，一般情况不使用
    public ControllerServlet() {
        super();
    }
    public void destroy() {
        super.destroy();
    }
    public void init() throws ServletException {
        // Put your code here
```

```
        }
    //响应 get 请求的实现方法，这里直接调用响应 post 请求的方法来实现，因为 get 和 post 的响应在这里是一样的
    public void doGet(HttpServletRequest request,HttpServletResponse response)throws ServletException, IOException {
            doPost(request,response);
        }
        //响应 post 请求的实现方法
    public void doPost(HttpServletRequest request,HttpServletResponse response)throws ServletException, IOException {
        //首先是获取客户端输入的猜的数
            String usernumber=request.getParameter("usernumber");
    //这里是将游戏放入到一个会话中来实现，因为一个用户可能会多次发起猜数请求，所以必须要考虑跨多个请求，就选择了会话，这里就要先生成会话对象，如果已经有了会话对象则直接获取到即可
            HttpSession session=request.getSession();//生成或取得会话对象
    Game game=null;//初始化业务对象引用为 null，最开始时游戏业务对象还没生成
    //对于猜数游戏而言，要在猜之前初始化游戏，猜之前的定义就是用户没有输入猜的数也就是为 null，所以这里判断用户输入为空则进行游戏初始化
            if(usernumber==null){
                game=new Game();//生成业务对象 game
                game.reset();//调用 game 的 reset()方法进行游戏初始化
    session.setAttribute("game",game);//然后将业务对象 game 放入到会话中
    }else{//当用户输入不再是 null，则说明用户已经开始猜了，所以此时就是直接从会话中取出游戏 game 对象，调用其 guess 方法就完成猜数一次，每猜一次则执行一次 guess 方法
    game=(Game)session.getAttribute("game");//从会话中取出游戏 game 对象
    game.setUsernumber(Integer.parseInt(usernumber));//将接收到用户输入的数据通过调用 set 方法封装到业务对象中，以便实现猜数功能
                game.guess();//调用 game 对象的 guess 方法完成猜数
            }
    //当初始化完毕后还没猜时，则需要进入到输入页面 game.jsp 进行输入；开始猜了，不管是猜对了，猜错了，都要将响应反馈的结果输入到输出页面 game.jsp 去，所以这里在每次请求完后都直接重定向到 game.jsp 页面，因为所有的数据都保存到业务对象中，而业务对象则保存到会话中，可以跨多个请求，所以这里使用重定向不会影响功能
            response.sendRedirect("/Guess/game.jsp");
        }
    }
```

在这个控制器类 ControllerServlet 代码中，首先是从请求 request 获取表单传递的参数，创建维护一个会话对象用于存取业务对象；接着通过判断参数值，如果参数值为 null，则表明用户没输入，也就是说猜数游戏没开始，那么此时我们就要做创建游戏业务对象和游戏初始化的工作，并将初始化的业务游戏对象放入到会话中以便使用，初始化完毕后则跳到游戏页面让用户输入开始游戏；而如果参数值不为 null，则表明游戏已经开始，用户已经输入猜的数了，那此时就需要从会话中取出业务游戏对象，因为针对每一个用户而言，他们多次猜数都是同一个游戏对象，而不能每猜一次都是一个新的游戏对象，然后调用游戏对象的 guess 猜数实现方法来实现本次猜数，每猜一次游戏的相关数据都会更新，所以需要重新将 game 游戏存入到会话中以便页面上可以取出相关数据和为下一次猜数作准备，直到猜对，猜对了

的页面就是一个超链接——重来一次，没有用户输入，那么再次提交请求就没有用户输入，而是执行初始化游戏重玩。

至此，MVC 部分写完了。除了 MVC 之外，当然还需要在 web.xml 中为所有定义配置控制器类，内容如下：

```
<?xml version="1.0" encoding="ISO-8859-1"?>
<web-app xmlns="http://java.sun.com/xml/ns/javaee"
    xmlns:xsi="http://www.w3.org/2001/XMLSchema-instance"
    xsi:schemaLocation="http://java.sun.com/xml/ns/javaee http://java.sun.com/xml/ns/javaee/web-app_2_5.xsd"
    version="2.5">
     <Servlet>
            <Servlet-name>controllerServlet</Servlet-name>
<Servlet-class>com.ultrawise.mvc.game.serv.ControllerServlet</Servlet-class>
    </Servlet>
    <Servlet-mapping>
            <Servlet-name>controllerServlet</Servlet-name>
            <url-pattern>/gameServlet</url-pattern>
    </Servlet-mapping>
</web-app>
```

这个案例写完后，部署该项目，启动服务器，运行该项目案例。在地址栏首先访问的不是 game.jsp 页面，因为游戏开始前需要为初始化作准备，所以要先访问 ControllerServlet，作初始化后再转到 game.jsp 页面输入，在地址栏输入 http://localhost:8283/Guess/gameServlet，请求进入控制器类初始化游戏，然后跳转到 game.jsp 页面，如图 12-8 所示。

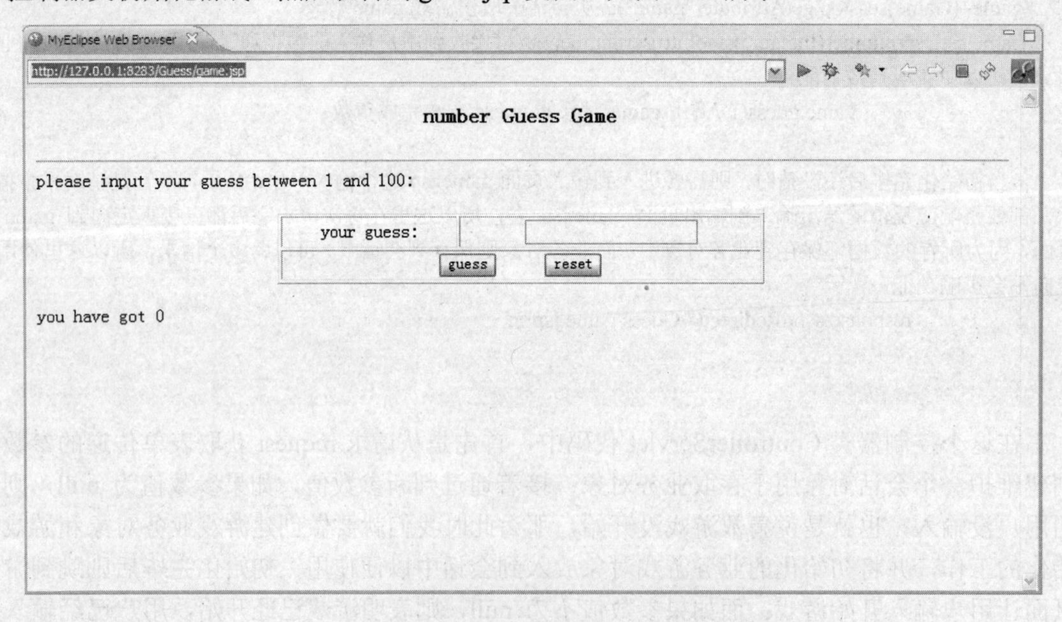

图 12-8　MVC 案例效果图 1——猜数游戏页面

用户在输入框输入猜的数，并且单击 guess 按钮，提交请求到 ControllServlet 控制器，将请求交给 game 的 guess 方法处理，处理完毕后则返回到输出页面 game.jsp 显示结果，如图 12-9 所示为猜大的情况，图 12-10 所示为猜小的情况，图 12-11 所示为猜对的情况。

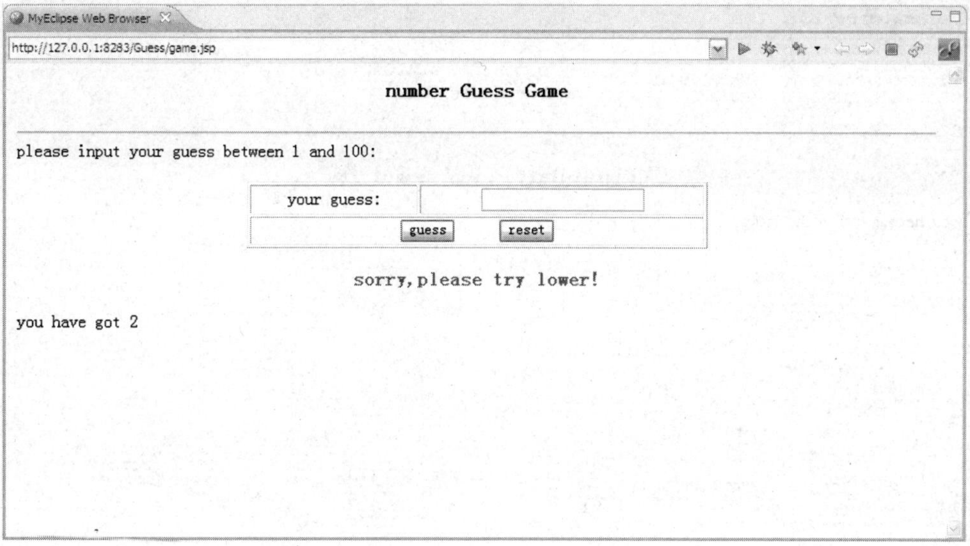

图 12-9 猜大情况的效果图

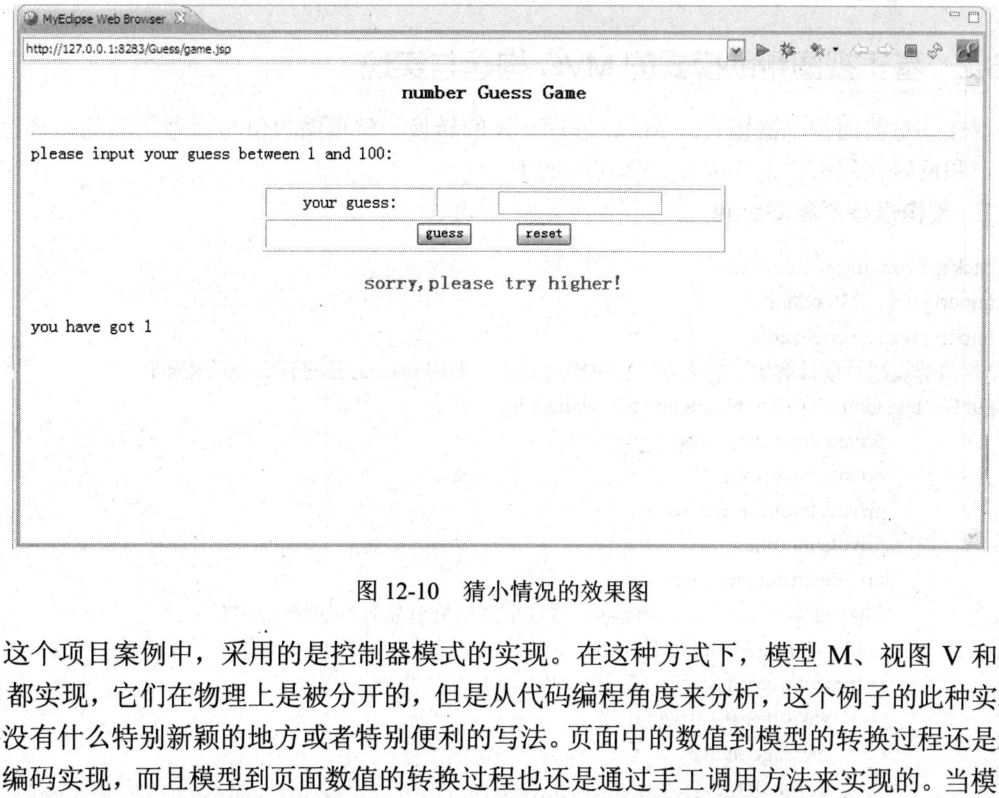

图 12-10 猜小情况的效果图

这个项目案例中，采用的是控制器模式的实现。在这种方式下，模型 M、视图 V 和控制器 C 都实现，它们在物理上是被分开的，但是从代码编程角度来分析，这个例子的此种实现方式并没有什么特别新颖的地方或者特别便利的写法。页面中的数值到模型的转换过程还是通过手工编码实现，而且模型到页面数值的转换过程也还是通过手工调用方法来实现的。当模型业务变得很复杂的时候，这样的开发方式会导致大量的手工代码需要编写，工作量很大，而且页面也存在大量的 Java 代码，可读性、可维护性和可扩展性非常不好。

为了解决传统控制器模式的上述问题，人们在此基础上提出了视图帮助模式来减少手工编码量和页面的复杂度。

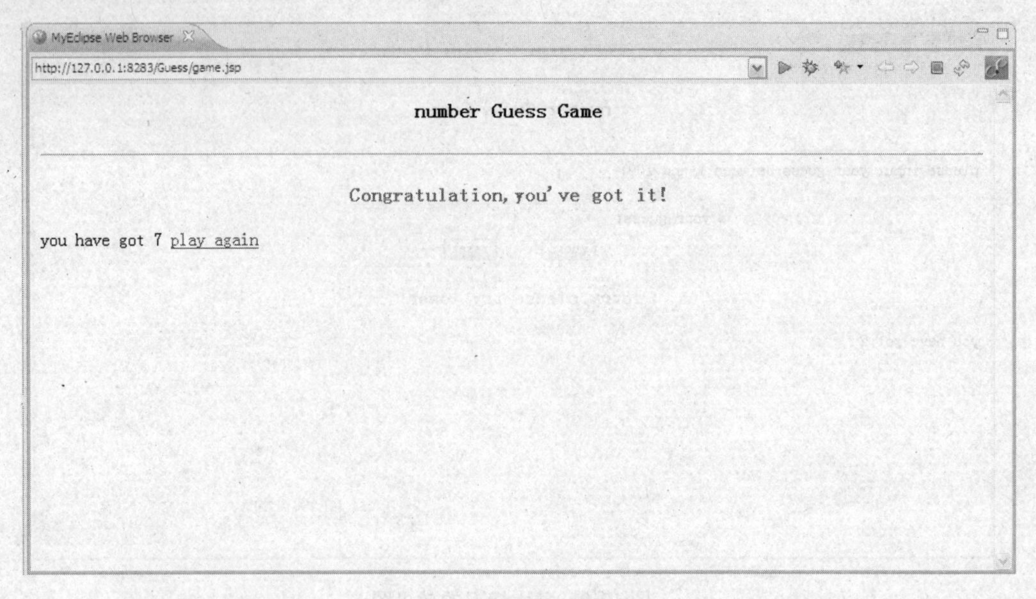

图 12-11　猜对情况的效果图

12.6.2　基于视图帮助模式的 MVC 构建与实现

现在，对前面控制器模式的 MVC 进行一定的转换，将页面数值与模型之间的转换过程通过标记和反射代码来自动完成，具体代码如下。

1. 重构模型对象 Game

```
package com.ultrawise.mvc.game;
import java.util.Random;
import java.io.Serializable;
//修改的模型对象只增加了构造方法，在构造方法中调用 reset 方法进行游戏的初始化
public class GameJavaBean implements Serializable{
        private int usernumber;
        private int answer;
        private boolean success;
        private int times;
        private String message;
        //增加的构造方法，在控制器中通过反射构造对象时就初始化游戏了
        public GameJavaBean(){reset();}
        public void reset(){
            answer=getAnswer();
            message=null;
            times=0;
            success=false;
        }
        private int getAnswer(){
            int answer=new Random().nextInt();
            answer=Math.abs(answer)%100+1;
            return answer;
```

```
        }
        public void guess(){
            times++;
            if(usernumber==answer){
                success=true;
                message="Congratulation,you've got it!";
            }else if(usernumber<answer){
                message="sorry,please try higher!";
            }else{
                message="sorry,please try lower!";
            }
        }
        public String getMessage(){
            return message;
        }
        public int getTimes(){
            return times;
        }
        public boolean isSuccess(){
            return success;
        }
        public void setUsernumber(int usernumber) {
            this.usernumber = usernumber;
        }
}
```

2. 重构控制器 ControllerServlet

```
    package com.ultrawise.mvc.game.serv;
    import java.io.*;
import java.lang.reflect.Field;
import javax.Servlet.*;
import com.ultrawise.mvc.game.GameJavaBean;
    //重构控制器为新控制器 ControllerServlet_javaBean
public class ControllerServlet_javaBean extends HttpServlet {
//响应 get 请求的实现，这里直接调用 doPost 方法来实现，因为 get 请求和 post 请求的响应在这个案例中是一样的
public void doGet(HttpServletRequest request, HttpServletResponse response)throws ServletException, IOException {
            doPost(request,response);
        }
//响应 post 请求的实现，采用通过请求路径来获取对应的业务模型的类型，然后由业务模型的类型通过反射方法构建模型对象和实现模型属性的自动赋值初始化
public void doPost(HttpServletRequest request, HttpServletResponse response)throws ServletException, IOException {
    //调用请求对象的 getRequestURI 方法获取请求路径
            String requestURI=request.getRequestURI();
            Class modelClass=null;
//判断请求路径是否是以“/gamejavaBean”结尾，这里的判断条件值就是在 web.xml 中配置的该 Servlet
```

的 url-pattern 的路径，如果是真则获取到业务模型的类类型，然后调用处理方法来进行猜数游戏的处理

```
        if(requestURI.endsWith("/gamejavaBean")){
            modelClass=GameJavaBean.class;
            handle(modelClass,request,response);
        }
    }
```

//猜数游戏处理方法设置为私有，表示只能用本类方法调用，将处理过程封装起来。这里的处理过程：

//首先业务模型的类类型通过反射机制获取到模型的所有属性字段；

//然后迭代所有属性字段获取其属性名，由属性名通过请求对象的获取参数方法获取到请求中与该属性名对于的属性字符串值；

//如果获取的属性字符串值不为空，也就是有值，则判断属性类型，根据不同类型来通过反射机制调用属性字段的 set 方法来为其属性赋值，也就是完成请求参数值到模型数据的转换和封装；数据完成封装后，则从 session 中取出游戏对象，调用猜数方法猜数。

//如果获取的属性字符串值为 null，因请求参数 usernumber 与模型的属性只有 1 个，就是用户输入猜数 usernumber，所以这里要判断属性名为 usernumber，它对应的参数值为 null，则说明用户还没猜，此时游戏就要开始准备，创建游戏业务对象，初始化游戏，并将其业务游戏对象放入到 session 会话中，对于其他属性为 null 情况不作任何处理。

```
        //最后游戏初始化后准备猜或者每猜完一次都要跳转到输入/输出页面
    private void handle(Class modelClass,HttpServletRequest request,HttpServletResponse response)throws
IOException,ServletException{
        //由业务模型类型对象获取到所有的属性字段数组
            Field[] fields=modelClass.getDeclaredFields();
            //生成或获取 session 对象
            HttpSession session=request.getSession();
            GameJavaBean game=null;
            try{
                //循环迭代属性字段数组，对每一个属性字段操作
                for(int i=0;i<fields.length;i++){
                    //取得每一个属性字段对象
                    Field field=fields[i];
                    //取得每个字段的名字
                    String propertyName=field.getName();
    //通过属性字段名获取请求中对应参数字符串
    StringpropertyStrValue=
request.getParameter(propertyName);
    //判断对应请求参数字符串是否为 null，不为 null 或""空串则表明游戏已经开始，用户已经有输入猜的数，
则就要实现一次猜数
    if(propertyStrValue!=null && !"".equalsIgnoreCase(propertyStrValue)){
    //从 session 中获取到游戏模型对象
    game=
(GameJavaBean)session.getAttribute("game");
                    //设置属性字段为可访问，这样私有属性才能访问
    field.setAccessible(true);
    //获取属性字段的类型
                    Class type=field.getType();
    //判断字段类型，依据不同的类型通过反射机制来为字段属性赋值
                    if(type==int.class){
    field.set(
```

```
game,Integer.valueOf(propertyStrValue));
                                        }else if(type==char.class){
    field.set(
game,propertyStrValue.toCharArray()[0]);
                                        }else{
                                            field.set(game,propertyStrValue);
                                        }
    //业务游戏模型对象的属性赋值完成后调用猜数方法完成一次猜数业务
    modelClass.getDeclaredMethod("guess")
.invoke(game);
    }else{//判断对应请求参数字符串是否为 null（注意：这里只判断了用户输入 usernumber 参数为 null 才初始化游戏，其他请求参数不考虑任何处理），如果为 null 或""空串则表明用户还没有开始输入猜数，游戏未开始，此时就要生成游戏对象并初始化游戏，做好猜数游戏准备
    //当属性对应的请求参数为空时，再判断该请求参数对应的属性字段名是否为用户输入 usernumber，如果是则表明 usernumb 为 null，如果它为空则游戏未开始，此时就要生成游戏对象并初始化游戏，同时将游戏业务模型放入到 session 中
    if("usernumber",equals(propertyName)){
    //由反射机制通过类对象获取到业务模型实例对象，因为在业务模型对象中的构造方法的实现是执行初始化游戏，所以创建对象的同时就初始化了
    game=(GameJavaBean)
modelClass.newInstance();
    //将业务模型对象放入到 session 中
                                            session.setAttribute("game",game);
                                        }
                                    }
                            }
                }catch(Exception e){
                    throw new ServletException(e);
                }
                //游戏初始化后准备猜或者每猜完一次都要跳转到输入/输出页面
                response.sendRedirect("/Guess/gamejavabean.jsp");
        }
    }
```

在这个控制器类的代码中，对控制器进行了一定的修改重构，主要重构的有以下几个方面。

（1）通过请求路径来判断对应的业务模型。

使用 getRequestURI 方法来获取到请求路径，然后根据请求路径来判断对应的业务模型是什么类型并获取到模型的类型对象，如代码：

```
    String requestURI=request.getRequestURI();
    Class modelClass=null;
    if(requestURI.endsWith("/gamejavaBean")){
    modelClass=GameJavaBean.class;
        …
    }
```

这样的处理方式，就可以使得该控制器不仅仅可以处理“/gamejavaBean”所对应的请求，还可以处理别的请求。

（2）使用反射机制来实现了模型对象的构造和初始化。

添加一个方法 handle，使用反射机制来构造模型对象。通过业务模型类型对象反射获取到其属性字段 Field，由属性字段对象 Field 的 getName 方法获取其属性名字，再通过属性名字从请求对象 request 中获取对应的参数值，最后通过判断参数值中 usernumber 是否为 null 来进行处理。

如果为 null，则通过类型对象的 newInstance()来构造模型对象并完成初始化。在整个 handle 方法的实现代码中，没有涉及 GameJavaBean 模型对象和手工 new 业务对象。

（3）使用反射机制实现了请求参数与模型对应属性的数据绑定。

添加一个方法 handle，使用反射机制来构造模型对象。通过业务模型类型对象反射获取到其属性字段 Field，由属性字段对象 Field 的 getName 方法获取其属性名字，再通过属性名字从请求对象 request 中获取对应的参数值，最后通过判断参数值中 usernumber 是否为 null 来进行处理。

如果不为 null，则通过 Field 的 getType 先获取到属性字段的类型，为什么需要获取到属性字段的类型呢？需要额外强调的是，Http 传递的参数都是 String 类型，所以必须要根据不同类型进行转换，将转换后的数据赋值给属性字段。在上面的代码中，考虑到篇幅的原因，并没有列出所有类型的转换方式。在一些现有实用的 MVC 框架中，这部分数据转换会变得复杂很多，但是，无论是什么样的转换方式，其原理都是一样的，那就是根据模型中的属性字段类型，将字符串转换为属性字段的类型，这也是 MVC 框架中最重要的一个概念，页面上录入的参数与模型中的属性字段是对应的，并且页面上录入的参数名必须与模型中的属性名是一样的。

获取到属性字段的类型后则根据类型来对参数字符串进行转换，将其转换为属性字段类型并调用 set 方法赋值。完成将请求参数值与模型对象的属性绑定即数据绑定，最后通过反射调用猜数方法实现猜数。

在整个 handle 方法的实现代码中，没有涉及 GameJavaBean 模型对象任何属性的手工赋值代码和手工调用猜数方法的代码。

这个控制器类与前面一个相比，显著的特点在于：一方面当模型 GameJavaBean 新增属性时，不再需要通过硬编码的方式转换参数值为属性值，这个转换过程都由这个新的控制器类自动完成，此过程称为数据绑定，如图 12-12 所示。另一方面模型对象的初始化和猜数也都自动根据输入参数的情况不同被执行调用，由新的控制器类自动完成。

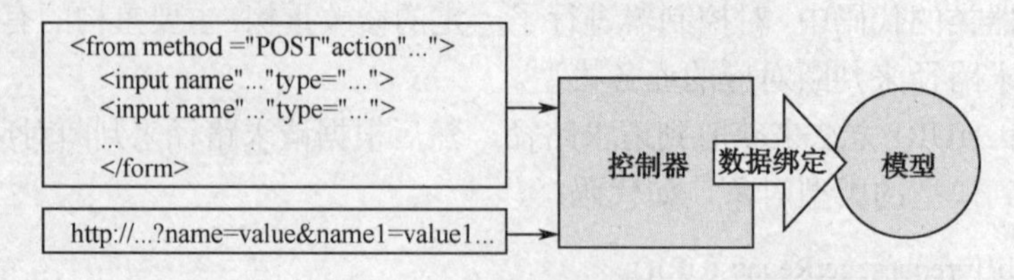

图 12-12　MVC 数据绑定

3. 重构输入/输出页面 gamejavabean.jsp

在重构完控制器类之后，再来调整重构输入/输出页面，具体页面内容如下：

```
<!—使用 JSP 的 useBean 动作从 session 会话范围中查找业务 Game 对象并标识引用为 game-->
<jsp:useBeanid="game" class="com.ultrawise.mvc.game.GameJavaBean" scope="session"/>
<html>
     <head>
```

```
            <title>Guess Game</title>
        </head>
    <!—使用 javascript 定义函数来判断表单输入的数据是否为数字并判断不为空的情况-->
        <script language="javascript">
            function validate(guessform){
                if(guessform.guessNum.value.length==0){
                    alert("please input your guess!");
                    guessform.guessNum.select();
                    return false;
                }
                if(isNaN(guessform.guessNum.value)){
                    alert("please input a number!");
                    guessform.guessNum.select();
                    return false;
                }
                return true;
            }
        </script>
    <!—使得页面加载时就将焦点定位到页面的输入框-->
        <body onload="document.forms[0].guess.select()">
            <h3 align="center">number Guess Game </h3>
            <hr>
    <!—判断业务对象 game 的猜数是否成功，不成功则显示猜数表单，表单提交请求到业务对象 game 执行
其猜数方法进行猜数-->
            <%
                if(!game.isSuccess()){
            %>
            please input    your guess between 1 and 100:
            <form method="post" action="/Guess/gamejavaBean" onsubmit="return validate(this)">
                <table width="50%" align="center" border="1">
                    <tr align="center">
                        <td align="center">your guess:</td>
                        <td align="center"><input type="text" name="usernumber"></td>
                    </tr>
                    <tr align="center" valign="center">
                        <td colspan="2" align="center">
                            <input type="submit" value="guess">    
                            <input type="reset" value="reset">
                        </tr>
                    </tr>
                </table>
            </form>
            <%
                }
            %>
    <!—猜数过程中要反馈出猜数消息和猜的次数-->
            <%
                if(game.getMessage()!=null){
            %>
            <h3   align="center"><font   color="red"><jsp:getProperty   name="game"   property="message"/>
</font> </h3>
            <%
                 }
            %>
            <p>
            you have got <jsp:getProperty name="game" property="times"/>
```

```
            <!—判断业务对象 game 的猜数是否成功，成功则不显示猜数表单，而显示重玩-->
            <%
                if(game.isSuccess()){
            %>
                <a href="/Guess/gamejavaBean">play again</a>
            <%
                }
            %>
        </body>
</html>
```

下面来分析一下 gamejavabean.jsp 页面的几段代码。

（1）查找和创建业务对象代码：<jsp:useBeanid="game" class="com.ultrawise.mvc.game.GameJavaBean" scope="session"/>，这段代码是 JSP 的 useBean 动作标签，它们是已经被封装好的一些代码集合，具有一定的作用，它们替代了原来页面中用户自己创建业务对象过程的代码，使用这些动作标签比原来的 Java 代码简洁、方便很多，因此 JSP 的 useBean 动作指令标签是封装了原先创建业务对象代码的作用。

（2）获取对象模型值的代码：<jsp:getProperty name="game" property="message"/>，<jsp:getProperty name="game" property="times"/>，这段代码是取得模型对象的数据值，相比原来的 Java 代码简洁很多，原来的代码在这里被 JSP 的 getProperty 动作标签替换了，因此这个标签封装了原来从业务模型 Game 取值的作用。

同理，还可以利用 JSP 的自定义标签机制开发自己的标签，比如可以通过反射机制来自定义实现一个自己的标签完成以上（1）和（2）的功能，这样模型在页面的转换就变得更加简单，只需要使用该自定义标签就完成了所有功能。

通过上面的分析，可以看到，无论是 JSP 的动作标签还是自定义标签都是十分通用的。它不仅可以支持本案例的逻辑处理，而且也可以处理其他用于将模型中的数据展现到页面上的逻辑，如图 12-13 所示。

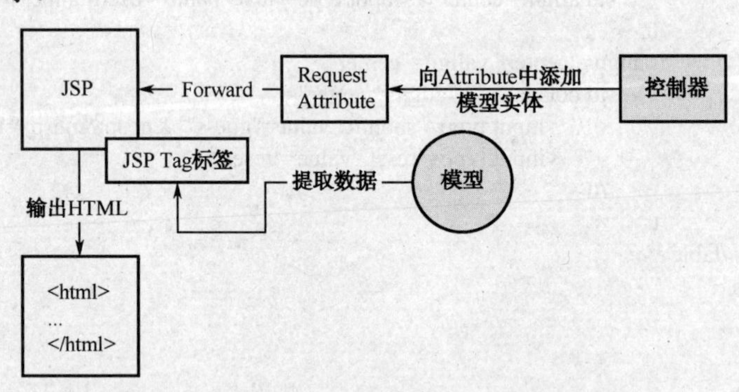

图 12-13　MVC 模型中 Model 和 Tag 的数据绑定

至此，第二个模型 MVC 部分写完了，还需要在 web.xml 中配置控制器。代码如下：

```
<?xml version="1.0" encoding="ISO-8859-1"?>
<web-app xmlns="http://java.sun.com/xml/ns/javaee"
    xmlns:xsi="http://www.w3.org/2001/XMLSchema-instance"
    xsi:schemaLocation="http://java.sun.com/xml/ns/javaee
http://java.sun.com/xml/ns/javaee/web-app_2_5.xsd"
    version="2.5">
```

```
        <Servlet>
                <Servlet-name>controllerServletJavaBean</Servlet-name>
    <Servlet-class>com.ultrawise.mvc.game.serv.ControllerServlet_javaBean</Servlet-class>
        </Servlet>
        <Servlet-mapping>
                <Servlet-name>controllerServletJavaBean</Servlet-name>
                <url-pattern>/gamejavaBean</url-pattern>
        </Servlet-mapping>
    </web-app>
```

这个案例写完后，部署该项目，启动服务器，运行该项目案例。在地址栏首先访问的不是game.jsp 页面，因为游戏开始前需要为初始化作准备，所以要先访问 ControllerServlet_JavaBean，作初始化后转到 gamejavabean.jsp 页面输入，在地址栏输入 http://localhost:8283/Guess/gamejavaBean，请求进入控制器类初始化游戏，然后跳转到 gamejavabean.jsp 页面，如图 12-14～图 12-16 所示。

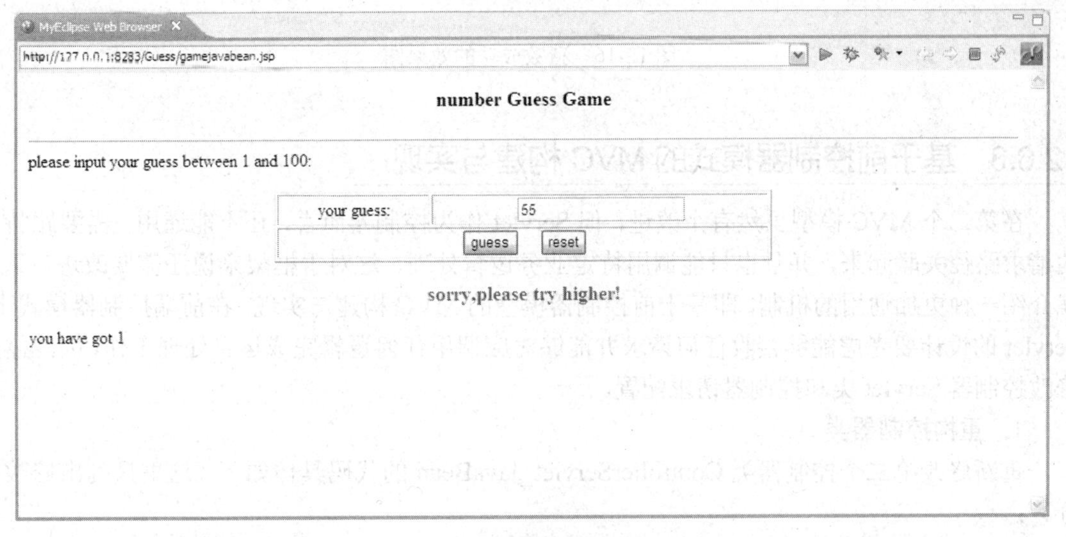

图 12-14 猜数猜小的效果图

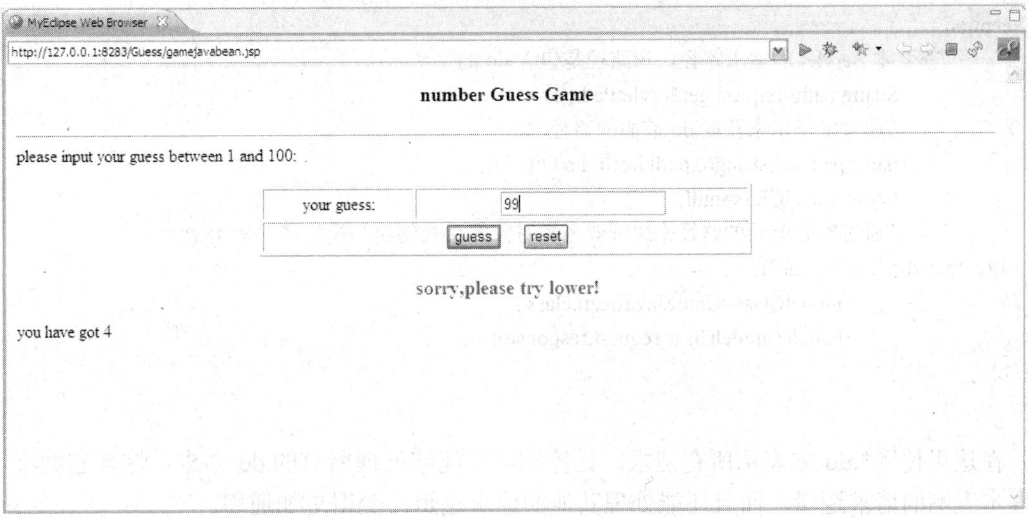

MyEclipse Web Browser
http://127.0.0.1:8283/Guess/gamejavabean.jsp
number Guess Game
please input your guess between 1 and 100:
your guess:
99
guess
reset
sorry,please try lower!
you have got 4

图 12-15 猜数猜大的效果图

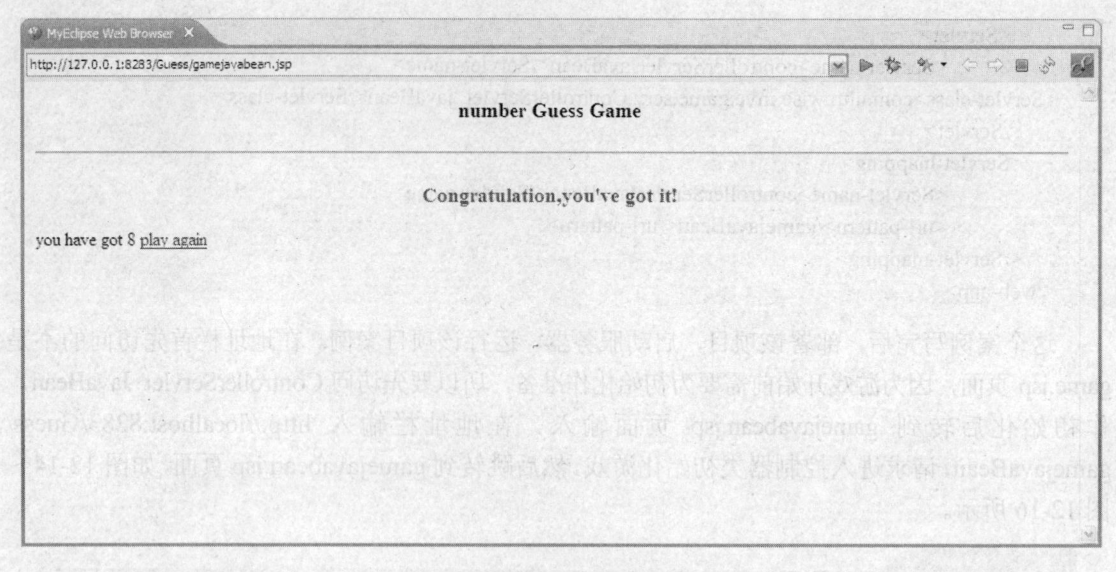

图 12-16 猜数成功的效果图

12.6.3 基于前控制器模式的 MVC 构建与实现

在第二个 MVC 模型虽然有个改进，但 Servlet 作为控制器而言，还不能通用，需要跟特定的请求路径关联起来，并且也只能调用特定业务逻辑处理，这对于框架来说还需要改进，下面就介绍一种更加通用的机制，即基于前控制器模型的 MVC 构建与实现。在前端控制器模式下，Servlet 的设计要考虑能够接收任何请求并能够对应调用任何逻辑完成运算处理工作，因此需要修改控制器 Servlet 类和控制器请求配置。

1. 重构控制器类

重新修改第二个控制器类 ControllerServlet_JavaBean 的代码具体如下（这里只列出修改部分）：

```
public void doPost(HttpServletRequest request, HttpServletResponse response)throws ServletException, IOException {
        //获取本 Servlet 的请求路径，该路径是包含.do 的
                String path=request.getServletPath();
                //通过求子串来获取.do 前面的路径
                path=path.substring(0,path.lastIndexOf("."));
                Class modelClass=null;
                //通过判断前面的路径来进行业务类对象的加载创建和模型属性初始化
    if(path.endsWith("/game")){
                        modelClass=GameJavaBean.class;
                        handle(modelClass,request,response);
                }
        }
```

在这里使用*.do 来表示所有请求，让控制器类能够处理所有的.do 请求，这样它就不仅能处理本案例的请求逻辑，而且还能处理其他的请求逻辑，变得更加通用。

2. 重构请求配置 web.xml

```
<Servlet>
	<Servlet-name>controllerAllServlet</Servlet-name>
	<Servlet-class>com.ultrawise.mvc.game.serv.ControllerAllServlet</Servlet-class>
</Servlet>
<Servlet-mapping>
	<Servlet-name>controllerAllServlet</Servlet-name>
	<url-pattern>*.do</url-pattern>
</Servlet-mapping>
```

在这里，配置控制器的请求路径为*.do，*可以代表所有字符组合，所以*.do 就可以代表所有以.do 结尾的请求，当这样配置以后，ControllerAllServlet 控制器类就可以接收所有的以.do 结尾的请求，就实现了通用。

3. 重构输入输出页面 gameAll.jsp

在第二个 MVC 模型中，重构的 gamejavabean.jsp 页面中使用的是 JSP 的动作指令标签来替换 Java 代码，但是在使用过程中发现，有些作条件控制判断的地方仍然采用的是 Java 代码，不能直接使用 JSP 动作标签代替，这样的 JSP 页面仍然是与业务代码耦合的，那么有没有更好的办法解决这个问题呢？可以使用 jstl 标签和 el 表达式来解决，通过 jstl 标签来判断 el 表达式就可以实现上述的问题。具体页面 gameAll.jsp 代码如下：

```
<!—通过使用标签指令将 jstl 的核心标签库 C 引入-->
<%@taglib uri="http://java.sun.com/jsp/jstl/core" prefix="c" %>
<html>
	<head>
		<title>Guess Game</title>
	</head>
	<script language="javascript">
		function validate(guessform){
			if(guessform.guessNum.value.length==0){
				alert("please input your guess!");
				guessform.guessNum.select();
				return false;
			}
			if(isNaN(guessform.guessNum.value)){
				alert("please input a number!");
				guessform.guessNum.select();
				return false;
			}
			return true;
		}
	</script>
	<body onload="document.forms[0].guess.select()">
		<h3 align="center">number Guess Game </h3>
		<hr>
<!—采用核心标签 c:if 判断，被判断的是一个 el 表达式${}，表示从某个范围中取出名字为 game 的对象的属性 success-->
```

```
            <c:if test="${!game.success}">
            please input    your guess between 1 and 100:
            <form method="post" action="/Guess/game.do" onsubmit="return validate(this)">
                <table width="50%" align="center" border="1">
                    <tr align="center">
                        <td align="center">your guess:</td>
                        <td align="center"><input type="text" name="usernumber"></td>
                    </tr>
                    <tr align="center" valign="center">
                        <td colspan="2" align="center">
                            <input type="submit" value="guess">    
                            <input type="reset" value="reset">
                        </tr>
                    </tr>
                </table>
            </form>
            </c:if>
    <!—通过核心标签和 el 表达式取得模型的值并判断其不为 null-->
            <c:if test="${!empty game.message}">
            <h3 align="center"><font color="red">${game.message }</font></h3>
            </c:if>
            <p>
    <!—这里通过 el 表达式直接从某个范围中取出名字 game 的属性值 times-->
            you have got ${game.times}
    <!—采用核心标签和 el 表达式判断模型的 success 的值为真的情况-->
            <c:if test="${game.success}">
                <a href="/Guess/game.do">play again</a>
            </c:if>
        </body>
    </html>
```

至此，第二个模型 MVC 部分写完了，还需要在 web.xml 中配置控制器，代码如下：

```
    <Servlet>
      <Servlet-name>controllerAllServlet</Servlet-name>
      <Servlet-class>com.ultrawise.mvc.game.serv.ControllerAllServlet</Servlet-class>
    </Servlet>
    <Servlet-mapping>
      <Servlet-name>controllerAllServlet</Servlet-name>
      <url-pattern>*.do</url-pattern>
    </Servlet-mapping>
```

这个案例写完后，部署该项目，启动服务器，运行该项目案例。在地址栏首先访问的不是 gameAll.jsp 页面，因为游戏开始前需要为初始化作准备，所以要先访问 ControllerAllServlet，作初始化后转到 gameAll.jsp 页面输入，在地址栏输入 http://localhost:8283/Guess/game.do 请求，进入控制器类初始化游戏，然后跳转到 gameAll.jsp 页面，如图 12-17～图 12-19 所示。

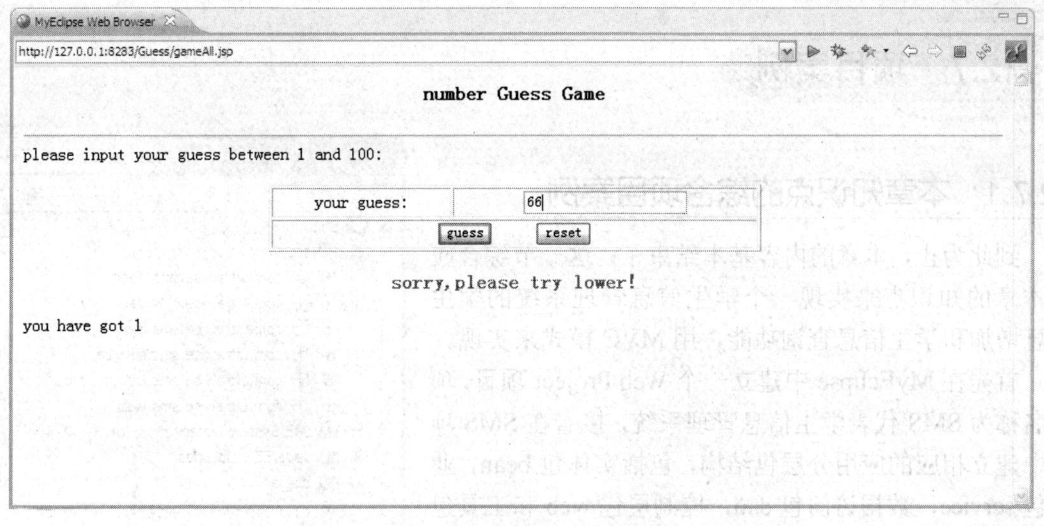

图 12-17 猜数猜大的效果图

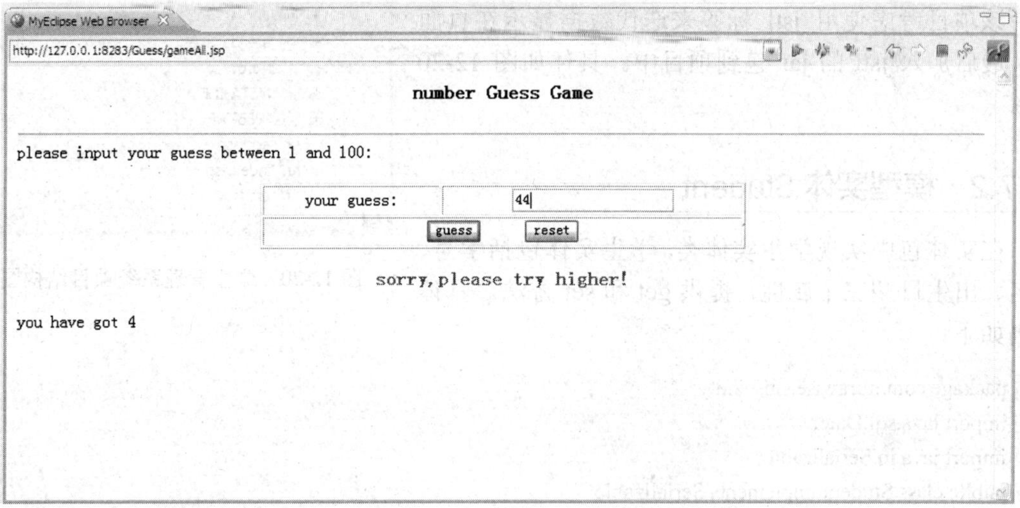

number Guess Game

please input your guess between 1 and 100:

your guess: 44

guess reset

sorry,please try higher!

you have got 4

图 12-18 猜数猜小的效果图

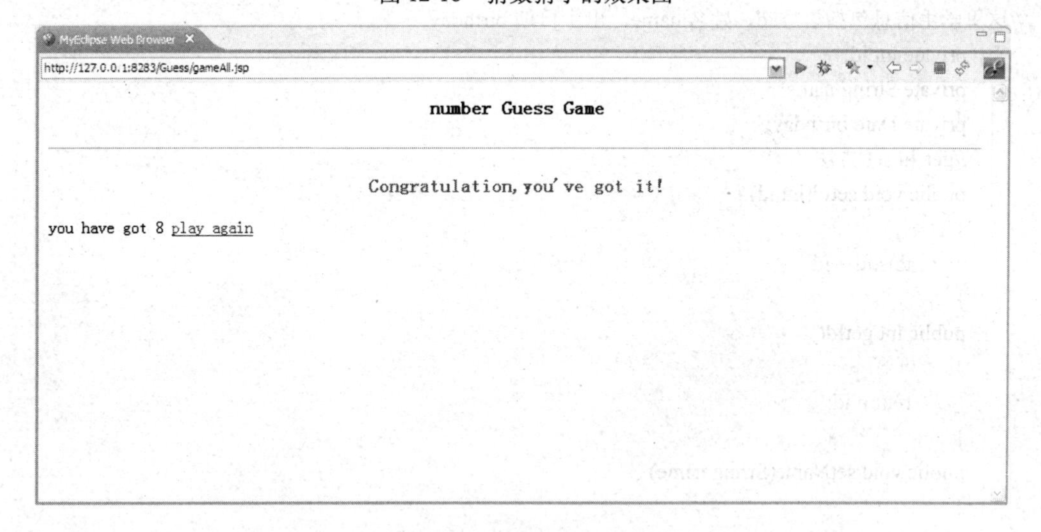

图 12-19 猜数成功的效果图

12.7 项目案例

12.7.1 本章知识点的综合项目案例

到此为止，本章的内容基本结束了，这一节综合应用本章的知识点来实现一个学生信息管理系统的学生信息增加和学生信息查询功能，用 MVC 模式来实现。

首先在 MyEclipse 中建立一个 Web Project 项目，项目名称为 SMS 代表学生信息管理系统，接着在 SMS 项目中建立相应的应用分层包结构，包括实体包 bean，业务包 service，数据访问包 dao，控制层包 web 和工具包 util 等。然后将数据库 MySQL 的 jar 包加入到项目中，最后该项目考虑使用 jstl 标签来迭代数据显示在页面上，最后加入 jstl 的 jar 包到项目中。具体如图 12-20 所示。

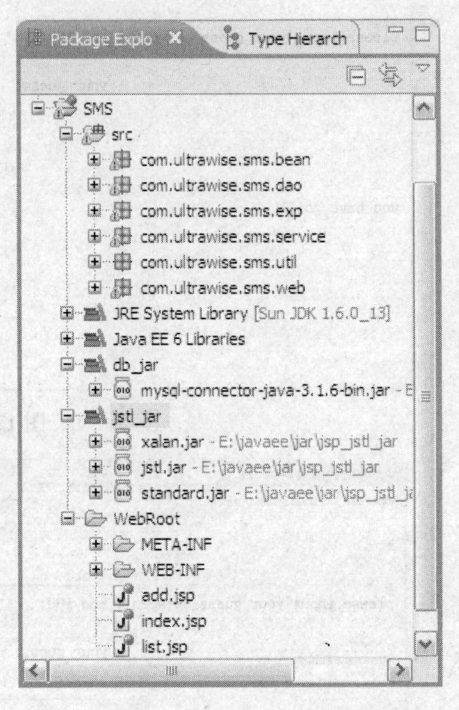

图 12-20　学生管理系统项目结构图

12.7.2 模型实体 Student

在实体包中实现学生实体类，学生实体包括学号、姓名、出生日期三个属性，提供 get 和 set 方法。具体代码如下：

```
package com.ultrawise.sms.entity;
import java.sql.Date;
import java.io.Serializable;
public class Student implements Serializable
{
//这里学生信息包括学号 id，姓名 name，出生日期 birthday
        private int id;
        private String name;
        private Date birthday;
        //get 和 set 方法
        public void setId(int id)
        {
                this.id = id;
        }
        public int getId()
        {
                return id;
        }
        public void setName(String name)
        {
                this.name = name;
```

```
        }
        public String getName()
        {
                return name;
        }

        public void setBirthday(Date birthday)
        {
                this.birthday = birthday;
        }
        public Date getBirthday()
        {
                return birthday;
        }
}
```

12.7.3 学生信息增加和查询的数据访问层

1. 数据库连接工具

在学生信息系统中要实现学生信息的查询和增加功能，需要访问数据库，也就需要实现数据库连接的创建和释放，这里将其设计为用工具类 JdbcUtil 来实现，选用的数据库是 MySQL。

```
package com.ultrawise.sms.util;
import java.sql.Connection;
import java.sql.DriverManager;
import java.sql.ResultSet;
import java.sql.Statement;

public class JdbcUtil {
        //静态代码块实现加载数据库驱动
        static{
                try{
                        Class.forName("com.mysql.jdbc.Driver");
                }catch(Exception e){
                        e.printStackTrace();
                }
        }
        //设计静态方法实现获取数据库连接
        public static Connection getConnection(){
                Connection con=null;
                try{
con=DriverManager.getConnection("jdbc:mysql://127.0.0.1:3306/sms","root","123456");
                }catch(Exception e){
                        e.printStackTrace();
                }
                return con;
```

```
    }
    //释放数据库连接
public static void release(Connection con,Statement stmt,ResultSet rs){
        try{
            if(rs!=null)rs.close();
        }catch(Exception e){
            e.printStackTrace();
        }
        try{
            if(stmt!=null){
                stmt.close();
            }
        }catch(Exception e){
            e.printStackTrace();
        }
        try{
            if(con!=null)con.close();
        }catch(Exception e){
            e.printStackTrace();
        }
    }
    //设计打印输出方法实现数据库数据结果集迭代，主要用于测试数据库连接
    public static void printRs(ResultSet rs){
        StringBuffer sb=new StringBuffer();
        try{
            while(rs.next()){
                sb.append("id="+rs.getInt(1)+" ");
                sb.append("name="+rs.getString(2)+"\n");
            }
            System.out.println(sb.toString());
        }catch(Exception e){
            e.printStackTrace();
        }
    }
}
```

2. 数据访问层接口和实现

有了数据库连接工具，就可以来实现数据库访问层，为了使得数据访问层与服务层解耦合，这里采用面向接口的编程思想，首先将数据访问层功能设计为接口，然后再写接口的实现类，使用 JDBC 实现。

（1）数据访问层接口 StudentDao。

在数据访问层设计中，将数据库底层异常抛出，因为底层发生的异常需要将其抛出该上层处理后发送到客户端，这样，发生问题时才能给客户端反馈，所以插入和查询方法都抛出 SQLException。具体代码如下：

```
package com.ultrawise.sms.dao;
import java.sql.SQLException;
```

```
import java.util.List;
import com.ultrawise.sms.bean.Student;
public interface StudentDao {
    //插入一个学生对象到数据库中
    public void insertStudent(Student stu)throws SQLException;
    //查询数据库所有的学生对象
    public List queryAllStudents()throws SQLException;
}
```

（2）数据访问层接口实现类 StudentDaoImpl。

在数据访问层的实现类中，都需要实现插入和查询方法，则需要使用数据库连接。而这里设计的是数据库连接通过构造方法进行初始化，这样设计的目的是考虑到数据库的事务控制要放在业务服务层，所以数据库连接应在业务层获取并将其传给数据访问层，使它们所使用的连接是同一个连接，并且在使用完连接后并没有在数据访问层关闭，是考虑在业务服务层关闭。具体代码如下：

```
package com.ultrawise.sms.dao;
import java.sql.Connection;
import java.sql.PreparedStatement;
import java.sql.ResultSet;
import java.sql.SQLException;
import java.sql.Statement;
import java.util.ArrayList;
import java.util.List;
import com.ultrawise.sms.bean.Student;
import com.ultrawise.sms.util.JdbcUtil;
public class StudentDaoImpl implements StudentDao{
    Connection con=null;
    //这里设计数据库连接通过构造方法初始化
    public StudentDaoImpl(Connection con){
        this.con=con;
    }
    PreparedStatement pstmt=null;
    ResultSet rs=null;
    public void insertStudent(Student stu)throws SQLException{
        String sql="insert into student(name,birthday) values(?,?)";
        pstmt=con.prepareStatement(sql);
        pstmt.setString(1,stu.getName());
        pstmt.setDate(2,stu.getBirthday());
        pstmt.executeUpdate();
        JdbcUtil.release(null,pstmt, null);
    }
    public List queryAllStudents()throws SQLException{
        String sql="select * from student";
        List students=new ArrayList();
        pstmt=con.prepareStatement(sql);
        ResultSet rs=pstmt.executeQuery();
        while(rs.next()){
```

```
                Student stu=new Student();
                stu.setId(rs.getInt("id"));
                stu.setName(rs.getString("name"));
                stu.setBirthday(rs.getDate("birthday"));
                students.add(stu);
            }
            JdbcUtil.release(null,pstmt, null);
            return students;
        }
    }
```

12.7.4 学生信息增加和查询的业务层

有了数据访问层的实现，就可以来实现业务服务层，为了使得业务服务层与 Web 层解耦合，这里采用面向接口的编程思想，首先将业务服务层的功能设计为接口，然后再写接口的实现类，通过调用数据访问层的功能实现业务功能，并且在业务服务层控制数据库事务。

1. 业务异常设计实现

在编写业务服务层类之前，要考虑这样一个问题，之前的数据访问层在实现中是可能出现异常情况抛出 SQLException 的，这个异常是一个系统异常，是数据库底层错误造成的，这样的异常信息是不能直接给客户看的，客户也看不懂这样的异常，那么就需要将 SQLException 封装为业务异常，并通过业务异常来反馈异常信息，所以考虑设计一个自定义 BusinessException 业务异常类来封装和传递错误信息。

```
package com.ultrawise.sms.exp;
public class BusinessException extends Exception {
    public BusinessException() {
        super();
    }
    public BusinessException(String message, Throwable cause) {
        super(message, cause);
        }
    public BusinessException(String message) {
        super(message);
    }
    public BusinessException(Throwable cause) {
        super(cause);
    }
}
```

2. 业务服务层接口 StudentService

在业务服务层中，将数据库底层异常封装为自定义的业务异常再抛出给 Web 层，通过自定义异常将底层异常的消息封装到业务异常中，将业务异常抛出给 Web 层才能传递异常消息给客户端。具体代码如下：

```
package com.ultrawise.sms.service;
import java.util.List;
import com.ultrawise.sms.bean.Student;
```

```
    import com.ultrawise.sms.exp.BusinessException;
    public interface StudentService {
        //增加一个学生
        public void addStudent(Student stu)throws BusinessException;
        //查询出所有学生
        public List findAllStudents()throws BusinessException;
    }
```

3. 业务服务层实现类 StudentServiceImpl

在业务服务层的实现类中，都需要实现增加和查询方法，通过调用数据访问层的方法来实现业务，在业务层要考虑数据库事务的控制，所以在业务层实现数据库连接的打开和关闭，并将数据库连接传递给数据访问层。具体代码如下：

```
package com.ultrawise.sms.service;
import java.sql.Connection;
import java.sql.SQLException;
import java.util.List;
import com.ultrawise.sms.bean.Student;
import com.ultrawise.sms.dao.StudentDao;
import com.ultrawise.sms.dao.StudentDaoImpl;
import com.ultrawise.sms.exp.BusinessException;
import com.ultrawise.sms.util.JdbcUtil;
public class StudentServiceImpl implements StudentService{
    public void addStudent(Student stu)throws BusinessException{
        Connection con=JdbcUtil.getConnection();
        try {
            con.setAutoCommit(false);
            StudentDao sdao=new StudentDaoImpl(con);
            sdao.insertStudent(stu);
            con.commit();
        } catch (SQLException e) {
            try {
                con.rollback();
            } catch (SQLException e1) {
                throw new BusinessException(e.getMessage());
            }
            throw new BusinessException(e.getMessage());
        }finally{
            JdbcUtil.release(con,null, null);
        }
    }
    public List findAllStudents()throws BusinessException{
        Connection con=JdbcUtil.getConnection();
        List students=null;
        try {
            con.setAutoCommit(false);
            StudentDao sdao=new StudentDaoImpl(con);
            students=sdao.queryAllStudents();
            con.commit();
```

```
            } catch (SQLException e) {
                try {
                    con.rollback();
                } catch (SQLException e1) {
                    throw new BusinessException(e.getMessage());
                }
                throw new BusinessException(e.getMessage());
            }finally{
                JdbcUtil.release(con,null, null);
            }
        return students;
    }
}
```

12.7.5 Web 层控制器

实现了学生信息增加和查询功能后，就要来实现 Web 层的请求处理控制器了。这里控制器采用 Servlet 来实现，写一个 SMSControllerServlet 通用的控制器来专门处理学生信息管理系统的所有请求处理，请求路径设计为统一的*.do，增加为/sms/add.do，查询为/sms/list.do。

```
package com.ultrawise.sms.web;
import java.io.IOException;
import java.io.PrintWriter;
import java.sql.Date;
import java.util.List;
import javax.Servlet.RequestDispatcher;
import javax.Servlet.ServletContext;
import javax.Servlet.ServletException;
import javax.Servlet.http.HttpServlet;
import javax.Servlet.http.HttpServletRequest;
import javax.Servlet.http.HttpServletResponse;
import sun.misc.Service;
import com.ultrawise.sms.bean.Student;
import com.ultrawise.sms.exp.BusinessException;
import com.ultrawise.sms.service.StudentService;
import com.ultrawise.sms.service.StudentServiceImpl;
public class SMSControllerServlet extends HttpServlet {
    public void doGet(HttpServletRequest request, HttpServletResponse response)
            throws ServletException, IOException {
        doPost(request,response);
    }
    public void doPost(HttpServletRequest request, HttpServletResponse response)
            throws ServletException, IOException {
        //创建业务对象
        StudentService ss=new StudentServiceImpl();
        //获取请求路径，通过处理请求路径来分析是查询还是增加请求
        String path = request.getServletPath();
        path = path.substring(0, path.indexOf("."));
        if(path.equalsIgnoreCase("/sms/list"))
```

```
            {
                try
                {
                    List students = ss.findAllStudents();
                    request.setAttribute("students", students);
                    forward("/list.jsp", request, response);
                }catch(Exception e)
                {
                    throw new ServletException("error when query students!");
                }
            }else if(path.equalsIgnoreCase("/sms/add")){
                request.setCharacterEncoding("UTF-8");
                String name = request.getParameter("name");
                String birthday = request.getParameter("birthday");
                Student student = new Student();
                student.setName(name);
                student.setBirthday(Date.valueOf(birthday));
                try {
                    ss.addStudent(student);
                } catch (BusinessException e) {
                    throw new ServletException("error when add students!");
                }
                    response.sendRedirect(request.getContextPath() + "/sms/list.do");
            }
        }
    private void forward(String url, HttpServletRequest request, HttpServletResponse response)throws IOException,
ServletException{
            ServletContext application = getServletContext();
            RequestDispatcher dispatcher = application.getRequestDispatcher(url);
            dispatcher.forward(request, response);
        }
    }
```

12.7.6 Web层表示页面

1. 增加学生信息页面

增加学生信息页面为add.jsp，主要提供一个表单提交增加请求交给控制器处理增加，增加处理后跳转到学生信息显示页面。具体代码如下：

```
<%@page contentType="text/html;charset=UTF-8" pageEncoding="UTF-8"%>
<html>
<head>
    <title>学生信息管理系统</title>
</head>
<body>
<h3 align="center">学生信息增加</h3>
<hr>
<form  method="post" action="${pageContext.request.contextPath}/sms/add.do">
<table align="center" border="1" width="450" cellpadding="5" cellspacing="0">
<tr>
```

```
        <td>姓名</td>
        <td>
            <input type="text" name="name" size="15">
        </td>
        <td>生日</td>
        <td>
            <input type="text" name="birthday" size="10">
        </td>
</tr>
</table>
<br>
<center>
        <input type="submit" value="add">
</center>
</form>
</body>
</html>
```

2. 查询显示学生信息页面

学生信息显示页面可以显示出所有学生的信息，并提供按钮跳转到增加页面，可以继续增加学生，显示所有学生采用的是jstl标签迭代请求范围中的学生集合数据。具体代码如下：

```
<%@page contentType="text/html;charset=UTF-8" pageEncoding="UTF-8" %>
<%@taglib prefix="c" uri="http://java.sun.com/jsp/jstl/core" %>
<html>
<head>
        <title>学生信息管理系统</title>
</head>
<body>
<h3 align="center">学生信息列表(查询)</h3>
<hr>
<table align="center" border="1" width="650" cellpadding="5" cellspacing="0">
<tr>
        <th>序号</th>
        <th>学号</th>
        <th>姓名</th>
        <th>生日</th>
</tr>
<c:forEach items="${students}" var="student" varStatus="status">
        <tr>
            <td align="center">${status.count}</td>
            <td align="center">${student.id}</td>
            <td align="center">${student.name}</td>
            <td align="center">${student.birthday}</td>
        </tr>
        </c:forEach>
        <c:if test="${empty students}">
        <tr>
<td height="50" align="center" colspan="4"><font color="red">没有符合条件的学生</font></td>
        </tr>
        </c:if>
</table>
```

```
<br>
<center>
<input type="button" value="add" onclick="window.location='add.jsp'">
</center>
</body>
</html>
```

12.7.7　部署测试运行学生信息管理系统项目

到此为止，学生信息管理系统项目已经全部完成了，要最终能够运行该项目，还需要在MySQL数据库中创建好sms数据库和学生表student，数据库和表创建好后如图12-21所示。

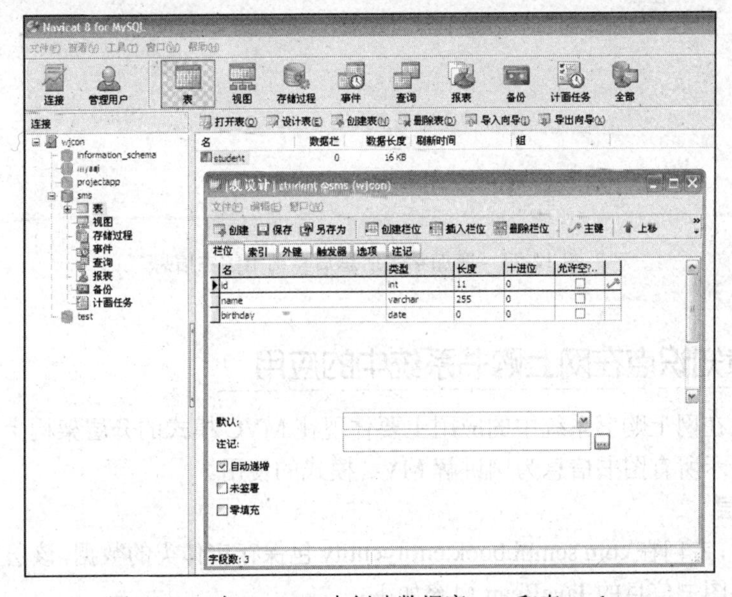

图12-21　在MySQL中创建数据库sms和表student

然后在MyEclipse中添加并配置好tomcat服务器，将该项目发布部署到服务中，启动服务器访问add.jsp，实现增加学生信息并查看学生信息。具体效果如图12-22和图12-23所示。

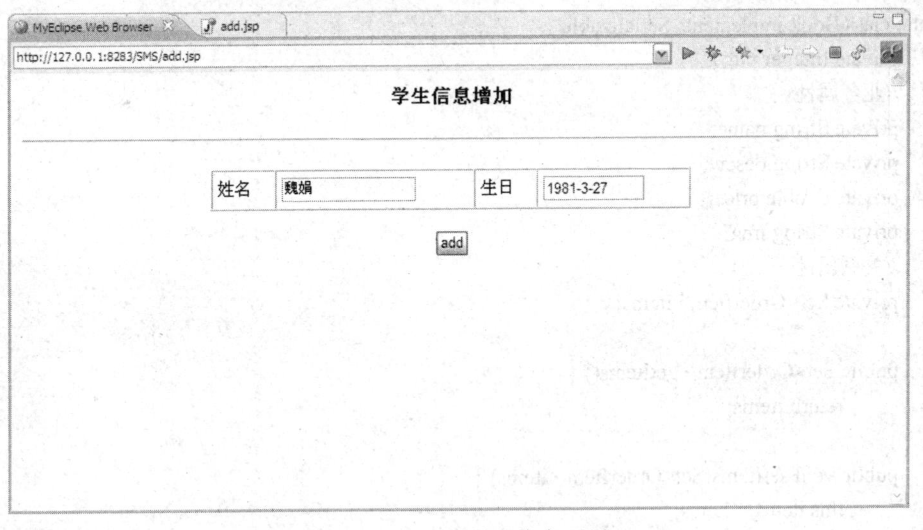

图12-22　增加学生信息页面

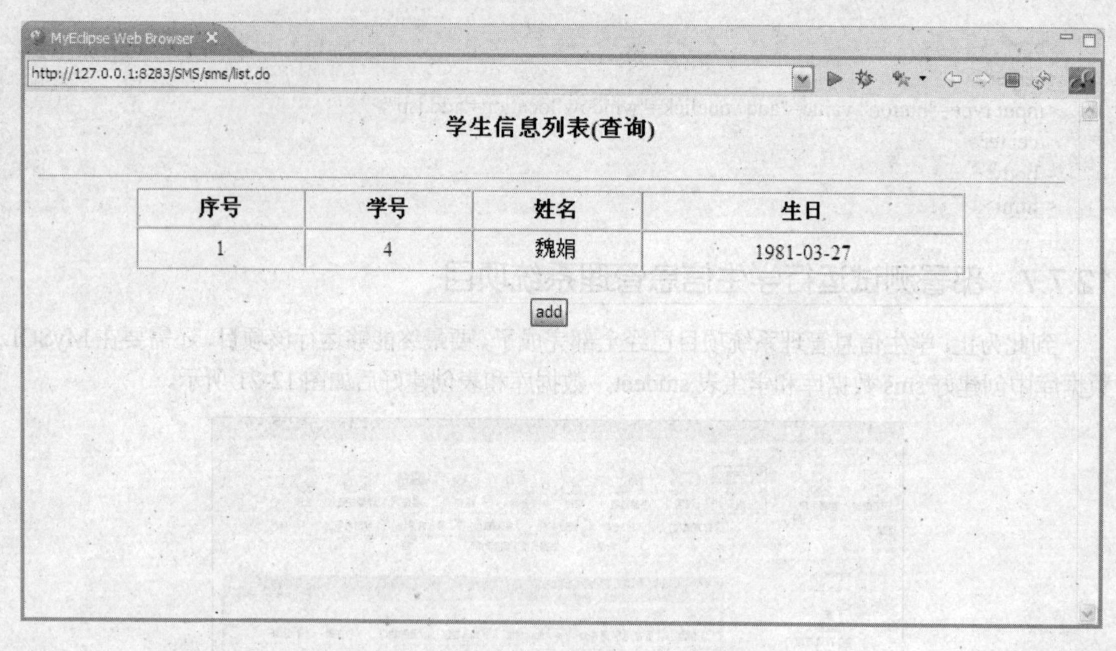

图 12-23　增加学生信息后查询出学生信息

12.7.8　本章知识点在网上购书系统中的应用

本章知识点在网上购书系统中的应用主要体现在 MVC 模式的分层架构上。由于功能模块较多，本节以显示所有图书信息为例讲解 MVC 模式的使用。

1. Model 层

在该系统中，专门在 com.scmpi.book.entityentity 包保存实体类的数据，该层主要用 JavaBean 封装数据，封装图书信息的 JavaBean 内容如下：

```
 package com.scmpi.book.entity;
import java.io.Serializable;
import java.util.*;
public class Book implements Serializable {
	private Integer pid; //
	//业务属性
	private String name;
	private String descw;
	private double price;
	private String img;
	//关系属性
	private Set<OrderItem> items;

	public Set<OrderItem> getItems() {
		return items;
	}
	public void setItems(Set<OrderItem> items) {
		this.items = items;
	}
```

```
        public Integer getPid() {
            return pid;
        }
        public void setPid(Integer pid) {
            this.pid = pid;
        }
        public String getName() {
            return name;
        }
        public void setName(String name) {
            this.name = name;
        }
        public String getDescw() {
            return descw;
        }
        public void setDescw(String descw) {
            this.descw = descw;
        }
        public double getPrice() {
            return price;
        }
        public void setPrice(double price) {
            this.price = price;
        }
        public Book() {
            super();
        }
        public String getImg() {
            return img;
        }
        public void setImg(String img) {
            this.img = img;
        }
}
```

2. View 层

在该层主要用 JSP 显示图书信息，在 JSP 中再结合 JSP 自定义标签和 EL 表达式与 JSTL 相关知识点完成图书信息的显示，主要代码如下：

```
        <!—显示图书详细信息-->
<div class="detailed">
<ul>
<c:forEach var="pi" items="${datas}">
<li class="row">
<div class="imgDri">
<img src="<%=path%>/img/${pi.img}" class="imgPro">
</div>
<div class="bookProperty">
<ul>
```

```
<li>
<span class="bookLabel">名称：</span>${pi.name}
</li>
<li>
<span class="bookLabel">价格：</span>${pi.price}
</li>
<li >
<span class="bookLabel">描述：</span><div class="overFlow">${pi.descw}</div>
</li>
</ul>
</div>
<div class="joinShopCar">
<a href="<%=path%>/addCart?pname=${pi.name}"><img
src="<%=path%>/img/buy.gif">
</a>
</div>
</li>
</c:forEach>
</ul>
</div>
```

3. Controller 层

该控制层主要调用获取图书信息的服务层，从处理数据信息的Dao层获取相关图书信息，在Dao层连接数据库，查询图书信息并将查询数据封装到javaBean中，返回结果集。Dao层用于封装所有图书信息的代码如下：

```
//从数据库查询所有图书信息
    public List<Book> queryAll() throws Exception {
        //定义封装图书信息集合
        List<Book> bookList = new ArrayList<Book>();
        try {
            String sql = "select * from tb_book";
            //利用自定义查询数据库工具类 DBUtil 查询数据
            ResultSet rs = DBUtil.queryData(sql);
            while (rs.next()) {
                //创建图书信息 javaBean 对象
                Book book = new Book();
                //往 javaBean 对象中放入图书信息
                book.setPid(rs.getInt("id"));
                book.setDescw(rs.getString("description"));
                book.setName(rs.getString("name"));
                book.setPrice(rs.getDouble("price"));
                book.setImg(rs.getString("img"));
                //将封装好的 javaBean 对象添加到集合中
                bookList.add(book);
            }
            return bookList;
        } catch (Exception e) {
            e.printStackTrace();
            return null;
```

```
        }
    }
```

在控制层定义语句 List<Book> proList = new ArrayList<Book>()接收 Dao 层返回过来的数据 bookList。然后再将此集合数据放入到 session 对象中，便于 JSP 页面中的 JSTL 语句<c:forEach var="pi" items="${datas}">调用。其中将集合数据放入 session 中的代码如下：

```
HttpSession session = request.getSession(true);
  session.setAttribute("datas", subList);//其中 subList 是通过分页算法获取的集合，具体参考系统源代码
```

习　题

1．请描述出 Web 应用分层结构的具体分层是什么？每一层的作用是什么？
2．请简述一下 MVC 模式的优势和劣势。
3．请简述什么是 MVC 模式，并阐述 MVC 模式的工作原理。

实训操作

请进一步完善本章的综合项目案例，为学生信息管理系统增加修改和删除功能，修改功能可以修改每一个学生的信息，修改后能回到显示页面显示修改的数据；删除功能既能实现删除单个学生又能实现删除多个学生，删除后也能够回到显示页面显示删除的效果。

第13章 学期项目

课程目标

- 了解学期项目的功能需求
- 掌握学期项目的设计
- 利用 JavaWeb 中的 MVC 模式完成学期项目开发
- 完成学期项目的测试与发布

本章的主要目的是给出项目功能需求与设计，读者利用所学的 JavaWeb 开发技术以及采用 MVC 模式完成学期项目的设计与实现，从而让读者掌握 JavaWeb 项目开发的整个流程。

13.1 项目需求

BBS 论坛系统分前台系统和后台系统管理，前台系统功能包括文章阅读、新发主题、推荐讨论、论坛公告、友情链接、显示用户列表信息、热门话题讨论、发帖排行、常见技术问题以及搜索等功能。后台系统管理包括用户管理、论坛注册用户信息管理、公告管理、推荐讨论管理、文章阅读管理、作废清单管理、发帖管理、跟帖管理等功能。整个系统架构如图 13-1 所示。

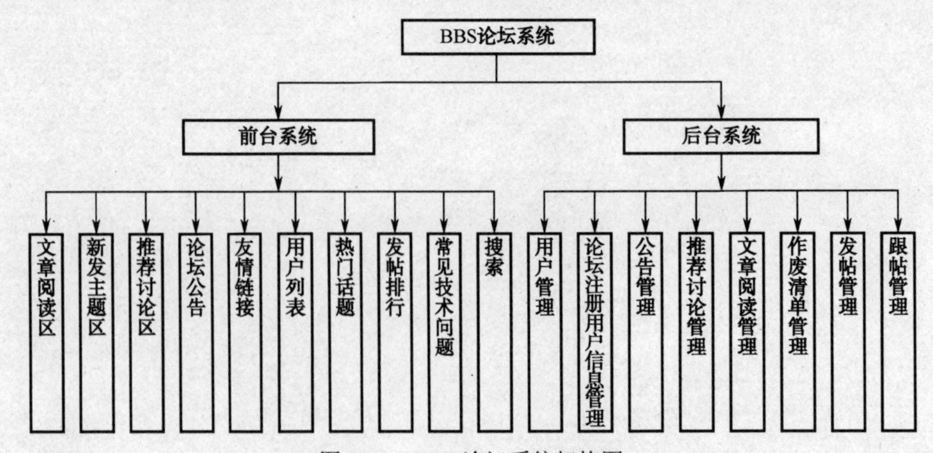

图 13-1　BBS 论坛系统架构图

13.1.1　前台系统

1. 用户登录

凡注册通过的用户可以输入用户名和密码进行登录。用户可以选择是否记住密码，若选择了，则下次登录时只需要输入用户名即可。登录成功后回到首页，可以有权限对每一个区域进行发帖。若未注册，则单击“注册”按钮，进入服务条款界面。同意后进入注册界面，否则返回首页。

2. 文章阅读区

在前台，此功能主要是便于学生能够在网上查看该门课程的相关资料，提高他们的学习能力。此文章的内容是由后台管理员录入。

3. 公告管理

此功能模块是用户打开首页后，即可看见公告信息。比如学生的作业提交问题、培训问题等。

4. 推荐讨论区

这个是由后台管理员（老师）对当前课程信息比较有讨论价值论题拿出来供大家讨论，学生单击主题后便可以参与讨论。

5. 新发主题区

此功能模块主要是进行技术交流的区域。只要注册的用户通过后，便可以发新帖，发完的新贴的主题跟内容都在此处显示。用户只需要单击主题便可知道发帖的内容。发帖主题主要包括标题、作者、日期、点击数、回复数。

6. 友情链接

此模块主要建立本网站与其他比较相近的网站进行链接，可以通过此友情链接了解其他院校的发展情况。

7. 网站统计

此模块主要统计当前网站的在线人数、历史最高在线纪录数、今日新帖子数。

8. 热门话题

此功能模块主要把一些比较热门的话题进行讨论，点击率比较高的话题排在前几行，便于大家讨论学习。

9. 常见技术问题

此模块主要对用户在上网的时候，如果遇到技术问题，就可以在此处向管理员发帖。便于网站的不断改进，从而更好地为网站服好务。此模块需要显示的信息包括标题、作者、日期、点击数。

10. 搜索

此模块的主要功能是用户可以按照主题的名称、发帖者、发帖时间查询相关内容。

11. 发帖排行

此功能模块主要对每个用户的发帖进行比较。谁发的主题比较多，或者说按照点击率高低进行排序。

13.1.2 后台系统管理

1. 注册用户信息管理

该模块主要管理注册用户信息。可以根据账户、昵称查看主要信息，单击查看详细信息按钮查看个人详细信息。

2. 公告信息管理

该模块主要管理公告信息。可以根据公告号、公告时间查询公告详细信息，删除和编辑公告详细信息。

3. 推荐讨论管理

该模块主要管理推荐讨论信息。可以根据推荐主题号、推荐主题时间查询推荐讨论详细信息，可以删除和编辑推荐讨论详细信息。

4. 文章阅读管理

该模块主要管理文章阅读信息，可以根据文章号、文章主题查询文章详细信息，可以让文章信息作废。

5. 发帖管理

该模块主要管理发帖管理，可以根据昵称、姓名、日期查询用户发帖信息，可以删除选择信息。

6. 跟帖管理

该模块主要管理跟帖管理，可以根据昵称、日期查询用户跟帖信息，可以作废选择信息。

13.2 项目设计

在项目设计阶段需要完成项目的系统架构设计、概要设计、详细设计以及数据库表设计。每一种设计方法参考第 2 章相关内容。

13.3 项目编码

由于此项目功能模块较多，需要进行团队开发，团队成员 5～6 人一组。在编码之前以组为单位搭建好服务器和客户端，代码统一管理。在编码过程中注意符号名的规范性、代码注释的完整明确性以及代码功能的健壮性等事项。

13.4 项目测试与发布

在项目测试前需要完成测试计划、测试用例的编写。在测试过程中需要将单元测试、集成测试以及回归测试结合起来，以达到良好的测试效果。测试完成后将项目发布运行。

举报电话：（010）88254396；（010）88258888
传　　真：（010）88254397
E-mail:　　dbqq@phei.com.cn
通信地址：北京市万寿路 173 信箱
　　　　　电子工业出版社总编办公室
邮　　编：100036

举报电话：（010）88254396；（010）88258888

传　　真：（010）88254397

E-mail：dbqq@phei.com.cn

通信地址：北京市万寿路173信箱

电子工业出版社总编办公室

邮　　编：100036